高等职业教育“十三五”规划系列教材

无人机运行气象知识

（无人机专业系列教材）

朱菲菲　宋建堂　赵静　主编

航空工业出版社

北　京

内 容 提 要

本教材主要介绍了无人机运行的气象知识，主要包括大气概述中的大气成分、大气结构、大气环流、标准大气、大气特点；航空气象要素及其对飞行的影响；气团、气旋、锋面、反气旋、槽线等天气系统，雷暴、风切变、颠簸、积冰、急流、乱流等危害飞行的天气，天气图、卫星云图、气象雷达等常用航空气象资料，日常天气报告图、航路天气预报图、重要天气预报图、空中风和温度预报图等飞行气象图标，日常航空天气预报、航站天气预报、航路天气预报、重要气象预报、航空气象电报等与飞行器运行有关的气象知识。

本书不仅是大专院校无人机相关专业的通用入门教材，也是从事无人机领域技术人员的指导用书，同时也可作为无人机爱好者的辅助科普读物。

图书在版编目（CIP）数据

无人机运行气象知识 / 朱菲菲，宋建堂，赵静主编
. --北京：航空工业出版社，2021.1
ISBN 978-7-5165-2158-8

Ⅰ. ①无… Ⅱ. ①朱… ②宋… ③赵… Ⅲ. ①气象—影响—无人驾驶飞机—运行 Ⅳ. ① V279

中国版本图书馆 CIP 数据核字（2020）第 254208 号

无人机运行气象知识
Wurenji Yunxing Qixiang Zhishi

航空工业出版社出版发行
（北京市朝阳区京顺路 5 号曙光大厦 C 座四层 100028）
发行部电话：010-85672663 010-85672683

北京鲁汇荣彩印刷有限公司印刷 全国各地新华书店经售
2021 年 1 月第 1 版 2021 年 1 月第 1 次印刷
开本：787×1092 1/16 印张：13.25 字数：311 千字
印数：1-4000 定价：68.00 元

无人机专业系列教材

前 言

民用无人机应用领域、飞行范围、飞行高度等随着技术的进步，会越来越广、越大、越高，飞行过程中经历的气象环境越来越复杂，掌握必要的气象知识，对无人机的运行来讲就更加重要。因此，无人机运行的气象知识，就成为无人机从业人员必须掌握的知识。

本书从实际需要出发，介绍了大气概述、气象要素、天气系统以及危害安全的重要天气、航空常用气象资料、飞行气象图标和航空气象电报知识等内容。

全书共 7 章。第 1 章的内容是大气概述，包括大气成分、大气结构、大气环流、标准大气和大气特点等内容；第 2 章讲述航空气象的几个要素，主要是气温、气压以及气象要素对飞行的影响；第 3 章，天气系统，主要介绍了气团、锋面、气旋、反气旋、槽线和切变线等内容；第 4 章，介绍了危害飞行安全的重要天气现象，包括雷暴、低空风切变、飞机颠簸、飞机积冰、高空急流、晴空乱流和山地背风等；第 5 章，介绍了航空常用气象资料，主要内容包括天气图、卫星云图、气象雷达等；第 6 章，介绍了飞行气象图表，主要内容包括日常航空天气报告图、航路天气预报图、重要天气预报图、空中风和温度预报图；第 7 章，航空气象电报，主要内容有日常航空天气报告、航站天气预报电报、航路天气预报电报、重要气象情报预报、低空重要气象情报等。

本书由朱菲菲担任主编，编写第 1 章、第 2 章、第 3 章、第 4 章，赵静编写第 6 章，宋建堂编写第 5 章、第 7 章；全书的统稿与审校工作由宋建堂负责；校对由谷敬书、樊景负责，宋琦负责部分图片的处理工作。

在编写过程中，我们参阅、借鉴了大量的国内外资料、网络资源等。在此，对贡献资料的单位和个人表示感谢，如有引用不当之处敬请谅解。

由于作者水平有限，加之编写时间仓促，书中不足乃至错漏之处在所难免，敬请广大专家、同行和读者批评指正。

编 者

2021 年 1 月

目　录

第 1 章　大气基本知识

导读：

大气是围绕地球的空气圈，其主要成分是氮气、氧气和其他气体、微尘颗粒等物质。根据温度的垂直分布情况，大气分为对流层、平流层、中间层、暖层和散逸层；由于地球的温度分布情况不均，大气形成了三个运动的环流圈；标准大气是衡量飞行性能和仪表设计的基础标准，根据基准进行校正后可得出正确的高度、速度等性能；大气本身具有连续性、流动性，具有流体的基本特性。

学习目标：

通过学习掌握大气分层的标准、掌握大气对流层、平流层的气象特点；理解大气环流圈形成的原因；知道标准大气的值；掌握气体参数的理想气体方程和常用气体方程。

大气（Atmosphere）指的是包围着整个地球的空气圈。它时刻不停地运动着，并改变着状态，发生着各种不同的物理过程和物理现象。飞行活动就发生在这个以大气作为介质的层圈里。

1.1 大气成分

大气是多种气体的混合物。大气中除了气体成分外，还有诸如云雾滴、冰晶、尘埃、烟粒、孢子、花粉、细菌等大气杂质，这些悬浮在空气中的固态和液态的微粒（滴）称为大气气溶胶粒子。在讨论大气时，可将大气看成由三部分组成，即干洁空气、水汽和大气气溶胶粒子。

清洁干燥空气是构成大气的最主要部分，主要由氮气和氧气构成，其成分的体积比分别约占整个干洁空气的 78% 和 21% 。余下的 1% 左右由其他几种气体构成，如 CO_2、臭氧、氩气、氖气等，如图 1–1 所示。

干洁空气的多种成分中，尽管二氧化碳和臭氧的含量较少，但它们对天气的影响却较大。同样，水汽和大气气溶胶粒子对天气的影响也很大。下面就介绍这四种大气成分。

1.1.1 CO_2

CO_2 主要来源于有机物的燃烧（或腐化）、工业生产排放的废气和动物的呼吸。CO_2 多集中在 20 km 以下，在 20 km 以上显著减少。CO_2 含量在人口稠密的大城市多于郊区农村，阴天多于晴天，夜间多于白天，冬季多于夏季。二氧化碳是植物进行光合作用的重要原料，同时，由于它基本上不直接吸收太阳短波辐射，但能大量吸收地球长波辐射，所以大量的太阳辐射可穿过大气层到达地面，使地面增温，而地面受热后放出的长波辐射被 CO_2 吸收，热量就不能大量向外层空间散发，对地球起到了保温作用即“温室效应”。

1.1.2 臭氧

臭氧（O_3）又称为超氧，臭氧形成的臭氧层吸收太阳紫外线辐射而使大气增温，改变大气温度的垂直分布，同时使地球生物免受过多紫外线的照射。

臭氧是氧分子吸收了波长在 0.1 ～ 0.24 μm 的太阳紫外辐射后，产生氧原子，氧原子和第三种中性粒子一起与氧分子结合而形成的。

臭氧主要分布在离地面 10 ～ 50 km 范围内，其最大浓度出现在 20 ～ 30 km 间，大气低层的臭氧含量少。

1.1.3 水汽

水汽是组成大气的成分之一。来源于江、河、湖、海、地表和潮湿物体表面的水分蒸发及植物叶面的蒸腾作用。

大气中的水汽含量平均占整个大气体积的 0% ～ 5%，并随着高度的增加而逐渐减少。在离地 1.5 ～ 2 km 高度上，水汽含量约为地面的一半，5 km 高度上仅为地面的 1/10，再往上就更少。但个别气层中水汽的含量随高度升高而增多的现象也是有的。大气中的水汽

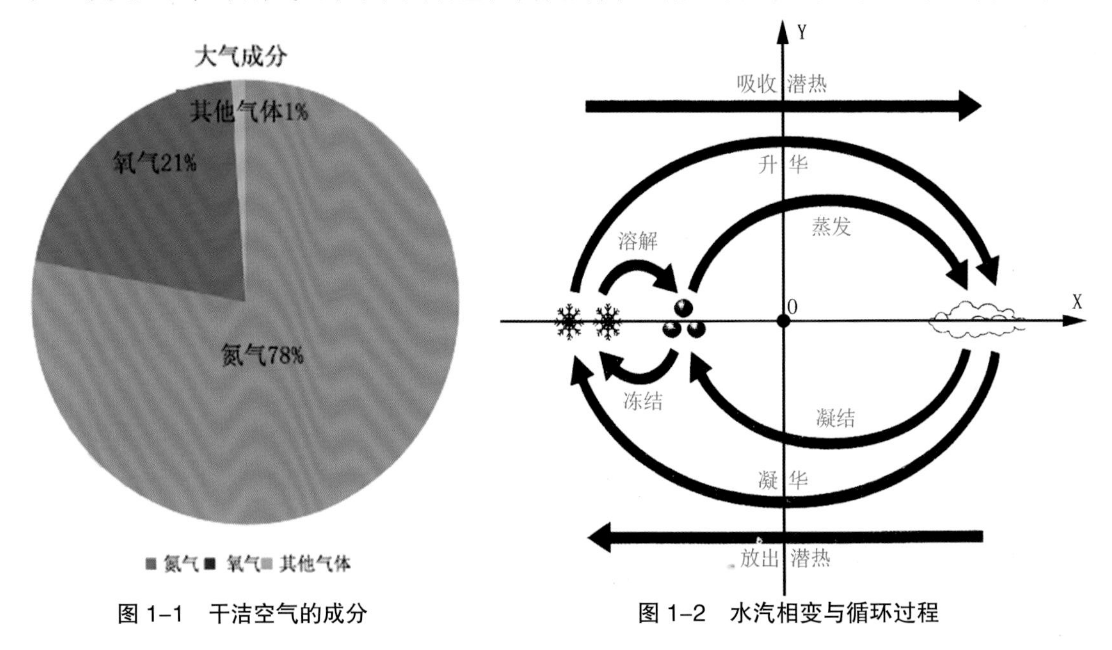

图 1–1　干洁空气的成分

图 1–2　水汽相变与循环过程

含量随时间、地点的变化而变化；在沙漠或极地水汽含量极少，在热带洋面上水汽含量大；夏季水汽含量往往多于冬季；午后又多于夜间。

水汽是形成云、雨的物质基础，所以大多数复杂天气都出现在中低空，高空往往很晴朗。水汽随大气运动而运动，水汽的临界温度是大气中唯一能发生相变（即气态、液态和固态之间的相互转换）的成分。这一变化过程伴随着热量的释放或吸收，如水汽凝结成水滴时要放出热量，放出的热量称为凝结潜热；反之，液态的水蒸发成水汽时要吸收热量。水汽直接冻结成冰的过程叫凝华，而冰直接变成水汽的过程叫升华，如图 1–2 所示。在大气中运动的水汽，通过状态变化传输热量，如甲地水汽移到乙地凝结，或低层水汽上升到高空凝结，就把热量从一个地方带到了另一个地方 。因此，水汽热量传递是大气中的一个重要物理过程，与气温及天气变化关系密切。

1.1.4 大气气溶胶粒子

大气气溶胶粒子是组成大气的成分之一。大气气溶胶粒子主要来源于物质燃烧形成的灰粉、海水飞沫蒸发后的盐粒、风扬起的灰尘、火山喷发的烟尘、流星燃烧后的余烬、花粉、细菌、病毒以及水汽的凝结物等。

大气中的气溶胶粒子含量因时间、地点和高度而异。一般是低空多、高空少；城市多、农村少；陆地多、海洋少。空气的乱流运动对大气气溶胶粒子的分布有很大的影响，当乱流混合强时，可散布到高空；反之，则集中在下层。因而，居民区附近的近地面气层中，阴天的大气气溶胶粒子多于晴天，晚间多于白天，冬季多于夏季。

大气气溶胶粒子能吸收太阳辐射，减少地面辐射，从而影响地面和空气的温度。水汽凝结物包括大气中的水滴和冰粒。在一定的气象条件下，大气中的杂质常聚集在一起，形成各种天气现象，如云、雾、雨、雪、风沙等。游离于空气中的大气气溶胶粒子使能见度变差、大气透明度变差。此外，大气中的固体杂质还可充当水汽的凝结核，在形成云、雾、降水等的过程中起着重要的作用。

1.2 大气结构

1.2.1 大气分层

大气垂直分层的主要依据是气层气温的垂直分布特点，这一特点可用气温垂直递减率来描述。气温垂直递减率定义为

$$\gamma = -\frac{\Delta T}{\Delta Z} \tag{1-1}$$

式中：

ΔZ —— 高度变化量；

ΔT —— 相应的温度变化量；

负号—— 温度随高度的升高而降低。

因此，γ 的物理意义是表征气温随高度变化的快慢。可以看出，气温随高度上升而降低时 γ 值为正，气温随高度上升而增高时 γ 值为负。实际运用中，通常将 γ 的单位取为℃ /100m。根据气层气温的垂直分布特点将大气层分为对流层、平流层、中间层、暖层和散逸层五层，如图 1–3 所示。

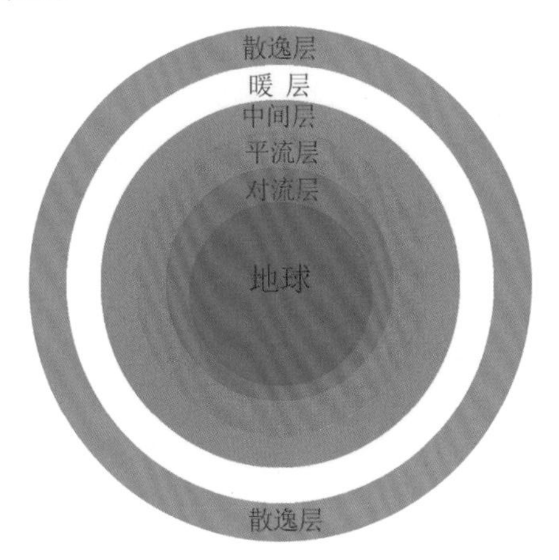

图 1–3　大气结构示意图

由于飞行活动主要集中在对流层和平流层中，下面就介绍对流层、对流层顶和平流层的特征，如图 1–4 所示。

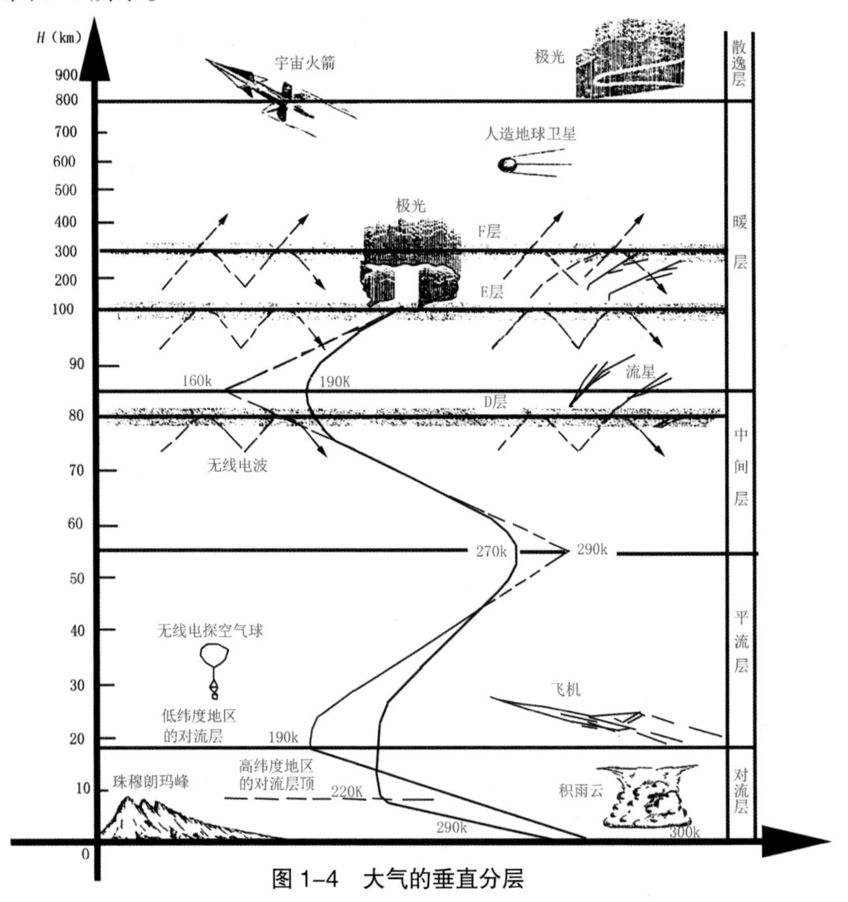

图 1–4　大气的垂直分层

1.2.2 对流层

对流层因为空气有强烈的对流运动而得名，其底界为地面，上界高度随纬度、季节、天气等因素而变化。平均而言，低纬度地区（南北纬 30° 之间）上界高度为 17 ～ 18 km，中纬度地区（南北纬 30° ～ 60°）为 10 ～ 12 km，高纬度地区（南北纬 60° 以上）为 8 ～ 9 km。同一地区对流层上界高度往往夏季大于冬季，此外，天气变化对对流层的厚度也有一定影响。

相对于整个大气层来说，对流层是很薄的一层，但它却集中了约 75% 的大气质量和 90% 以上的水汽，云、雾、降水等天气现象基本上都出现在这一层。对流层的特征主要有以下几个方面：

1.2.2.1 气温与高度的关系

气温随高度升高而降低（$\gamma > 0$）。对流层大气热量的直接来源主要是空气吸收地面发出的长波辐射，靠近地面的空气受热后热量再向高处传递，因此在对流层，气温普遍随高度升高而降低。对流层中的平均气温垂直递减率 $\gamma \approx 0.65℃/100\ \mathrm{m}$。利用这一数值，如果已知某地地面气温，就可大致推算出该地 Z 高度上的气温 T_Z。

$$T_Z = T_1 - \gamma Z \quad (1\text{-}2)$$

γ 的实际值是随时间、地点、高度而变化的，按上述方法计算有时会出现误差。但在实际飞行中依然可以利用它来粗略地估计飞行高度上的温度。在对流层中虽然气温的普遍分布是随高度升高而降低，但有时也会出现 $\gamma = 0$（等温层）或 $\gamma < 0$（逆温层）的气层。

1.2.2.2 天气现象

几乎所有天气现象都发生在这一层。由于水汽大部分都分布在这里，云 、雾和降水等天气现象都发生在该层，故有天气层之称。该层对飞行的影响很大。

1.2.2.3 对飞行的影响

空气具有强烈的垂直混合，对流和乱流盛行，对流层也因此而得名。飞机在这样的环境中飞行经常出现颠簸。

1.2.2.4 对流层内的分层

对流层按气流与地表摩擦的关系，又可分为摩擦层和自由层：离地 1 500 m 高度的对流层下层又称为摩擦层，该层中气流受摩擦的影响严重；在 1 500 m 高度以上，大气几乎不受地表摩擦作用的影响，故称为自由层。

1.2.3 平流层

从对流层顶之上到大约 55 km 的高度为平流层。现代大型喷气式运输机的高度可达到平流层低层。平流层中空气热量的主要来源是臭氧吸收太阳紫外辐射。它具有如下三个特征：

（1）在平流层下半部，气温随高度增高变化不大；其上半部，气温随高度增高而升高很快（$\gamma<0$）。在平流层的顶部，温度已升至0℃左右。

（2）平流层整层空气几乎没有垂直运动，气流平稳，大气受地表影响极小，空气运动几乎不受地形阻碍及扰动，因此空气以水平运动为主。

（3）平流层中空气稀薄，水汽和杂质含量少，只有极少数垂直发展相当旺盛的云才能延伸到这一层来。故天气晴朗，飞行气象条件良好。所以，飞行高度应尽量选择在这里。

1.2.4 中间层

中间层又称中层，是自平流层顶到 85 km 之间的大气层。

中间层内因臭氧含量低，同时，能被氮、氧等直接吸收的太阳短波辐射已经大部分被上层大气所吸收，所以温度垂直递减率很大，对流运动剧烈。中间层顶附近的温度约为 -83.15℃；空气分子吸收太阳紫外辐射后可发生电离，习惯上称为电离层的顶层；有时在高纬度地区夏季黄昏时有夜光云出现。

1.2.5 暖层

电离层在中层之上，又称暖层或热层，整个层是电离的。

电离层是地球大气的一个电离区域。60 km 以上的整个地球大气层都处于部分电离或完全电离的状态，电离层是部分电离的大气区域，完全电离的大气区域称磁层。也有人把整个电离的大气称为电离层，这样就把磁层看作电离层的一部分。大约距地球表面 10 ~ 80 km。约从85km高度起，气温随高度而迅速上升。这一层具有很强的导电性，能吸收、反射和折射无线电波。空气密度极小，声波已无法传播。

1.2.6 散逸层

外大气层又称散逸层，是大气的最外层。从电离层顶部到大气层的最外边缘伸至距地球表面 1000 km 处。这里的温度很高，可达数千摄氏度；大气已极其稀薄，其密度为海平面处的一亿亿分之一。由于地心引力很小，大气分子不断向星际空间散逸。

1.3 大气环流

1.3.1 大气环流

大气环流是地球上空大气的大规模运动。

大气环流的水平尺度在数千千米以上，垂直尺度可达 10 km 以上；它持续的时间也较长。下面就介绍著名的三圈环流：

1.3.2 第一环流圈

由于地球上温度分布基本上是赤道热、极地冷，这种温度上的显著差异就产生了力图平衡这种差异的气流，气流会把热量从赤道输送到极地。

以北半球为例，如图 1–5 所示。在赤道地区，空气受热上升，到了高空向高纬度流去，受地转偏向力影响，向北流动的空气向右偏转，在 30°N 附近转变为偏西风，阻挡了低纬高层大气继续北流，空气堆积下沉。在近地面层，下沉气流一部分向南，一部分向北，向南的气流吹向赤道，这样一部分空气受地转偏向力影响变为东北信风流回原地，构成第一环流圈。

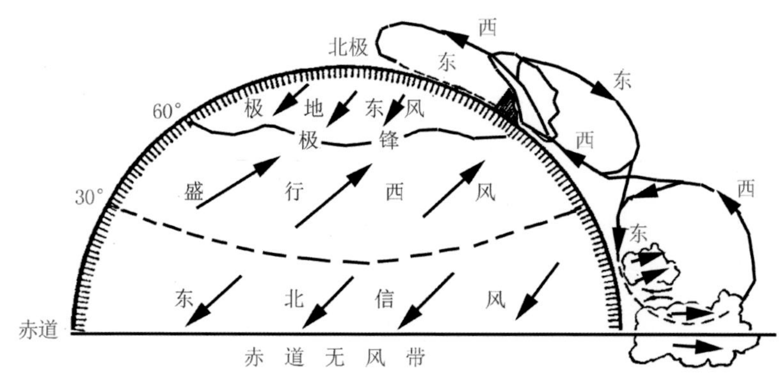

图 1–5　三圈环流模式

1.3.3 第二环流圈

受热上升向北流动向右偏转的空气，在 30°N 附近下沉向北流动，在地转偏向力作用下，形成中纬度的偏西风。在 60°N 附近的副极地处遇到由极地向南流来的冷空气，形成极锋。南来的暖空气沿极锋爬升，使这里气压降低。上升气流到达高空以后分为两支，向南的一支流回副热带地区并在此处下沉，又构成第二个闭合环流圈。

1.3.4 第三环流圈

南来的气流在形成第二环流圈的同时，一部分气流沿极锋爬升到高空后继续向北挺进，到达北极冷却下沉，使极地地面形成高压。下沉的空气从极地高压近地面层向低纬度流去，受地转偏向力影响而形成极地东风，到达副极地地区后与南来的气流辐合上升，形成第三个闭合环流圈。

三圈环流最终结果是形成了“三风四带”，即赤道低压带和热带辐合带、副热带高压带和信风带、副极地低压带和盛行西风带、极地高压和极地东风带，并构成三个“环流圈”，即低纬度环流圈、中纬度环流圈和极地环流圈。

三圈环流是在太阳辐射随纬度分布不均以及地转效应的共同作用下形成和维持的，是保持大气内部的各种平衡关系所必需的。上述特征只是平均情况，实际上大气运动时刻都有变化，尤其是在西风带区域变化最为显著。民用无人机飞行因其独有的飞行，高度低、飞行范围小、飞行速度慢、续航时间短等特点，受三圈环流的影响不大，操控者掌握好当地天气气象基本上能满足飞行要求。

1.4 标准大气

实际大气状态、气象情况是在不断变化的，而飞机的性能和某些仪表的示度，都与大气状态有关。为了准确地表示航空器的飞行状态，所用于测量的仪器仪表等必须有一个标准的大气状态为基准。例如，飞机的高度表和空速表的设计就需要大气为标准大气时才准确，然后根据这个基准进行修正。

1.4.1 标准大气

标准大气就是人们根据大量的大气探测数据而规定的一种特性随高度平均分布最接近实际大气的大气模式。

目前由国际民航组织统一采用的标准大气，与我国 45°N 地区的大气十分接近，低纬度地区则有较大偏差。我国规定，在建立自己的标准大气之前，取其 30 km 以下部分作为国家标准。

1.4.2 标准大气的特性

标准大气的特性规定如下：

（1）干净清洁的大气，且成分不随高度改变，平均相对分子质量 $\mu = 28.964\,4$；

（2）看作理想气体；

（3）标准海平面重力加速度 g_0=9.806 65 m/s^2；

（4）海平面气温 T_0=288.16 K=15℃；海平面气压 P_0=l 013.25 hP$_a$=760 mmH$_g$=l 个大气压；海平面空气密度 ρ_0=1.225 kg/m^3；

（5）处于流体静力平衡状态；

（6）在海拔 11 000 m 以下，气温直减率 γ 为 0.65℃ /100 m；从 11 000 ～ 20 000 m，气温不变，为 –56.5℃；从 20 000 ～ 30 000 m，气温直减率 γ 为 –0.1℃ /100 m。

1.5 大气特点

大气具有流动性、可压缩性、连续性和黏性等流体的基本特性。与水相比，空气分子间隙大得多，相互引力也小，在外力作用下极易产生运动和变形，这就是空气的流动性和可压缩性的具体体现。

例如，风就是大气经常运动的一种形式，可以将其看作一个整体，即空气块。空气块因降低（升高）高度而压缩（膨胀），但是空气在大范围内运动时，也常作为不可压缩流体来处理。

1.5.1 空气的连续性

我们研究的空气并不是个别空气分子，而是含有大量空气分子的微团。每个空气微团在宏观上可视为一点，微团之间可视为紧密相连的，这就是空气的连续性。

1.5.2 空气的黏性力

当两层空气有相对运动时，两层空气的微团之间动量的交换会产生一种互相牵引的作用力，这种相互牵引的作用力称为黏性力或内摩擦力，是空气具有黏性的表现。比如，对流层中上层的风通常很大，随着时间的推移，其下层的风由于黏性使上下层空气之间的动量进行交换，最终风速增大。

1.5.3 大气运动的特点

大气运动的特点是大气的运动多处于湍流状态、大气状态的变化是热量和温度变化引起的两个方面。

一是大气多处于湍流状态。纸片飞舞、炊烟缭绕的现象就表明大气中经常存在各种不规则的涡旋运动，这就是湍流（或乱流、紊流）。在空气有规则的运动（片流）中，也常常包含着湍流运动，空气的黏性力就是由湍流运动产生的。

二是大气热量和温度的变化是大气状态变化的主要原因。例如，大气密度、气压、水汽含量等都与气温有关，当然，它们之间也存在着复杂的相互作用。

1.5.4 气体状态方程

1.5.4.1 理想状态方程

在研究大气状态变化时，可将常规条件下的大气近似地看作理想气体，其气温、气压和体积三个状态参量之间的关系，可用理想气体状态方程来表示：

$$pV=\frac{m}{M}RT \tag{1-3}$$

式中：

m——气体质量；

M——摩尔气体质量；

R——普适气体常数，R=8.31 J/（mol · K）；

T——大气绝对温度，单位为 K。

1.5.4.2 气体常用状态方程

基于理想气体方程 $pV=\frac{m}{M}RT$，在分析实际大气状态时，由于体积 V 和质量 m 两个参数无法测量。为了便于分析，设 $R_{比}=\frac{R}{M}$，$R_{比}$为比气体常数，对于干洁空气，$R_{比}$

$=2.87\times10^{2}$ J /（kg · K），把 $\rho=\frac{m}{V}$ 代入 $pV=\frac{m}{M}RT$，则可得到气体常用状态方程

$$p=\rho R_{比}T \tag{1-4}$$

式中：

ρ——空气密度；

$R_{比}$——与空气的组成有关，对干洁空气和水汽含量不同的湿空气，其值会略有差异，但变化不大，一般情况下可视为常数。

这是研究实际大气常用的状态方程，它反映了气温、气压和体积三个状态参量之间的关系。

作业题：

1. 简述大气的主要成分。
2. 简述大气结构与分层。
3. 简述对流层中温度的变化与高度的关系。
4. 平流层为什么适合航空活动？
5. 什么是标准大气？
6. 大气的特性有哪些？
7. 默写气体状态的理想方程与常用方程。

第 2 章　气象要素及其对无人机飞行的影响

导读：

航空气象要素主要包括气温、气压、湿度，在无人机的飞行范围内，随高度的变化，气温、气压是逐渐减小的；湿度与气温的变化相关；气象要素的变化对飞行的影响，主要体现在对空速、发动机平飞需用速度、高度表指示、起飞、着陆、飞行性能、燃料消耗率、升限和载重的影响。风有水平运动、垂直运动，风切变是对飞行最大的威胁；云有低云、中云、高云三类；降水和能见度对飞机的飞行有严重的影响。

学习目标：

通过学习掌握与飞行活动密切相关的天气要素的变化规律，能够通过学到的知识正确判断不同的天气现象，以确保飞行安全。

2.1 气温

气温是用来表示空气冷热程度的物理量，它实质上是空气分子平均动能大小的宏观表现。一般情况下我们可将空气看作理想气体，这样空气分子的平均动能就是空气的内能，因此气温的升高或降低，也就是空气内能的增加或减少。

气温通常用三种温标来量度，即摄氏温标（℃）、华氏温标（°F）和绝对温标（K）。摄氏温标将标准状况下纯水的冰点定为 0℃，沸点定为 100℃，其间分为 100 等分，每一等分为 1℃。华氏温标是将纯水的冰点定为 32 °F，沸点定为 212 °F，其间分为 180 等分，每一等分为 1°F。绝对温标下，纯水的冰点为 273.16 K，沸点为 373.16 K。绝对温标多用于热力学理论研究。三者的关系：

$$t_c=\frac{5}{9}(t_F-32) \tag{2-1}$$

$$t_F=\frac{9}{5}(t_c+32) \tag{2-2}$$

$$t_K=t_c+273.16 \tag{2-3}$$

2.1.1 气温变化的基本方式

实际的大气,其气温变化的基本方式有气温的非绝热变化和气温的绝热变化两种形式。

2.1.1.1 气温的非绝热变化

气温的非绝热变化是指空气块通过与外界的热量进行交换而产生的温度变化。气温变化的基本方式是局部地区气温的变化，而引起局部地区气温变化的原因是气块与外界交换热量，热量交换的方式主要有辐射、乱流、传导和水相变化四种。

（1）辐射

辐射是指物体以电磁波的形式向外放射能量的方式。所有温度不低于绝对零度的物体，都要向周围放出辐射能，同时也吸收周围的辐射能。物体温度越高，辐射能力越强，辐射的波长也越短。如果物体吸收的辐射能大于其放出的辐射能，温度就要升高；反之则温度降低。

地球—大气系统热量的主要来源是吸收太阳短波辐射。当太阳辐射通过大气层时，有24% 被大气直接吸收，31% 被大气反射和散射到宇宙空间，余下的 45% 到达地表。地面吸收其大部分后，又以反射和辐射（长波）的形式回到大气中，大部分被大气吸收。同时，大气也在不断地放出长波辐射，有一部分又被地表吸收。这种辐射能的交换情况极为复杂，但对大气层而言，对流层热量主要直接来自地面长波辐射，平流层热量主要来自臭氧对太阳紫外线的吸收。因此这两层大气的气温分布有很大差异。总的来说，大气层白天由于太阳辐射而增温，夜间由于向外放出辐射而降温。

（2）乱流

乱流是空气无规则的小范围涡旋运动。乱流使空气微团产生混合，气块间热量也随之得到交换。

空气的底层是因地表的摩擦阻碍而产生扰动的摩擦，以及地表增热不均而引起空气乱流层，是乱流活动最强烈的空气层。乱流是这一层中热量交换的重要方式之一。

（3）传导

传导是依靠分子的热运动，将热量从高温物体向低温物体直接传递的一种现象。由于空气分子间隙大，通过传导交换的热量很少，仅在贴地层中较为明显。例如，在篝火旁就能感受到篝火的热量。

（4）水相变

水相变是指水的状态发生变化，即水通过相变释放热量或吸收热量，引起气温变化。例如冬天，北方会有“下雪不冷，化雪冷”的体会，就说明了这个道理。

同一空气块气温的非绝热变化，常常是以上几种方式共同作用的结果，但在不同情况下有主次之分。通常来说，气块与地面之间辐射起主要作用；气块与气块之间，乱流起主要作用；空气中的水汽和水汽生成物比较多时，水相变起主要作用。

2.1.1.2 气温的绝热变化

绝热变化是指空气块与外界没有热量交换，仅由于其自身内能增减而引起的温度变化。

例如，当空气块被压缩时，外界对它做的功转化成内能，空气块温度会升高；反之，空气块在膨胀时温度会降低。

飞机在飞行中，机翼前缘空气被压缩而增温，后缘涡流区空气因膨胀而降温。实际上，当气块作升降运动时，可近似地看成绝热过程。气块上升时，因外界气压降低而膨胀，对外做功耗去一部分内能，温度降低；气块下降时则相反，温度升高。

气块在升降过程中温度绝热变化的快慢用绝热直减率来表示。绝热直减率表示在绝热过程中，气块上升单位高度时其温度的降低值（或下降单位高度时其温度的升高值）。气块在升降过程中温度的绝热变化过程有两种情况，即伴随水相变化的绝热过程和不伴随水相变化的绝热过程。

在绝热过程（见图 2–1）中，如果气块内部没有水相的变化，叫干绝热过程（即干空气或未饱和空气的绝热过程）。在干绝热过程中，气块温度的直减率叫干绝热直减率，用 γ 表示 。根据实际计算，$\gamma\approx$1℃ /100m 。

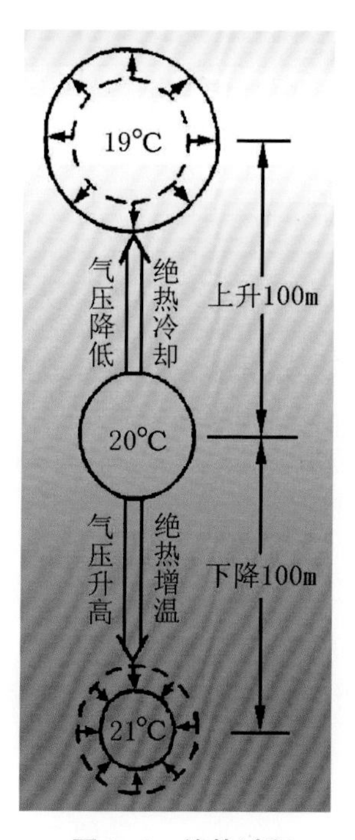

图 2–1　绝热过程

在绝热过程中，如果气块内部存在水相变化，叫湿绝热过程。饱和空气块在上升时，内部的水汽会因温度降低而凝结，并放出潜热补偿一部分减少的内能。相反，在下降时，则会有水汽凝结物蒸发而消耗热量，减少一部分内能。因而在湿绝热过程中，气块温度的直减率（称湿绝热直减率 γ_m）比 γ_d 要小，且随温度和气压而变化，其大小通常为 0.4 ～ 0.7℃ /100m。

实际上，引起空气温度变化的绝热因素与非绝热因素常常是同时存在的，但因条件不同而有主次之分。当气块做水平运动或静止不动时，非绝热变化是主要的；当气块做垂直运动时，绝热变化是主要的。

2.1.2 局地气温的变化

对某一地点来说，气温的变化除了与当地气块温度的绝热和非绝热变化有关外，还与不同温度气块的移动有关。近地面局地气温的变化，通常主要取决于气块的非绝热变化和气块的水平运动。前者的变化比较有规律，具有周期性（年变化和日变化），而后者的变化则没有规律。对于无人机飞手来说，局地气温的变化是影响飞行的主要因素。

2.1.2.1 局地气温的周期性变化

局地气温的周期性变化体现在季节交替的规律性上。由于太阳辐射强度的日变化和年变化的固有特点，使得局地气温具有日变化和年变化的特征。气温在一日之中具有周期性变化，有一个最低值和最高值，最低值一般出现在早晨日出时，最高值在当地正午（太阳高度角最大）后 2 h 左右。

一天当中气温最高值与最低值之差，叫气温的日较差。日较差的大小与纬度、季节、地表性质和天气状况等因素有关。一般低纬大于高纬，夏季大于冬季，陆地大于海洋，晴天大于阴天。

气温在一年之中的有周期性变化，一般也有一个最低值和最高值。最低值在大寒前后，最高值在大暑前后。一年中气温的变化也可用气温的年较差来表示，气温的年较差是指最热月份的平均温度与最冷月份的平均温度之差。

由于是平均温度之差，所以年较差并不一定比日较差大。年较差的大小与纬度和海陆分布有关，一般高纬大于低纬，陆地大于海洋。

2.1.2.2 局地气温的非周期性变化

大气气温除了周期性的变化之外，实际气温还有非周期性的变化。非周期性的变化主要是由于大规模冷暖空气运动和阴雨天气的影响。例如，白天产生了较大降雨（雪）时，可使气温日较差大大减小，甚至可能使最高气温出现在晚上。我国江南春季气温不断变暖时，北方冷空气南下可产生“倒春寒”天气；秋季气温也可突然回升，形成“秋老虎”天气。

2.1.3 地表附近气温水平分布

太阳辐射是地球大气唯一的能量源泉，太阳辐射的强弱在很大程度上决定了地表附近气温的分布状况。气温分布还受其他诸如海陆分布、空气运动和人类活动影响，而且这些影响过程是非常复杂的。如图 2–2 和图 2–3 所示为全球海平面气温分布图，其中以 1 月份代表北（南）半球冬（夏）季，7 月份代表北（南）半球夏（冬）季，它们反映了全球温度分布的主要特征。

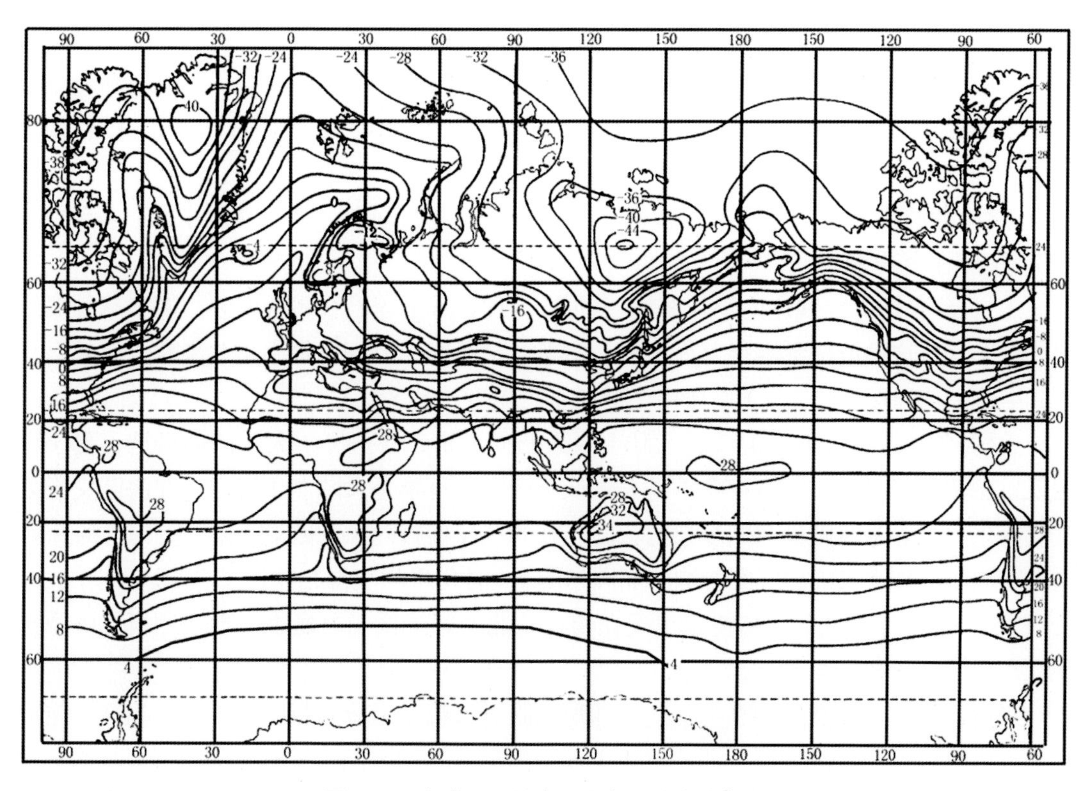

图 2–2　全球 1 月份海平面气温分布（℃）

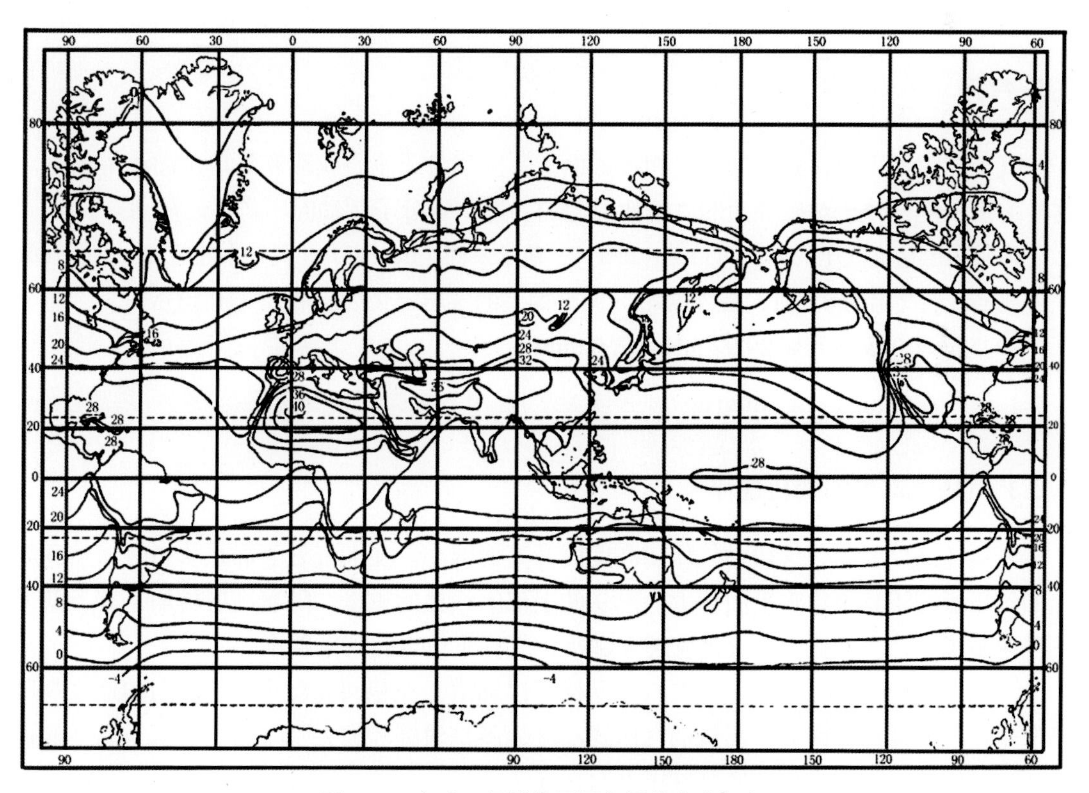

图 2–3　全球 7 月份海平面气温分布（℃）

从图上可以看出：

（1）在近赤道区有一个高温带，这里 1 月份和 7 月份的温度都大于 24℃，称为热赤道，热赤道并不与地球赤道重合，1 月份它位于北纬 5° ～ 10° 间，而在 7 月份它已移到北纬 20° 附近了 。

（2）等温线大致与纬圈平行，从热赤道向两极气温逐渐降低。在北半球，等温线 7 月份稀疏，1 月份密集。

（3）北半球等温线比南半球密集、 曲折，且有若干等温线闭合中心。南半球等温线则比较平直，这种情况冬半年尤为突出。南半球气温的季节变化也小于北半球。另外，全年北半球平均温度（15.2℃）高于南半球的平均温度（13.8℃）。

（4）冬季北半球的等温线在大陆上大致凸向赤道，在海洋上大致凸向极地；夏季则相反。在相同纬度上，气温在冬季是大陆低于海洋，夏季是大陆高于海洋，在海陆交界处气温变化大，等温线则呈弯曲复杂的状况。在 40 ° N 盛行西风的欧亚大陆，受海洋暖流影响的欧洲西岸和受大陆冷气团影响的亚洲东岸，1 月份平均气温相差达 20℃以上。

（5）南半球最低气温冬夏都出现在南极；北半球最低气温夏季出现在北极，冬季出现在东西伯利亚和格陵兰。

飞行器驾驶员应熟悉和掌握上述全球地表附近气温水平分布特征。平均气温在一定程度上能反映当地的气候特征。因此，对于远距离运输飞行来说，了解未来飞行区域内各季平均气温变化，实际上也大致掌握了飞行中所要经过的气候带分布情况，这有利于更好地运用气象条件。另外，根据气温分布变化情况，合理计算燃料和货物搭载量也是十分重要的。

2.2 气压

气压即大气压强，是指与大气相接触面上，空气分子垂直作用在每单位面积上的力。这个力是由空气分子对接触面的碰撞而引起的，即空气分子运动时所产生的压力。

通常用于量度气压的单位有百帕（hPa）、毫米汞柱（mmHg）和英寸汞柱（inHg）。气象上还规定，当气温为 0℃时，在纬度 45° 海平面上的气压定义为标准大气压（QNE），即

$$1\ \text{QNE} = 1\,013.25\ \text{hPa} = 29.92\ \text{inHg} = 760\ \text{mmHg}$$

$$1\ \text{hPa} = 100\ \text{N/m}^2 \approx \frac{3}{4}\ \text{mmHg}$$

2.2.1 气压随高度的变化规律

气压随高度的变化规律是气压随高度的升高而减小。在大气处于静止状态时，某高度上的气压值等于其单位水平面积上所承受的上部大气柱的重量。随着高度增加，其上部大气柱越来越短，大气柱中空气密度越来越小，气柱重量也就越来越小。

气压与高度具有一一对应的关系。同样可以知道，在相同高度上，气温高的地区气压降低得比气温低的地区慢。飞机的气压式高度表就是根据标准大气条件下气压与高度的这种一一对应的规律制作的，通过气压来测高度。

在标准大气条件下，高度每升 100 m，气压平均降低 12.7 hPa，在高层则小于此数值，高度越高，气压减小得越慢。

2.2.2 常用气压方式

2.2.2.1 本站气压

本站气压是指地方气象台气压计直接测得的气压。由于各测站所处地理位置及海拔不同，本站气压常有较大差异。

2.2.2.2 修正海平面气压

修正海平面气压是指由本站气压推算到同一地点海平面高度上的气压值。

如图 2–4 所示，A 机场的本站气压为 998 hPa，海拔 82.5 m（在标准状态下，对应的气压为 10 hPa）， A 机场的修正海平面气压就应该是将 A 机场的本站气压 998 hPa 订正到平均海平面高度，即 A 机场的 QNH =998+10=1 008（hPa）。同理，B 机场的 QNH =1005-5= 1 000（hPa）。运用修正海平面气压便于分析和研究气压的水平分布情况。海拔大于 1 500 m 的测站不推算修正海平面气压，因为推算出的海平面气压误差可能过大，失去意义。飞机也可以利用修正海平面气压进行起降。

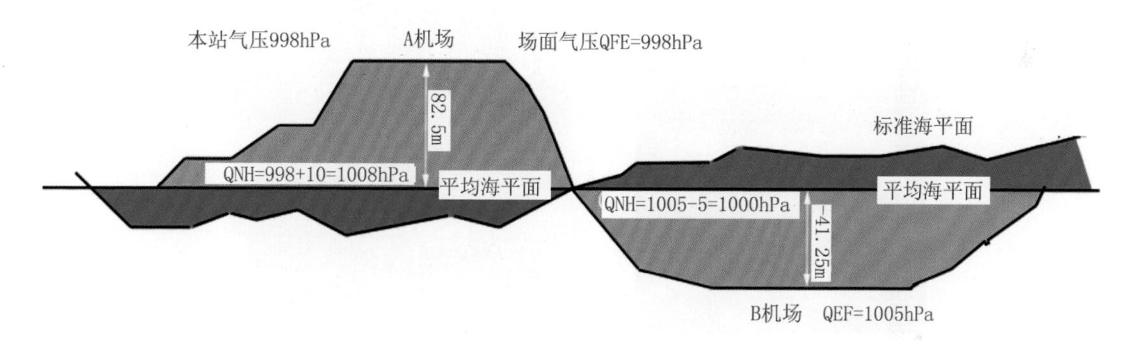

图 2–4　修正海平面气压示意图

2.2.2.3 场面气压

场面气压是指由本站气压推算出来的着陆区（跑道入口端）最高点处的大气压力值。

一般以机场气象台气压计直接测得（ 同一城市如地方气象台的气压计与机场气象台的气压计所放置的高度一样，本站气压与场面气压一般相近）。飞机起降时为了准确掌握其相对于跑道的高度，就需要知道场面气压。场面气压也可由机场标高点处的气压代替。

2.2.2.4 标准海平面气压

标准海平面气压是指大气处于标准状态下的海平面高度上的气压。

标准海平面气压值为 1 013.25 hPa 或 760 mmHg。海平面气压是经常变化的，而标准海平面气压是一个常数。在航线飞行中常以它为基准面来表示航线高度标准海平面气压。

2.2.3 气压与飞行高度的关系

飞机飞行时，测量高度多采用无线电高度表和气压式高度表。

2.2.3.1 无线电高度表

无线电高度表是用来测量飞机相对于所飞越地区地表垂直距离的仪器，如图 2–5 所示是两种类型的无线电高度表。

无线电高度表能不断地指示飞机相对于所飞越地区地表的高度。由于地形的多变性，无线电高度随地形变化也是多变的，如果飞行员试图按无线电高度表保持规定的飞行高度，则飞机航迹将随地形起伏而起伏。而且，如果在云上或能见度有限的条件下飞行，将无法判定飞行高度变化是由于飞行条件受破坏造成的，还是由于地形影响引起的。这就使无线电高度表的使用受到限制，因而它主要用于校正仪表和在复杂气象条件下着陆时进行参考使用。

图 2–5　无线电高度表

2.2.3.2 气压式高度表

气压式高度表是利用大气压力的变化测量高度的仪表，是主要的航行仪表，如图 2–6 所示。它是一个高度灵敏的空盒式气压表，但刻度盘上标出的是高度，另外有一个辅助刻度盘可显示气压，高度和气压都可通过旋钮调定。

高度表刻度盘是在标准大气条件下按气压随高度的变化规律而确定的，即气压式高度表所测量的是气压，根据标准大气中气压与高度的关系，就可以表示高度。确定航空器在空间的垂直位置需要两个要素，即测量基准面和该基准面至航空器的垂直距离。在飞行中，航空器对应不同的测量基准面，相应的垂直位置具有特定的名称。下面介绍飞行中常用的高度及使用方法，如图 2–7 所示。

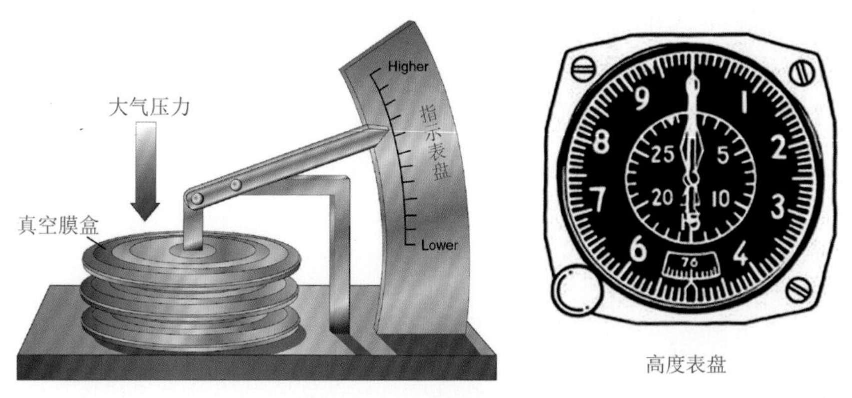

图 2-6　气压式高度表

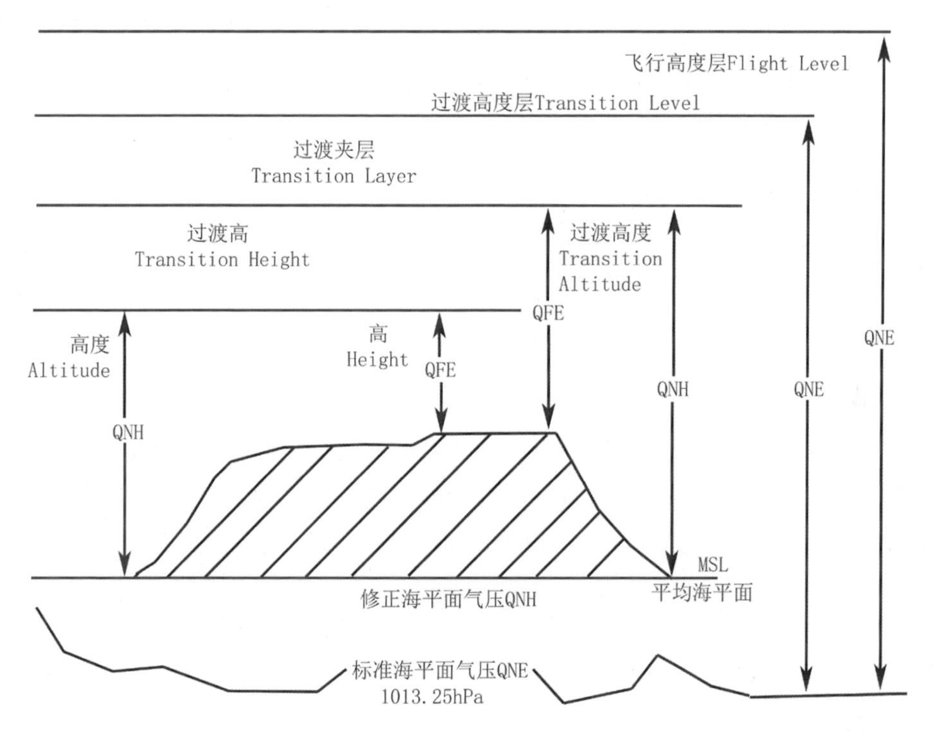

图 2-7　各种气压高度之间的关系（QFE、QNH、QNE）

2.2.3.3 本场气压高度

本场气压高度是指飞机相对于起飞或着陆机场跑道的高度。为使气压式高度表指示场面气压高度，飞行员需按场压来拨正气压式高度表。但由于飞机的气压式高度表是按照标准大气设计的，也就是说只有当机场场面高度的大气为标准大气时，气压式高度表的指示才是准确的。

由于每个机场的地面气压各不相同，有可能不是标准气压。比如，当机场气压为 1 013.25 hPa，大气温度为 15℃时，停在跑道上的飞机的气压式高度表的指示才为零；否则将指示一定的高度值，这就导致无法判断飞机相对于起飞或着陆机场跑道的高度。因此，飞行员需按当时的场压来拨正气压式高度表，以确定飞机相对于起飞或着陆机场跑道的高度。

（1）起飞前修正飞机气压式高度表的方法

起飞前，飞行员根据塔台通知的本机场的场压值，旋转气压式高度表的气压调整钮，将气压式高度表的气压刻度拨正到塔台通知的场压值，这样，气压式高度表的高度指示就为零，飞机即可以进行起飞。此时离地后气压式高度表的高度指示值就是飞机与机场跑道的高度。

（2）着陆前修正气压式高度表的方法

当飞机准备在跑道上着陆时，调整飞机气压式高度表的方法是：当飞机下降到机场的过渡高度层（如无规定过渡高度层高度的机场，按管制员通知的高度）时，飞行员根据当时塔台通知的该着陆机场的场压值，旋转气压式高度表的气压调整钮，将气压式高度表的气压刻度拨正到塔台通知的场压值。这样，气压式高度表的高度指示就是此时飞机相对于机场跑道的高度，飞机即可以进行着陆，落地后飞机的高度值指零。

2.2.3.4 标准海平面气压高度

标准海平面气压高度是指相对于标准海平面（气压为 760 mmHg 或 1 013.25 hPa）的高度值。

航线飞行中飞机相对于不同的位置有不同的高度。飞机航线飞行时，当两架或多架在不同机场（或同一机场）按不同气压（不同的基准高）起飞的飞机在同一地点相遇后，就有可能因原来起飞的相对高度不同而造成混乱。比如，某次飞行要求两架飞机相遇时保持 1 200 m 的垂直间隔，管制员就会指挥一架飞机飞 9 000 m ，另一架飞机飞 10 200 m。但由于原来两架飞机是各自按不同的气压高度为基准的，相遇后的 9 000 m 和 10 200 m 就是基于不同的基准高度，1 200 m 的垂直间隔就不能实现，而且造成指挥上的混乱。如果是多架飞机相遇，后果不堪设想。因此，为便于指挥，就要求在不同机场起飞的飞机在航线上飞行都应有相同的“零点” 高度。标准海平面气压高度就可以很好地解决这一问题。标准海平面气压高度的调整方法具体如下。

在任意机场起飞的飞机，当飞机爬高到机场的过渡高度时，按照管制员通知的高度，飞行员旋转气压式高度表的气压调整钮，使气压式高度表的气压窗指示 1 013.25 hPa。此时，飞机气压式高度表指示的高度就是飞机相对于标准海平面气压（1 013.25 hPa）的高度值。这样，多架在不同机场起飞的飞机相遇时都有相同的“零点” 高度。此后，按照保持规定的航线仪表高度飞行，就可以避免飞机在航线上的冲突。

超视距运行的无人机或大中型无人机的飞行需要考虑这些因素，而对于视距范围内的无人飞行器则不考虑修正的问题。

2.2.3.5 修正海平面气压高度

如果按修正海平面气压拨正气压式高度表，则高度表将显示出修正海平面气压高度。飞行中按修正海平面气压拨正气压式高度表进行起降的方法与按场压拨正气压式高度表进行起降的方法相似，只是将场面气压换成修正海平面气压。但飞行员要注意，在飞机起降时，飞机距机场跑道面的高度是此时高度表指示的高度减去机场标高，除机场在零海拔时，飞机在跑道上的高度都不指零。

飞行员在使用以上几种气压高度时必须思路清楚，不能相互混淆。否则，就容易发生机毁人亡的飞行事故。如 1993 年 11 月 13 日，中国北方航空公司的 MD-82 型 B-2141 号飞机执行沈阳—北京—乌鲁木齐航班任务，在乌鲁木齐机场进近过程中，由于驾驶员对几种气压高度的概念含糊，在使用场压着陆过程中，误将修正海平面气压 1 024 hPa 当成场压（当时实际场压为 947 hPa）使用，使得飞机仪表指示偏高（偏高约 635m），造成飞机坠毁。机上旅客 92 人，其中 8 人遇难；机组 10 人，其中 4 人遇难。

2.2.3.6 假定零点高度

假定零点高度是指标准海平面气压与场面气压的差值对应到标准大气中的高度值。可用下式计算：

假定零点高度 =（1 013.25- 场面气压）× 8.25（m）

由上式可见，假定零点高度是随场面气压的变化而变化的。在高原机场也可利用假定零点高度进行起降。方法是：在起飞前，机组旋转气压式高度表的高度调整钮，使气压式高度表的高度指示当时的假定零点高度值（此时气压式高度表的气压窗指示 1 013.25 hPa），并以此作为起飞的零点高度（假定零点）进行起飞。此时要注意飞机与机场的相对高度是气压式高度表的高度指示值减去假定零点高度。进入航线飞行时就不用再调 1 013.25 hPa。在高原机场着陆时，机组在得知机场的假定零点高度后，将气压式高度表的游标调到该值，当飞机的气压式高度表的高度指示到游标处时，就应该是飞机的接地位置。例如，在拉萨贡嘎机场起降就可用假定零点高度进行。

2.2.3.7 气压的水平分布特点——水平气压场

水平气压场指某一水平面上的气压分布。这一水平面通常取为零海平面（我国以黄海或渤海为基准）。将海拔在 1 500 m 以下的各气象观测站推算出的海平面气压（修正海平面气压）填在一张图上（天气图），绘出等压线，则可显示海平面上的气压分布特点。通常每隔 2.5 hPa 或 5 hPa 画一条等压线，在其两端或闭合等压线的北方标注气压数值。常见的水平气压分布的基本形式有五种，如图 2-8 所示。

（1）低压

低压是指由闭合等压线构成的中心气压比四周气压低的区域。

（2）低压槽

低压槽是指由低压延伸出来的狭长区。低压槽中各条等压线弯曲最大处的连线叫槽线。

（3）高压

高压是指由闭合等压线构成的中心气压比四周气压高的区域。

（4）高压脊

高压脊是指由高压伸展出来的狭长区域。高压脊中各条等压线弯曲最大处的连线叫脊线。

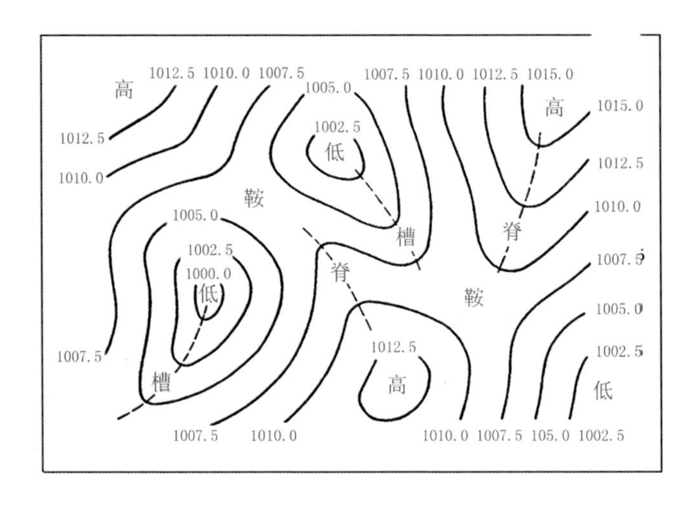

图 2-8　水平气压场的基本形式

（5）鞍形气压区

鞍形气压区是指两高压和两低压相对组成的中间区域，简称鞍。

（6）水平气压梯度

水平气压梯度是指大气压力在单位距离间的气压差，表示在水平方向上变化快慢的程度。

产生气压梯度是由于地表受热不均，使同一水平面上产生了气压差异。只要水平面上存在着气压梯度，就产生了促使大气由高气压区流向低气压区的力，这个力称为水平气压梯度力。在这个力的作用下，大气由高气压区向低气压区做水平运动，这就形成了风。所以，水平气压梯度力是形成风的主要原因，如图 2-9 所示。

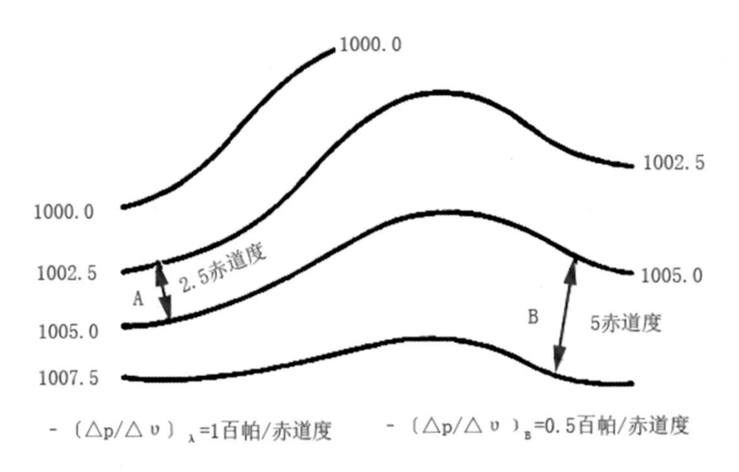

图 2-9　气压梯度

气压梯度力是由于大气气压在空间的分布不均匀，而作用于气块上的力。对单位质量的气块而言，气压梯度力的方向与等压面垂直，且从高气压指向低气压；它的大小与气压梯度的数值成正比，与空气密度成反比。水平方向上的气压梯度力在水平面上垂直于等压线，且由高气压指向低气压。在地面天气图上，经常存在一些高、低气压中心。通常在高气压区内，气块所受的水平气压梯度力垂直于等压线且由高气压中心指向外；而在低气压区内，气块所受的水平气压梯度力垂直于等压线且指向低气压中心。由于在大气中气压随高度的增加而减少，因此通常铅直方向上的气压梯度力与重力的方向相反。

如图 2–8 所示，由于相邻两条等压线间的大气压差值是一定的（一般为 2.5 或 5 ），因此等压线的疏密程度就代表了气压在水平方向上变化快慢的程度。等压线越密的地方，气压沿垂直于等压线的方向变化就越快（沿平行于等压线的方向气压没有变化）。

水平气压梯度是一个矢量，它的方向垂直于等压线，从高压指向低压；它的大小等于沿这个方向上单位距离内的气压差，可表示为

$$G_n = -\frac{\Delta P}{\Delta N} = \frac{\text{气压差}}{\text{水平距离}} \tag{2–4}$$

式中：

$\triangle N$ —— 表示沿气压梯度方向上两点间的距离；

$\triangle P$ —— 表示这两点间的气压差；

“–” —— 表示气压梯度总是由高值区指向低值区；

G_n —— 通常用百帕 / 赤道度来表示。1 赤道度是指赤道上经度相差 1° 的纬圈长度，其值约为 111 km。

2.3 湿度

空气湿度是用来度量空气中水汽含量多少或潮湿程度或大气干燥程度的物理量。在一定的温度下一定体积的空气里含有的水汽越少，则空气越干燥；水汽越多，则空气越潮湿。空气的干湿程度叫作“湿度”。描述湿度常用绝对湿度、相对湿度、比较湿度、混合比、饱和差以及露点等；若表示在湿蒸汽中水蒸气的重量占蒸汽总重量（体积）的百分比，则称之为蒸汽的湿度。下面仅介绍在航空上用得较多的几个参量。

2.3.1 绝对湿度

绝对湿度是指一定体积的空气中含有的水蒸气的质量，一般其单位是克每立方米（g/m^3）。绝对湿度的最大限度是饱和状态下的最高湿度。绝对湿度只有与温度一起考量时才有意义，因为空气中能够含有的湿度的量随温度而变化，在不同的温度中绝对湿度也不同，因为随着温度的变化空气的体积也要发生变化。但绝对湿度越靠近最高湿度，它随温度的变化就越小。

2.3.2 相对湿度

相对湿度（f）是指空气中的实际水汽压（e）与同温度条件下的饱和水汽压（E）的百分比，即

$$f=\frac{e}{E}\times 100\% \tag{2-5}$$

水汽压（e）是空气中的水汽所产生的那部分压力。可用方程 $e=\rho_w RT$ 表示其状态。

式中 ρ_w——水汽的密度

在其他条件相同时，水汽含量越多，水汽压 e 越大。在温度不变的情况下，单位体积空气所能容纳的水汽量有一定的限度，如果水气含量达到了这个限度，空气中的水汽就呈饱和状态，称为饱和空气。饱和空气的水汽压叫饱和水汽压（E）。饱和水汽压的大小仅与气温有关，气温越高，饱和水汽压越大。因此气温升高时，空气的饱和水汽压增大，容纳水汽的能力也增大。

相对湿度则直接反映了空气距离饱和状态的程度，也就是空气的潮湿程度。相对湿度越大，说明空气越接近饱和，饱和空气的相对湿度为 100%。

相对湿度的大小取决于两个因素：

一是空气中的水汽含量，水汽含量越多，水汽压越大，相对湿度越大；另一个因素是温度，在空气水汽含量不变时，温度升高，饱和水汽压增大，相对湿度减小。通常情况下，气温变化大于水汽含量变化，一个地方的空气相对湿度的变化，往往晚上和早晨的相对湿度大，中午、下午相对湿度较小。

2.3.3 露点

露点是指当空气中水汽含量、气压不变时，当气温降低到使空气达到饱和时的温度。

气压不变时，露点的高低仅仅与空气中水汽含量的多少有关，水汽含量越多，露点温度越高；露点温度的高低反映了空气中水汽含量的多少。

2.3.4 气温露点差

气温露点差是指当空气处于未饱和状态时，其露点温度与气温的差值。一般露点温度此时会低于气温。只有空气达到饱和时，露点才和气温相等。所以可用气温露点差来判断空气的饱和程度，气温露点差越小，空气越潮湿。

露点温度的高低还和气压大小有关。在水汽含量不变的情况下，气压降低时，露点温度也会随之降低。实际大气中做上升运动的空气块，一方面由于体积膨胀而绝热降温，另一方面由于气压的减小其露点温度也有所降低。但气温的降低速度远远大于露点温度的降低速度，因而空气块只要能上升到足够的高度就能达到饱和（气温和露点趋于一致）。一般而言，未饱和空气每上升 100 m，温度下降约 1℃，而露点温度下降约 0.2℃，因此气温露点差的减小速率约为 0.8℃ /100 m。

2.3.5 湿度的影响因素

空气湿度包含水汽含量和饱和程度两个方面，空气中的水汽含量与地表有关，地面潮湿的地方空气中的水汽含量较高；在同一地区，水汽含量与气温的关系很大，在温度升高时饱和水汽压增大，空气中的水汽含量也相应增大。而对一定地区来说，水汽含量与气温的变化规律基本相同，即白天大于晚上，最高值出现在午后。但当乱流特别强时，由于水汽迅速扩散到高空，近地面空气水汽含量反而有迅速减小的现象。水汽含量的年变化则与气温相当吻合，最高在 7 ～ 8 月，最低在 1 ～ 2 月。

空气的饱和程度与气温高低和空气水汽含量的多少有关。但由于气温变化比露点温度的变化要快，空气饱和程度一般是早晨大、午后小 ，冬季大、夏季小。露珠一般出现在夏季的早晨，而冬季的夜间容易形成霜；夜间停放在地面的飞机冬季表面结霜、夏季油箱积水等现象，都和空气饱和程度的变化有关。此外，由于大气运动及天气变化等因素的影响，空气湿度还有非周期性的变化。

2.4 气象要素对飞行的影响

气温、气压和空气的湿度与飞行活动密切相关，飞机的飞行性能及某些仪表示度都是按标准大气制定的。当实际大气状态与标准大气状态有差异时，飞行性能及某些仪表指示就会发生变化，而这种变化又会直接影响飞行。下面就各要素变化对飞行产生的主要影响进行讨论。

2.4.1 对空速的影响

空速是指飞机相对于空气运动的速度。又称飞行真速或飞行速度。测量空速的仪表是空速表。空速表是根据海平面标准大气条件下空速与动压的关系，通过测量动压来表示空速的。

空速表的示度不仅取决于飞机的空速，也与空气密度有关。而密度随着气温的增加而减小；随着气压的增大而增大；密度的变化直接影响了空速的变化。具体影响变化如下：

如果实际大气密度与标准大气密度不符，表速与真空速也就不相等。实际大气密度大于标准大气密度时，表速会大于真空速；反之则表速小于真空速。此时，若按表速飞行而不加以修正，飞机的位置就会发生偏差。例如，早晨气温偏低，空速表的示度容易偏高，根据表速下滑着陆时，容易落在“T”字布的后面，有提前接地的危险；午后气温偏高，空速表的示度容易偏低，则容易落在“T”字布的前面，有冲出跑道的危险。

由于空气密度随高度递减，故随着飞行高度的增加，表速必然越来越小于空速。在 8 ～ 10 km 高度上，这种误差达 50% ～ 70% 甚至以上。

2.4.2 对发动机的影响

发动机的可用推力随大气温度的增大而减小；随着大气温度的降低，发动机的可用推力增大。

在标准大气状态下，大约从 11 km 高度开始，随高度增加，气温停止下降，推力则随着高度的增加减小很快。实际上，发动机的推力随高度变化比较复杂，它与气温的垂直分布有关。气温垂直梯度越大，气压下降引起的空气密度的减小就越慢，因而推力减小也越慢。

在等温层，特别是在逆温层中，空气密度随高度减小比较快，因而推力随高度减小也较快 。由于这个原因，当飞机爬高越过对流层顶时，推力会有相当明显的下降；反之，当飞机高度下降，由平流层进入对流层时，推力会明显增大。

而在固定高度上飞行时，飞机穿越锋区，推力也会有明显变化。在锋区中飞行，当飞机进入暖空气时，发动机的推力在较短时间内可能减小，而在飞机进入冷空气时，发动机的推力则会增大，减小与增大的幅度在 5% ～ 10%。

同样，温度的日变化，特别是季节变化，也能引起发动机推力的很大变化。

当飞机在对流层顶上飞行时，由于平流层中温度升高，会影响推力。平流层下部比较暖时，对 $Ma < 2$ 以下的超声速飞行，推力的变化率可达 10% 以上。

2.4.3 对平飞需用速度的影响

平飞是飞机最主要的工作方式。飞机平飞需要有足够的升力，为了产生这一升力所需的飞行速度称为平飞需要速度。

在标准大气条件下，当其他条件不变时，5 km 高度上的平飞需要速度比海平面增大 30%；10 km 及 20 km 高度上平飞需要速度比海平面则分别增加超过 70% 以及 2 倍以上。按气压高度表固定高度飞行时，气压不变，气温升高时，则平飞需要速度增大。

实际情况是大气温度随高度、时间的变化，有很大的变化。如在 200 hPa 高度上，气温的日变化可超过 20℃。在远程飞行中，由于航线上气温变化的影响，波音 747 和伊尔 62 等飞机的平飞需要速度，在特殊情况下可变化 40 km/h 以上，甚至可达 100 km/h。

民用无人机的发动机推力随高度的变化而减小，随空间气温的变化而变化。一般情况下，民用无人机的活动范围较小，多在低空与超低空飞行，飞行高度的变化量不大，因此温度的变化对平飞需要速度的影响不大，可以认为不变。

2.4.4 对起飞、着陆的影响

飞机的起飞和着陆性能如起飞滑跑距离、离地速度、着陆速度、着陆滑跑距离等，在很大程度上取决于大气状态的物理特性。

气温升高，导致空气密度减小，产生需要的升力则必须增大离地速度；同样，气压升高则使得密度增大，产生同样的升力，需要的滑跑速度和离地速度都减小。

气温和气压的剧烈变化，能使离地速度发生很大变化，而离地速度又影响滑跑距离和全部起飞距离。在从长度有限的跑道上起飞或当飞机负荷较大时，这一点特别值得注意。

飞机起飞滑跑时，发动机推力的变化对起飞滑跑距离也有影响。当温度升高时，推力减小，飞机加速较慢，因而要增加到离地所需的速度，飞机沿跑道需多滑跑一段时间。气压降低也能使推力减小。

飞机离地速度的增大和推力的减小，会导致在大气物理状态变化时，起飞性能有很大的变化。而且，由于推力减小，起飞滑跑加速度也减小，使得起飞滑跑距离增大。

对于发动机来说，在其转速不变的情况下，气温每升高 10℃，则起飞滑跑距离增加 13%；气温每下降 10℃，则起飞滑跑距离减少 10% 。

当大气温度偏差 10℃时，离地速度变化 1.75% ，气压变化 10 mmHg，离地速度变化 0.65%。

在起飞时机场空气密度的变化，对起飞滑跑距离有很大影响。在山区机场起飞时，考虑到这一特点很重要。例如，在位于海拔 1000 m 的机场上，喷气式飞机的起飞滑跑距离比标准大气条件下海平面高度的起飞滑跑距离大 0.33 倍 。

当大气物理状态发生变化时，飞机着陆性能也会受到很大的影响。实际温度与标准温度偏差 10℃，着陆滑跑距离大约变化 3.5% 。

飞行员在着陆过程中，根据飞机所在高度以及“T”字布的水平距离，进行目测判断，会有“早晨目测易低，中午目测易高”的规律。

运输机起飞、着陆一定要根据当时地面气温和气压的情况，严格进行计算，防止发生意外。

2.4.5 对高度表指示的影响

气象要素对高度表指示的影响源于仪器仪表的设计、制造是以标准大气为基准的，实际大气与标准大气的状态通常存在一定差异，因此使得实际飞行时高度表指示的高度与当时的气象条件有关。飞行器在飞行中，即使高度表的示度相同，实际高度也并不一样；尤其在高空飞行时更是如此。

航线飞行时通常采用标准海平面气压高度（QNE），在标准大气中“零点”高度上的气压为 760 mmHg，但实际上“零点”高度处的气压并不总是 760 mmHg（29.92 inHg），因而高度表的示度会出现误差。当实际“零点”高度的气压低于 29.92 inHg 时，高度表的示度会大于实际高度；反之，高度表的示度就会小于实际高度。

此外，当实际大气的温度与标准大气温度不同时，高度表的示度也会出现偏差。由于在较暖的空气中气压随高度降低得较慢，而在较冷的空气中气压随高度降低得较快。因而在比标准大气暖的空气中飞行时，高度表所示高度将低于实际飞行高度；在比标准大气冷的空气中飞行时，高度表的示度将高于实际飞行高度。

2.4.6 对飞行性能的影响

飞机的飞行性能主要受大气密度的影响，而大气密度与温度、高度、大气压力有密切的关系，所以温度、高度、压力的变化必然影响密度的变化。当实际大气密度大于标准大气密度时，一方面空气作用于飞机上的空气动力要加大；另一方面发动机功率增加，推力增大。这两方面作用的结果，就会使飞机飞行性能变好，如最大平飞速度、最大爬升率和起飞载重量会增大，飞机起飞、着陆滑跑距离会缩短；反之，影响相反。

对于民用航空，由于气温对空气密度影响最大，而且地面气温变化也很明显，所以国际民航组织建议在起飞前 2 h 对发动机进气口高度处气温预报要精确到 ±2℃。长距离飞行时，要用预报温度计算燃料与货物的搭载量，在起飞前 30 min 用实况值进行最后校准。

2.4.7 对燃料消耗量的影响

高度越高，大气密度减小，发出同样的功率，燃料消耗量越大；气温越高，燃油消耗量越大；气温越低，燃油消耗量越小。

2.4.8 对飞机升限的影响

飞机升限是指在一定的飞行状态下，飞机能够上升的最大高度。气温变化时，飞机升限变化很大。其他条件不变的情况下，温度升高，飞机升限降低（$T\uparrow \rightarrow H_{升限}\downarrow$）；反之温度降低，飞机升限升高（$T\downarrow \rightarrow H_{升限}\uparrow$）。

2.4.9 对飞机载重的影响

航空器的载重量受大气温度变化的影响很大。当大气温度高于标准大气温度时，空气密度变小，产生的升力减小，因而载重量减小；反之，载重量增大。

2.5 风

风是空气运动的体现，又称为气流。空气运动对航空活动有直接影响，空气的运动可分为水平运动（水平风）和垂直运动（垂直风）两大类。

2.5.1 空气的水平运动

2.5.1.1 表示方法

空气的流动是有方向的，因此形成的风是矢量，有大小和方向。气象上的风向是指风的来向，常用 360° 或 16 个方位来表示，如图 2-10 所示。

风速是指单位时间内空气微团的水平位移，用来表示风的移动速度大小。常用的表示风速的单位是米每秒（m/s）、千米每小时（km/h）和海里每小时（n mile/h 或 kn）。它们之间的换算关系为：1 m/s =3.6 km/h，1 kn =1.852 km/h。

2.5.1.2 测量

风的测量主要是指风向与风速的测量。测量的方法主要有仪器探测和目视估计两大类。常用的测量仪器有风向风速仪、测风气球、风袋、多普勒测风雷达等。

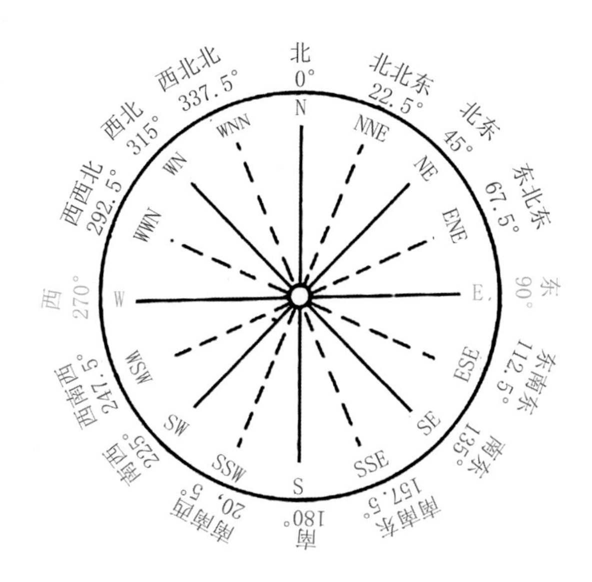

图 2–10　风向表示

风向风速仪是测量近地面风常用的仪器。为了便于飞行员观测跑道区的风向风速，可在跑道旁设置风袋。风袋飘动的方向可指示风向，风袋飘起的角度可指示风速。高空风可用测风气球进行探测。现在一些大型机场装有多普勒测风雷达，用来探测机场区域内一定高度风的分布情况，对飞机起降有很大帮助。

2.5.1.3 水平风的形成

（1）形成水平风的力

形成水平风的力是由水平气压梯度引起的作用在单位质量空气上的压力差产生的水平气压梯度力（G_n）。水平气压梯度越大的地方，产生的水平气压梯度力也越大，引起的风也越强。水平气压梯度力的表达式为：

$$G_n = -\frac{1}{\rho} \times \frac{\Delta P}{\Delta N} \tag{2–6}$$

可见，水平气压梯度力的方向与水平气压梯度方向一致，垂直于等压线，由高压指向低压；大小与水平气压梯度成正比，等压线越密，水平气压梯度力也越大。

另一个形成风的很重要的力是地球自转偏向力（A），也称科氏力。科氏力是由地球自转引起的使相对于地球运动的物体偏离原来运动方向的力。

由地球自转引起的偏转效应随纬度的增高而增强。理论分析可证明，水平科氏力的大小可以表示为：

$$A = 2v\omega\sin\varphi \tag{2–7}$$

式中：

ω ——地球自转角速度，是一常量。

可见，A 的大小与风速（v）及纬度（φ）的正弦成正比。风速越大，A 越大；纬度越高，A 越大。A 的方向垂直于速度 v 的方向，在北半球指向右，在南半球指向左。

当空气在近地面运动时，地表对空气运动要产生阻碍作用，即产生摩擦力 R。摩擦力可用公式表示如下：

$$R = -Kv \tag{2-8}$$

式中：

K —— 摩擦因数，它取决于地表的粗糙程度，一般山区最大，海洋最小；

v —— 空气运动速度；

R 的方向与 v 相反，总是使 v 减小，其大小取决于风速和摩擦因数。

空气在地球表面做圆周运动时，除受地心引力作用外，还要受到惯性离心力（C）的作用。惯性离心力的方向与速度 v 垂直，由曲率中心指向外缘；其大小为

$$C = mv^2/r \tag{2-9}$$

式中：

v —— 空气运动的线速度；

r —— 曲率半径；

m —— 空气块质量。

（2）水平风的形成及风压定理

水平风的形成是由于在某地水平方向上的气压出现差异而产生的水平气压梯度力，促使空气从高压向低压方向运动。空气一旦开始运动，就会受到其他水平力的作用，如在赤道以外的地方会受到科氏力的作用，在摩擦层中会受到摩擦力的作用，做曲线运动时还会受到惯性离心力的作用等。当作用在空气上的各水平力达到平衡时，就形成了相对稳定的风。

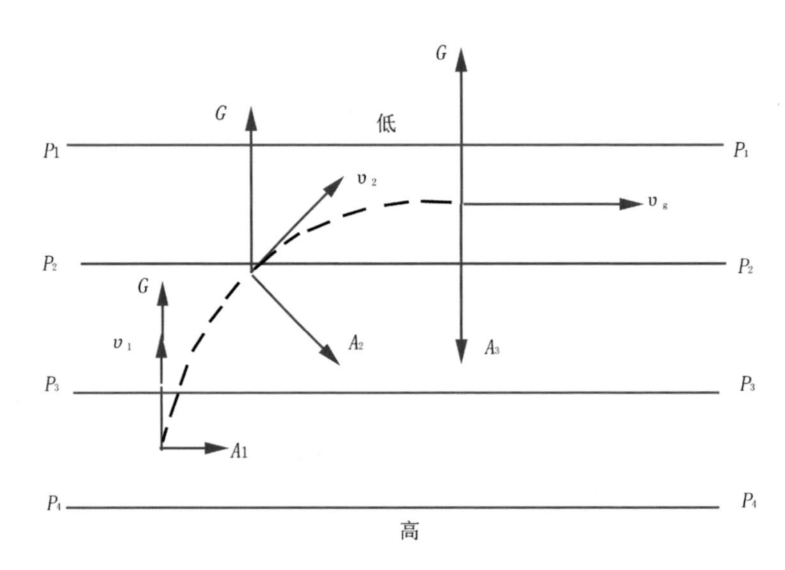

图 2–11　自由大气中平直等压线气压场的风

a. 自由大气中风的形成及风压特性

自由大气中平直等压线气压场风的情况，如图 2–11 所示。空气块在气压梯度力 G 的作用下产生沿气压梯度力方向的运动。一旦空气开始运动，就要受到科氏力 A 的作用。在北半球，科氏力使空气向右偏转，随着空气块运动速度加大，作用于其上的科氏力也随之增大，且方向始终与空气块运动方向垂直。当气压梯度力 G 与科氏力 A_3 大小相等、方向相反时，二力达到平衡，空气块就沿着等压线做稳定的水平运动（风速为 V_g）。气压梯度力越大的地方，需要与之平衡的地转偏向力 A_3 也越大，因而风速 V_g 越大。我们常常称 V_g 为地转风。

当自由大气中的空气做曲线运动时，如图 2–12 所示。由于惯性离心力的作用，空气做曲线运动时，要受到水平气压梯度力 G、地转偏向力 A 和惯性离心力 C 的作用。当这三力达到平衡时，东北半球，低压区空气是沿逆时针方向旋转的，高压区空气是沿顺时针方向旋转的；在南半球则相反。

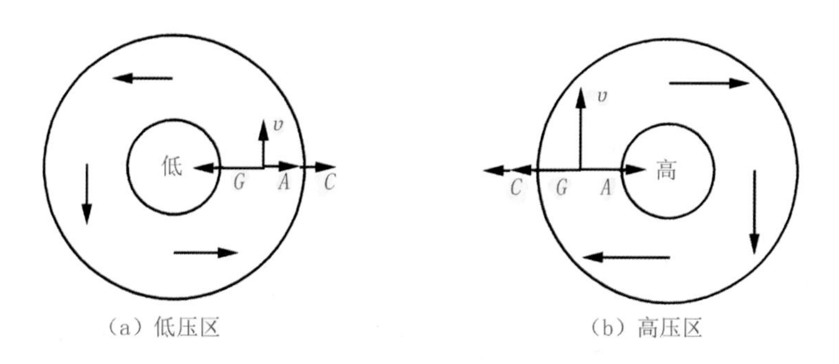

图 2–12　自由大气中低压区和高压区中的风

由此可得自由大气中空气水平运动与气压分布关系的特性是在北半球背风而立，高压在右，低压在左（南半球相反）；风平行于等压线吹；等压线越密，风速越大。

b. 摩擦层中风的形成及风压特性

在摩擦层中，空气的水平运动受到摩擦力的作用。与自由大气中的情况相比，摩擦力使风速减小，地转偏向力也相应减小，使风向向左偏转一定的角度（北半球）。当气压梯度力 G、地转偏向力 A 和摩擦力 R_1 三力达到平衡时，v 即为摩擦层中的风速，如图 2–13 所示。

在北半球摩擦层中，低压区空气是沿逆时针方向向内辐合的，高压区空气是沿顺时针方向向外辐散的；南半球则相反，如图 2–14 所示。

由以上分析可知摩擦层中的风压特性为：在北半球背风而立，高压在右后方，低压在左前方（南半球相反）；风斜穿等压线指向低压一侧吹；等压线越密，风速越大。

风斜穿等压线的角度取决于摩擦力的大小。在风速相等的情况下，地表越粗糙，风与等压线的交角越大。风与等压线的交角在陆地上为 30° ～ 45°，水面上为 15° ～ 20°。

风压定律反映了气压场与风的分布之间的关系。利用这种关系，已知气压场就可以判断风场（风的水平分布）；反过来，已知风场，也可以判定气压场。航空上，多是利用天

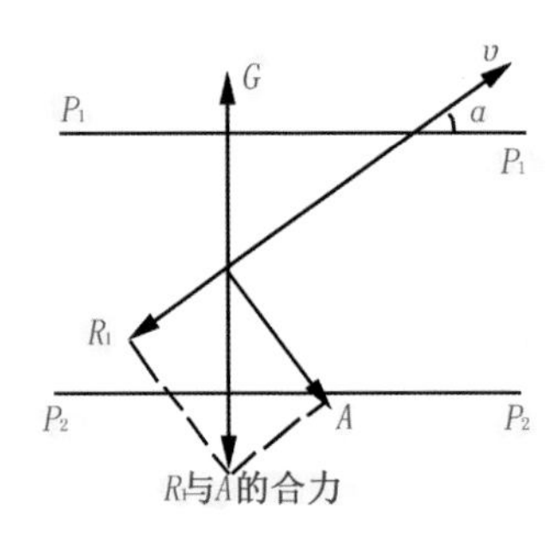

图 2–13　摩擦层中风的形成

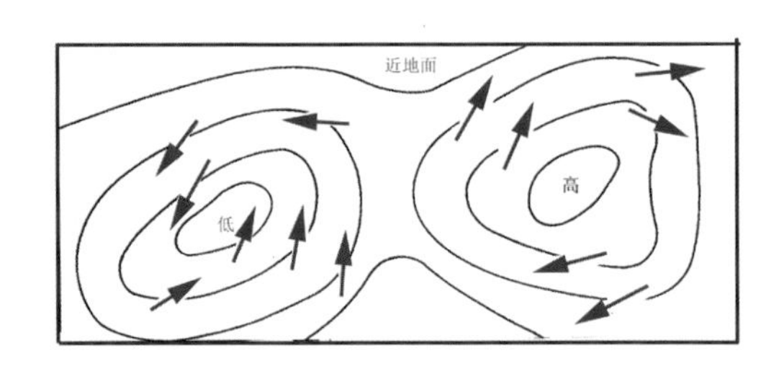

图 2–14　摩擦层内高、低气压区的风

气图上的气压场来判断有关航路或飞行空域内的风的情况。如图 2–15 所示，根据摩擦层中的风压定律，可以判断图中任一地方的风向和风速的相对大小，例如，A 点处吹 SSW 风，与 B 点相比，风速相对较小。如图 2–16 所示，根据自由大气中的风压定律，可判断飞行航线上风的情况，如 A B 航段上基本为顺风飞行。同样，根据飞行时遇到的风的情况，可判断高、低压位置，如图 2–17 所示 。

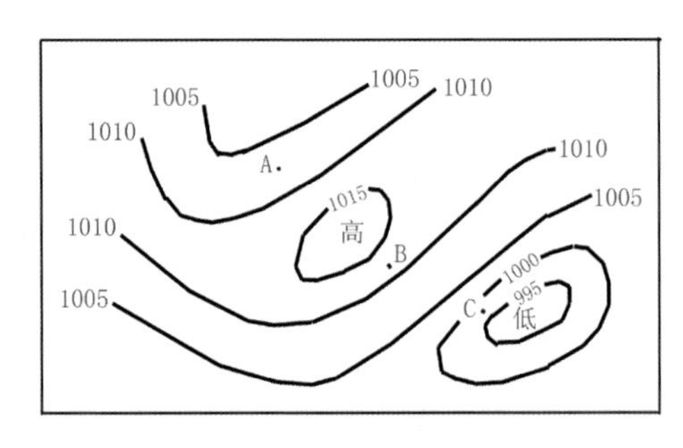

图 2–15　地面气压形势图

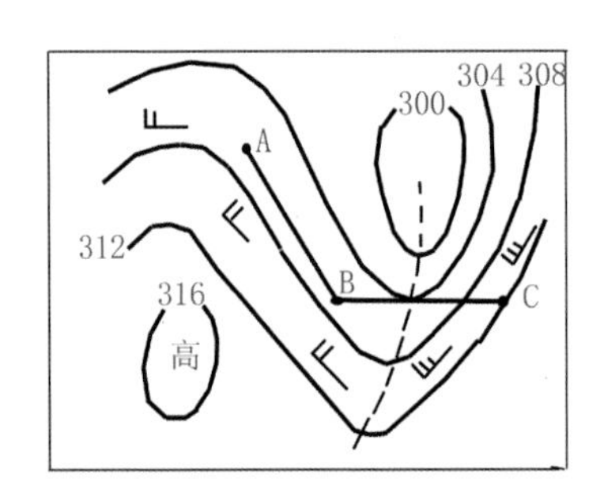

图 2–16　3 000 m 空中气压形势图

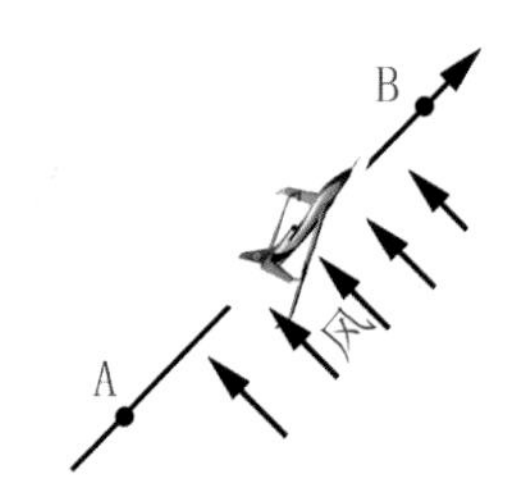

图 2–17　飞机在向高压区飞行图

2.5.1.4 变化

实际大气中，风是随时随地变化着的。变化越显著，对飞行的影响就越大。

（1）摩擦层中风的变化

空气在摩擦层中运动，由于摩擦力随高度减小，在气压随高度变化不大的情况下，随高度增加，风速会逐渐增大，而风向将逐渐趋于与等压线平行。所以，在北半球，随高度增加，风速增大，风向右偏，如图 2-18 所示。南半球风向变化相反。

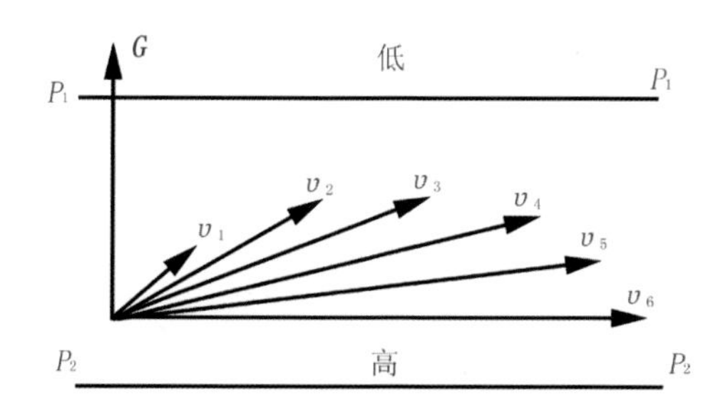

图 2-18　北半球摩擦层中风随高度变化示意图

在白天，特别是天气晴朗的午后，近地层气温升高，地面增热不均，空气垂直混合作用增强，使上、下层风向、风速趋于一致，即近地面白天风速增大，风向向右偏转；上层风的变化则相反。晚上，空气垂直混合作用减弱，上、下层风又出现较大差异，下层风速减小，风向左转；上层风速增大，风向右偏。

在摩擦层中，由于地表对空气运动的影响，如地面增热不均而产生的空气垂直运动、地表对空气运动的摩擦阻碍及扰动等，常使气流中挟带着空气的乱流运动，这种乱流运动通常以不规则的涡旋形式存在。乱流涡旋随气流一起运动，引起局地风向不断改变，风速时大时小，形成阵风——风的阵性。近地面风速越大，地表越粗糙，地表性质差异越大，地表受热越强烈，空气扰动也就越强烈，风的阵性就越强。风的阵性在近地面出现最频繁，也最显著，随高度增加，阵性逐渐减弱，到自由大气中一般就不明显了。一日之中，风的阵性午后最明显；一年之中，夏季最明显。

（2）自由大气中风的变化

自由大气中，风随高度的变化明显。并且，自由大气中空气运动不再受摩擦力的影响，因此风的变化主要取决于气压场的变化，自由大气中气压随高度的变化主要是由气温水平差异引起的。如图 2-19 所示，若低层（拓高度上）A、B 两地之间的气压相等，由于没有

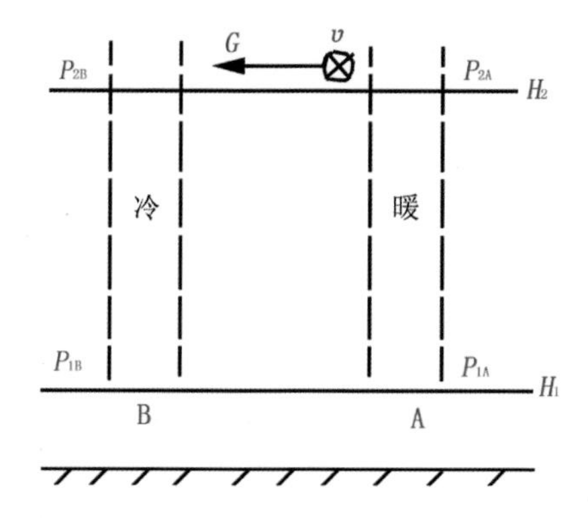

图 2-19　水平高度气温差异产生的风

气压梯度力，因此没有风。但由于存在气温差异，使气压随高度降低的速度不同，A 地气压随高度降低慢，B 地气压随高度降低快，随着高度升高，将逐渐形成由 A 指向 B 的气压梯度，且高度上升得越多，气压梯度越大；在 H_2 高度上，空气将由 A 向 B 运动，在地转偏向力的作用下形成由外向里吹的风，这种风称为热成风。它表现为：在北半球背热成风而立，高温在右，低温在左；风平行于等温线吹；等温线越密，风速越大。如低纬度地区气温高，高纬度地区气温低，根据热成风原理，在北半球上空应吹偏西风，高度越高，风速越大。上升到一定高度后，就可能形成西风急流。

（3）地方性风

地方性风是指由于一些特殊的地理条件对局地空气运动产生影响，形成与地方性特点有关的局部地区的风。如海陆风、山谷风、峡谷风、焚风等。

a. 海陆风

海陆风是指在白天，由于陆地增温比水面快，陆地气温高于海面，使陆地上空气产生上升运动，海面上空气产生下沉运动，使低层空气从海上吹向陆地，形成海风；而上层空气将从陆地流向海洋，形成一个完整的热力环流。晚上的情形与此相反，形成陆风，如图 2–20 所示。

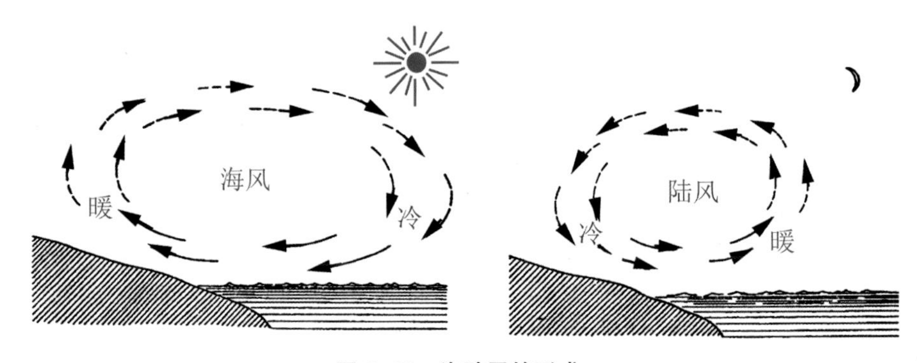

图 2–20　海陆风的形成

b. 山谷风

山谷风是由山区的特殊地理条件造成的，形成原因与海陆风相似。白天，山坡气温高于山谷上同高度气温，形成如图 2–21（A）的热力环流，低层风从谷地吹向山坡，形成谷风。晚上则形成山风，如图 2–21（B）所示。

图 2–21　山谷风的形成

c. 峡谷风

峡谷风是指在山口、河谷地区产生的风速较大的风。当空气流动，进入狭窄的地方时，流速要加大。在山区和丘陵地区常出现这种风，使风速变化增大，对山地飞行带来影响。

d. 焚风

气流过山后沿着背风坡向下吹的热而干的风，叫作焚风。焚风吹来时，气温迅速升高，湿度急剧减小。当气流越过山后沿背风坡下降，通常按干绝热直减率增温，所以到达背风坡山脚时，空气温度比在山前时高，湿度比在山前时小，如图 2–22 所示。强的焚风出现时，几小时内气温可增高 10℃以上。在我国，天山南北、秦岭脚下、川南丘陵、金沙江河谷等到处可见到焚风的踪迹。

图 2–22　焚风

2.5.1.5 对飞行的影响

顺风是从后面吹来的风。顺风会减小升力，飞机通常情况下避免顺风起飞或着陆。顺风对飞行的影响如图 2–23 所示。在飞机着陆过程中，需要减小油门使空速减小，才能在

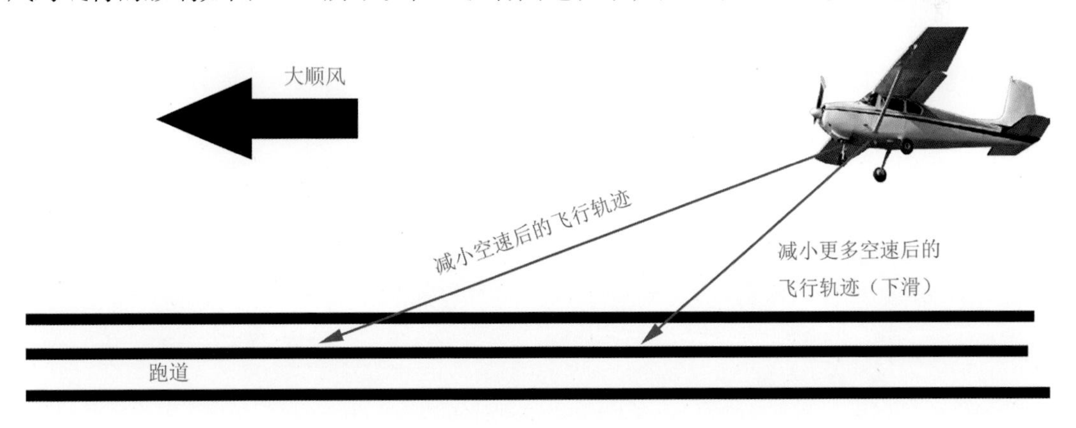

图 2–23　顺风的影响

预定点接地，否则，飞机将在预定接地点之前落地而出现危险。当顺风过大时，就需要减小更多的油门，容易造成飞机失速。因而，顺风的大小是要严格控制的。当在顺风起飞时，飞机达到离地速度所需要滑跑的距离加长，当较大顺风时，就容易冲出跑道。所以，在起飞时，顺风的大小同样要严格控制。比如，我国规定当地面顺风超过 3 m /s 时，就不能起降。

逆风是迎面吹来的风，由于逆风会增加升力，所以起飞与降落多逆风进行。逆风对飞行的影响如图 2–24 所示。在飞机着陆过程中，需要增加油门使空速增大，才能在预定点接地，否则，飞机将落在预定接地点之后，出现危险。但当逆风过大时，为了落地，就需要增加更多的油门，造成飞机落地后速度过大，容易冲出跑道，所以，逆风也不能过大。当逆风起飞时，飞机达到离地速度所需要滑跑的距离缩短，对飞行有利。但当逆风过大时，风往往会伴有乱流或阵性特点而影响飞行。

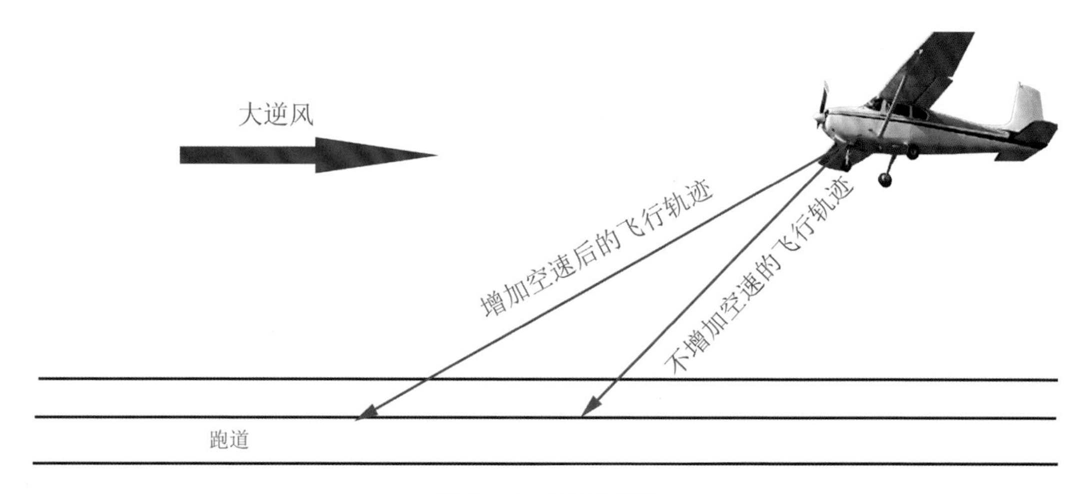

图 2–24　逆风的影响

侧风是从侧面吹来的风。飞机降落时遇到侧风会偏离跑道中线。侧风对飞机飞行的影响如图 2–25 所示。当飞机在跑道上滑跑时，侧风会使飞机向侧风来的方向偏转，因此，飞行员就应操纵飞机向相反的方向加以修正。当飞机离地后或接地前，侧风会使飞机向侧风去的方向偏，因此，飞行员就应操纵飞机向相反的方向加以修正。当侧风过大时，要保持正常的下滑道或滑跑非常困难，为克服侧风的影响而采取大坡度接地可能使飞机打地转或发生滚转，加上阵风的影响，就会使飞机更加难以操纵。

图 2–25　侧风对飞行的影响

飞机在航线上飞行时，也不可避免地要受到风的影响。例如，顺风飞行会增大地速，缩短飞行时间，减少燃油消耗，增加航程；逆风飞行会减小地速，增加飞行时间，缩短航程；侧风会产生偏流，需进行适当修正以保持正确航向。

2.5.2 空气的垂直运动

空气在垂直方向上的升降运动，对飞机的飞行都有很大的影响。空气的垂直运动及其变化是由作用在空气上的垂直向下的重力和向上的垂直气压梯度力形成的。当作用在原来静止的空气块上的垂直方向的力不平衡时，就会产生垂直运动。垂直气压梯度力大于重力时，空气块向上运动；反之，空气块向下运动。引起作用在空气上的垂直力不平衡的原因不同，形成的空气垂直运动的特点就不同。下面分别讨论大气中各种垂直运动的特点。

2.5.2.1 对流

（1）对流

空气的对流是指局地空气块有规则的、强烈的升降运动。是由足够的对流冲击力和大气不稳定而产生的。空气对流的垂直运动速度是空气各种垂直运动中最大的，一般为 1 ~ 10 m/s。对流的水平范围不大，一般是几千米到几十千米；对流的持续时间较短，一般只有几十分钟到几小时。对流的产生取决于对流冲击力和大气稳定度。

（2）对流冲击力

对流冲击力是指使原来静止的空气产生垂直运动的作用力。

实际大气中，对流冲击力的形成有热力和动力两种原因，它们产生的对流分别称为热力对流和动力对流。

a. 热力对流冲击力

热力对流冲击力是由地面热力性质差异引起的。

白天，在太阳辐射作用下，山岩地、沙地、城市地区比水面、草地、林区、农村升温快，其上空气受热后温度高于周围空气，因而体积膨胀，密度减小，使浮力大于重力而产生上升运动。天气越晴朗，太阳辐射越强，这种作用越明显。夜晚情形正好相反，山岩地、沙地等地面辐射降温快，其上空气冷却收缩，产生下沉运动，天气越晴朗，这种作用越明显，如图 2–26 所示。

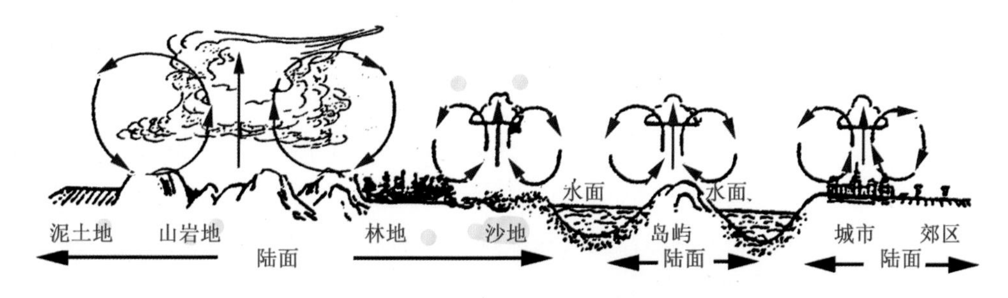

图 2–26　热力对冲力的形成

b. 动力对冲力

动力对流冲击力是指由于空气运动时受到机械抬升作用而引起的空气对冲力。如山坡迎风面对空气的抬升（图 2–27）、气流遇有些系统时造成的空气升降运动等，都属于动力对流冲击力。由于对流冲击力的作用，使空气产生了垂直运动，但这种垂直运动能否继续发展和加强，并最终形成强烈的对流运动，则取决于大气本身的性质，即大气稳定度。

图 2–27　动力对冲力的形成——山坡对空气的抬升

大气稳定度是指大气对垂直运动的阻碍程度。下面具体讨论大气稳定度的判断方法。如图 2–28 所示，甲、乙、丙三地上空 200 m 处分别有 A、B、C 三个气块。大气温度和气块温度相同，但三地大气气温递减率不同，甲地为 0.8℃ /100 m，乙地为 1℃ /100 m，丙地为 1.2℃ /100 m。假设三处气块都处于未饱和状态，则在垂直运动中，气块温度按 γ_d=1℃ /100 m 变化。下面分析各气块在受到冲击力对其运动情形的区别。

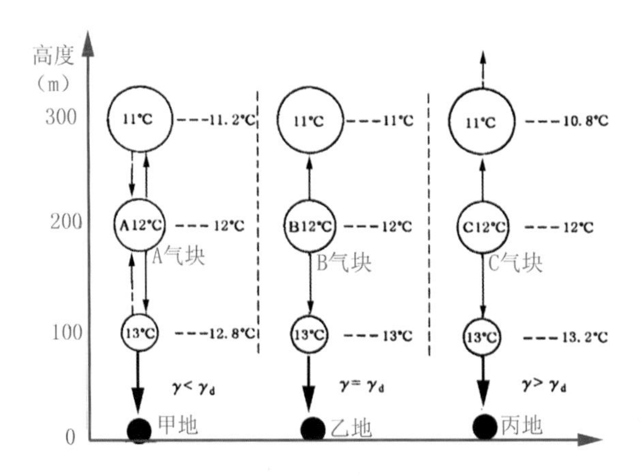

图 2–28　大气对不饱和气块的稳定度

A 气块：如果上升到 300m 高度，其本身温度 11℃，低于周围大气温度 11.2℃，气块受到向下的加速度，上升运动减速，并有返回原处的趋势。如果下降到 100 m 处，本身温度 13℃高于周围大气温度 12.8℃，空气块获得向上的加速度，下降运动减速，并有返回原处的趋势。因此，对气块 A 而言，甲地大气是稳定的。

B 气块：不论上升或下降，气块温度始终与大气温度相等，不会获得向上或向下的加速度，乙地大气对 B 气块而言是中性的。

C 气块：不论上升或下降，都会使气块运动加速进行，对 C 气块而言，丙地大气是不稳定的。

由此可知，某地大气是否稳定，取决于该地做垂直运动的空气块的气温直减率与周围大气气温直减率的差异。对未饱和空气块而言 $r < r_d$，甲地大气稳定；乙地 $r = r_d$，大气为中性；丙地 $r > r_d$，大气不稳定。对饱和空气块，道理相同，$r < r_m$ 时，大气稳定；$r = r_m$ 时，大气为中性；$r > r_m$ 时，大气不稳定。可见，某一具体空气块受到冲击力后的垂直运动状况，完全取决于气块外部的大气特性。大气层具有的这种影响对流运动的特性，用大气稳定度来表示。

综上所述，可将大气稳定度分成三种情形：

$r < r_m < r_d$ 绝对稳定

$r > r_d > r_m$ 绝对不稳定

$r_m < r < r_d$ 条件性不稳定

r 值越小大气越稳定，$r < r_m < r_d$ 时，不论对饱和空气块还是未饱和空气块，都处于稳定状态，我们称之为绝对稳定；

r 值越大，大气越不稳定，当 $r > r_d > r_m$ 时，不论对未饱和空气块还是饱和空气块，大气都处于不稳定状态，这时我们称之为绝对不稳定；

当 $r_m < r < r_d$ 时，大气对未饱和空气块是稳定的，对饱和空气块是不稳定的，这种情况称为条件性不稳定。

在逆温层（$r < 0$）和等温层（$r = 0$）中，大气是非常稳定的，因此又将它们称为稳定层或阻挡层。它们能阻碍空气垂直运动的发展，在稳定层下面常聚集大量杂质和水汽，使稳定层上、下飞行气象条件有明显差异。

大气稳定度具有明显的季节变化规律。一日之中，白天太阳辐射使近地层空气增温，r 值增大，到了午后，r 值达到最大，大气变得不稳定。夜晚，地面辐射使近地层空气降温，r 值减小，到后半夜和清晨，r 值达到最小，大气变得很稳定，甚至可在近地面附近形成等温层或逆温层。天气越晴朗，大气稳定度的日变化越明显。同理，一年之中夏季大气最不稳定，冬季大气最稳定。所以，一些与对流相关的天气（如雷暴）往往在夏季午后出现；而与稳定层有关的天气（如某些云、雾等）常常出现在冬季的早晨。综上所述，对流就是由足够的对流冲击力和大气不稳定而产生的。

2.5.2.2 系统性的垂直运动

系统性垂直运动是指大范围空气有规则的、缓慢的升降运动。垂直运动范围一般为几百千米到几千千米，升降速度一般只有 1 ～ 10 cm/s，但持续时间可达几天。系统性垂直运动一般产生于大范围空气的水平气流辐合、辐散区（见图 2–29）以及冷、暖空气交锋区（见图 2–30）。

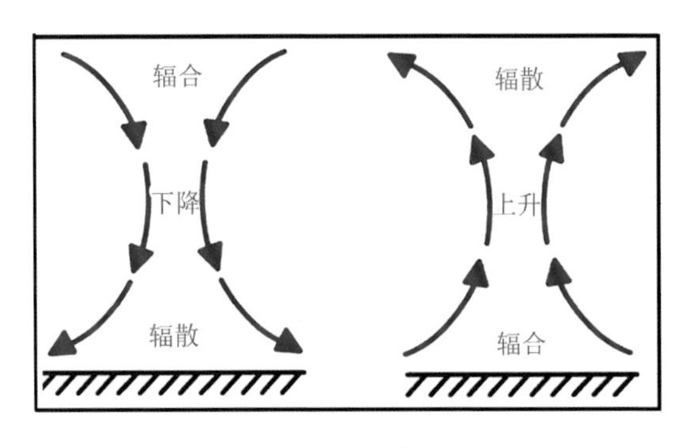

图 2-29　水平气流的辐合与辐散区

图 2-30　冷、暖空气交锋区

2.5.2.3 大气波动

大气的波动是指大气运动过程中产生的波浪起伏现象。大气波动主要有重力波动与扰动波动两种。

重力波动是一种在重力作用下产生的波动，如图 2-31 所示。天空中有时出现的呈波浪状起伏的云层，就是由大气中的重力波引起的。空气在波峰处做上升运动，在波谷处做下沉运动。

扰动波动是当有较强的风吹过山脉时，由于山脉对气流的扰动作用，在一定条件下，在山的背风面形成波动，我们称这种波为山地背风波或山岳波，如图 2-32 所示。

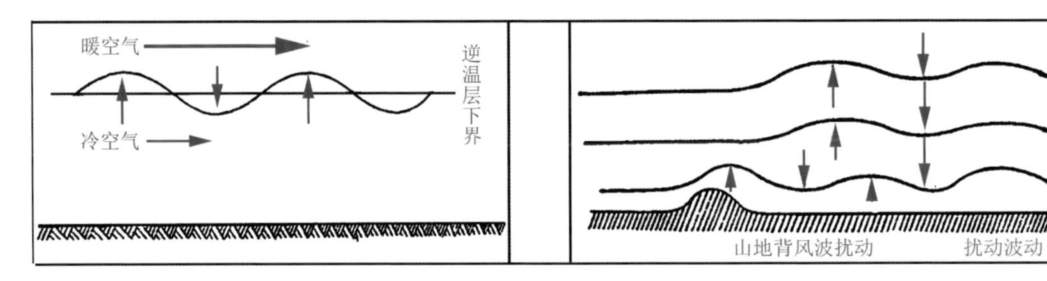

图 2-31　重力波动　　　　图 2-32　扰动波动

2.5.2.4 大气乱流

大气乱流是指空气不规则的涡旋运动，又称湍流或扰动气流。大气乱流的范围一般在几百米以内。大气乱流主要有热力乱流和动力乱流两种。

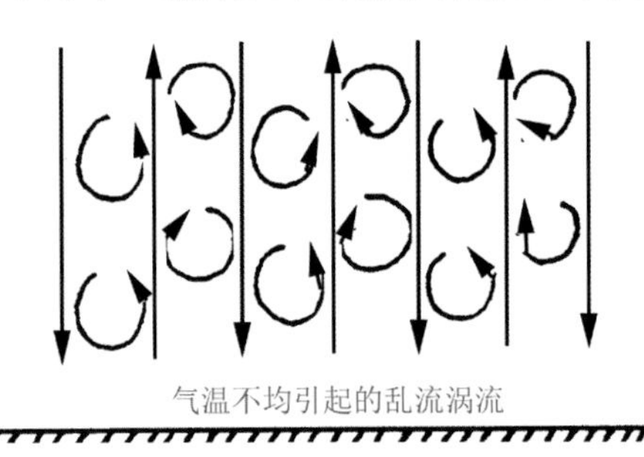

图 2-33　气温分布不均引起的乱流涡流

当大气气温水平分布不均匀时，就会产生大大小小的升降气流，由于它们之间有速度大小和方向的差异，就会形成乱流涡旋，如图 2–33 所示。

当气流流经粗糙地表、丘陵和山区时，受到扰动，会引起气流切变而形成乱流涡旋，如图 2–34 所示。

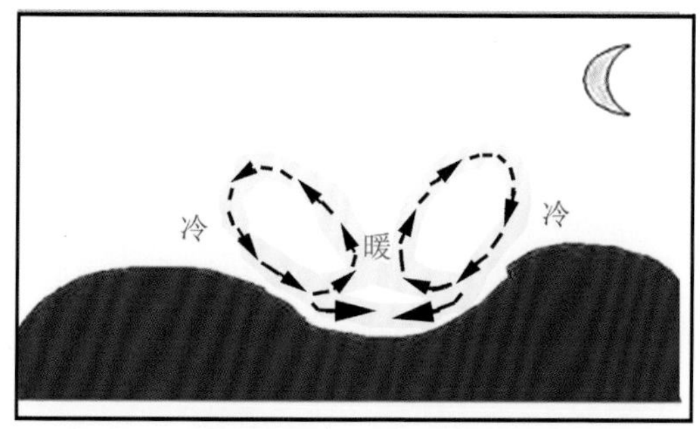

图 2–34　扰动乱流

当高空风向、风速的空间分布有明显差异时，也会形成乱流，这一类乱流统称为动力乱流。

乱流的强度既与热力、动力因素有关，也与大气稳定度有关。大气越不稳定，热力乱流发展越强，影响的高度范围也越大。地表越粗糙、起伏越大的地区，风速越大，动力乱流越强；大气越不稳定，乱流越容易发展，影响范围也越大。空中风的分布差异越大的区域，乱流也越强。一般而言，在对流层低层，乱流的发展是陆地强于海面，山地强于平原，白天强于夜间，夏季强于冬季。对流层中层以上，乱流的发展多与某些天气系统引起的气流切变有关。

乱流不仅可使大气中的热量、水汽、杂质等得到混合、交换和输送，同时影响天气变化，使飞机产生颠簸，影响飞行安全。大气中各种形式的垂直运动往往并不是孤立存在的，而是相互联系和转换的。例如，对流区域中通常有乱流存在，系统性垂直运动和大气波动在大气不稳定时可触发对流，山岳波中某些部位常有很强的乱流等。

2.6 云

天空时而风和日丽，时而狂风骤雨，云在其内，形态万千，变化多端，各自既有不同的成因，又有不同的特征，对飞行的影响也不尽相同。一般按照云底高度将云分为三类；按照外貌特征分为 14 种：

低云族：云底高度在 2 000 m 以下；

中云族：云底高度在 2 000 ～ 6 000 m 之间；

高云族：云底高度在 6 000 m 以上。

根据云的外貌特征，可将云分为 14 种。其中高云 3 种，中云 2 种，低云 9 种。

2.6.1 低云及其对飞行的影响

对流层中的低云主要有淡积云、浓积云、积雨云、碎积云、层积云、碎层云、雨层云和碎玉云，这些云各有特点，不同的云对飞行的影响不同，下面就分别进行介绍。

2.6.1.1 淡积云

晴朗微风的天气常见到淡积云。淡积云呈孤立分散的小云块，底部较平，顶部呈圆弧形凸起，像小土包，云体的垂直厚度小于水平宽度，如图 2–35 所示。从上向下观测淡积云，像飘浮在空中的白絮团。远处的云块，圆弧形云顶和较平的云底都很清楚。如果垂直向下看，则只见圆弧形的云顶，看不见较平的云底。淡云对飞行的影响较小。云上飞行比较平稳；若云量较多时，在云下或云中飞行有时有轻微颠簸；云中飞行时，连续穿过许多云块，由于光线忽明忽暗，容易引起疲劳。

图 2–35　淡积云

2.6.1.2 浓积云

浓积云云块底部平坦而灰暗，顶部凸起而明亮，圆弧形轮廓一个个互相重叠，像花菜或鸡冠花顶。云体高大，像大山或高塔，云体的垂直厚度大于水平宽度。厚度通常在 1 000 ~ 2 000 m 之间，厚的可达 6 000 m。从上面观测浓积云，云顶在阳光照耀下比淡积云光亮。成群的浓积云，就像地面上的群山异峰；伸展得很高的云柱，犹如耸立的高塔，如图 2–36 所示。浓积云对飞行的影响比淡积云大得多，在云下或在云中飞行常有中度到强烈颠簸，云中飞行还常有积冰。

此外，由于云内水滴浓密，能见度十分恶劣，通常不超过 20 m。因此，禁止在浓积云中飞行。

图 2–36　浓积云

2.6.1.3 积雨云

积雨云的云体十分高大，像大山或高峰。云顶有白色的纤维状结构，有时扩展成马鬃状或铁砧状，通常高于 6 000 m，最高可达 20 000 m，如图 2–37 所示。积雨云云底阴暗混乱，有时呈悬球状、滚轴状或弧状，有时还偶尔出现伸向地面的漏斗状云柱。常伴有雷电、狂风、暴雨等恶劣天气，有时还会下冰雹。积雨云对飞行的影响最为严重。云中能见度极差，飞机积冰强烈；在云中或云区飞行都会产生强烈的颠簸或遇到雷电的袭击和干扰；暴雨、冰雹、狂风都可能危及飞行安全。因此，禁止在积雨云中或积雨云区飞行。

图 2–37　积雨云

2.6.1.4 碎积云

碎积云的云块破碎，中部稍厚，边缘较薄，随风飘移，形状多变。云块厚度通常只有几十米，如图 2–38 所示。碎积云对飞行的影响不大，但云量多时，能妨碍观测地标和影响着陆。

图 2–38　碎积云

2.6.1.5 层积云

层积云是由大而松散的云块、云片或云条等组成的云层。层积云的颜色通常呈灰色或灰白色，厚时呈暗灰色。有时云块较薄而明亮，云块间有缝隙，可见天空、日月位置或上面的云层，叫透光层积云，如图 2–39 所示。

层积云的云块厚而密集、无缝隙、云底呈暗灰色的，叫蔽光层积云。层积云可降间歇性雨雪。云中飞行一般平稳，有时有轻颠，可产生轻度到中度积冰。

图 2–39　层积云

2.6.1.6 层云

层云的云底呈均匀幕状，模糊不清，像雾；云底高度很低，通常仅 50 ～ 500 m，常笼罩山顶或高大建筑，如图 2–40 所示。飞行器在云中飞行平稳，冬季可能有积冰；由于云底高度低，云下能见度也很差，严重影响起飞、着陆安全。对目视飞行的无人航空器影响较大，对于视距外飞行的无人航空器影响不大。

图 2–40　层云

2.6.1.7 碎层云

碎层云是由层云分裂而成，碎层云的云体呈破碎片状，很薄；形状极不规则，变化明显；云高通常为 50 ～ 500 m，如图 2–41 所示。对飞行的影响与层云相同。

图 2–41　碎层云

2.6.1.8 雨层云

雨层云为幕状降水云层，云底因降水而模糊不清；云层很厚，云底灰暗，完全遮蔽日月星辰；出现时常布满天空，能降连续性的雨雪，如图 2–42 所示。云中飞行平稳，但能见度很差，长时间云中飞行可产生中度到强度积冰。暖季云中可能隐藏着积雨云，会给飞行安全带来严重危险。

图 2–42　雨层云

2.6.1.9 碎雨云

碎雨云是在降水云层之下产生的破碎云块或云片。碎雨云随风飘移，形状极不规则，云量极不稳定；云高很低，通常几十米到 300 米，如图 2–43 所示。碎雨云主要影响起飞、着陆，特别是有时碎雨云迅速掩盖机场，对安全威胁很大。

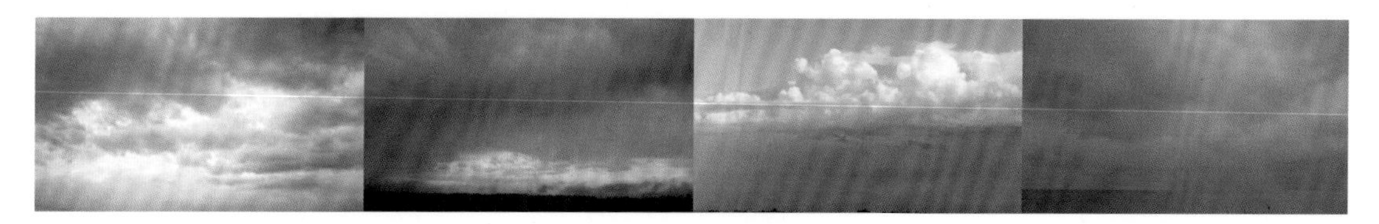

图 2-43　碎雨云

2.6.2 中云对飞行的影响

2.6.2.1 高层云

高层云为浅灰色的云幕，水平范围广，常布满天空。高层云分为透光高层云和蔽光高层云两种。

透光高层云云层较薄，厚度均匀，透过它可以辨别日月的位置，但其轮廓模糊不清。

蔽光高层云云层较厚，云底显得阴暗，能完全遮蔽日月，它的底部虽没有明显地起伏，但由于云层的厚度不均匀，常出现明暗相间的条纹。

云中飞行平稳，有可能产生轻度到中度积冰，如图 2-44 所示。

图 2-44　透光高层云与蔽光高层云

2.6.2.2 高积云

高积云是由白色或灰白色薄云片或扁平云块组成的云。这些云块或云片有时是孤立分散的，有时又是聚合成层的，如图 2-45 所示。

图 2-45　高积云

高积云可以同时出现在不同的高度上，透过高积云看日月时，在它的薄而半透明的边缘，常出现内紫外红的彩色花环。在高积云中飞行通常天气较好，冬季可能有轻度积冰，夏季有轻度到中度颠簸。

2.6.3 高云对飞行的影响

2.6.3.1 卷云

卷云是纤维状结构的云，常呈丝状或片状，分散地飘浮在空中，如图 2–46 所示。卷云通常为白色并带有丝一般的光泽；日出之前或日落之后，常带有黄色或红色。在卷云的云中或云上飞行时，冰晶耀眼，有时可产生轻度到中度颠簸。

早晨高空卷云　　白天的高空卷云　　晚上的高空卷云

图 2–46　高空卷云

2.6.3.2 卷层云

卷层云（图 2–47）是乳白色的云幕，常布满全天。其中云幕薄而均匀、看不出明显结构的，称为薄幕卷层云；云幕的结构比较不均匀、云的丝缕结构明显的，称为毛卷层云。

透过卷云能很清楚地看出日月的轮廓，而且在日月的外围，经常出现一个内红外紫的彩色晕圈。在卷层云的云中或云上飞行时，冰晶耀眼，有时可产生轻度颠簸。

毛卷层云　　卷层云　　薄幕卷层云

图 2–47　卷层云

2.6.3.3 卷积云

卷积云是由白色鳞片状的小云块组成的，这些云块常成群地出现在天空，看起来很像微风拂过水面所引起的小波纹，如图 2–48 所示。卷积云常由卷云和卷层云蜕变而成，所以出现卷积云时，常伴有卷云或卷层云。在卷积云的云中或云上飞行时，冰晶耀眼，有时可产生轻度颠簸。

图 2-48　卷积云

总的来说，在云区飞行，一般常见的是低能见度和飞机颠簸。云状不同，影响的程度也不同。在低于 0 ℃ 的云中可遇到飞机积冰，在积雨云区可遇到雷电干扰或雷击。此外，在云中或接近云层飞行时，还可能引起缺乏经验的飞行员的错觉。

2.6.4 云的其他分类

根据上升运动的情况不同，又可将云分为积状云、层状云和波状云三种基本类型和一些特殊的云。

2.6.4.1 积状云

积状云是在对流的上升运动中形成的云。如淡积云、浓积云、积雨云和碎积云等都属于积状云。积状云大多具有孤立分散、底部平坦和顶部凸起的外貌特征以及明显的日变化。积状云的演变规律通常是：上午为淡积云，中午发展为浓积云，下午则成为积雨云，到傍晚逐渐消散，或演变成其他云。在暖季，可利用这一规律了解天气短期演变趋势。例如，如果上午相继出现淡积云和浓积云，则表示气层不稳定，下午有可能发展成积雨云；如果午后天空还是淡积云，表示气层稳定，对流不易发展，天气仍会很好；傍晚由积云平衍而形成的积云性层积云或积云性高积云（常伴有晚霞），往往预示明天天气仍然晴好，如图 2-49 所示。

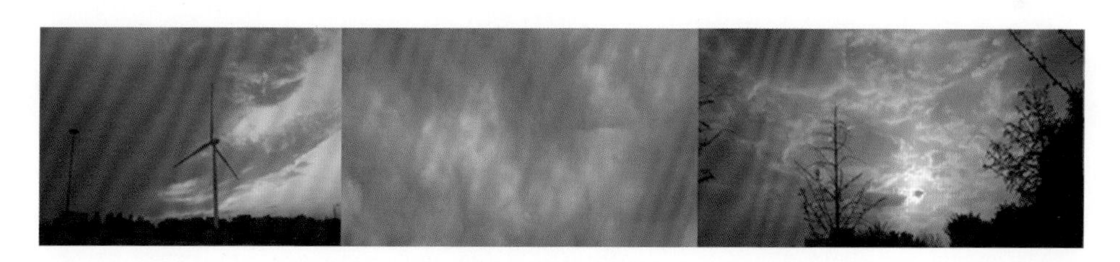

图 2-49　积状云

2.6.4.2 层状云

层状云是指在系统性垂直运动中形成的云。层状云有卷云、卷层云、高层云和雨层云，如图 2-50 所示。层状云的共同特征是：云体向水平方向发展，云层均匀，范围广阔。层状云常连绵几百千米，形成大面积的降水。层状云常和阴雨天气相联系，我们可以从层状云的演变规律判断未来的天气趋势。对一个地区来说，如果出现的层状云由高向低转变，即由卷云（多为钩卷云）转为卷层云，再转为高层云，则以后很有可能转变成雨层云而产生降水。如果层状云是由低向高转变，则天气将会转好。但要注意，如果卷云孤立分散，云量逐渐减少或少变，说明系统性垂直运动在减弱，天气常常会继续晴好。

图 2-50　层状云

2.6.4.3 波状云

波状云是指由大气波动或大气乱流形成的云，如图 2-51 所示。波状云有层积云、高积云和卷积云。波状云由云块、云片或云条组成。由大气乱流形成的云也属于波状云，这是因为这些云的顶部呈波浪起伏，它们包括：层云、碎层云和碎雨云。大多数波状云出现时，气层比较稳定，天气少变。但有时波状云与坏天气也有联系，天气将转坏，它往往是系统性层状云系的先导。波状云也出现在系统性上升运动中，如果波状云不断加厚，高度降低，向蔽光层积云演变，表示阴雨天气将要来临。

当波状云在逆温层下形成后，如果逆温层厚度不大，其下又有对流和乱流发展，较强的上升气流就可能穿过逆温层的某些薄弱部分，形成具有积云特征的云顶。这样，整个云层看起来就像远方的城堡，底部水平，顶部有些突起的小云塔。一般将堡状云归入波状云一类，出现于低空的堡状云称为堡状层积云，出现于中空的堡状云称为堡状高积云。堡状云是由大气波动和对流、乱流共同形成的，它的出现说明当时空中有逆温层，但不能完全阻止对流的发展，如对流进一步加强，就有可能形成强烈对流而产生恶劣天气。因此，如果飞行时发现某地早上有堡状云出现，就应估计到了中午或下午，由于大气一般会变得更加不稳定，对流进一步发展，可能出现雷阵雨天气，给飞行活动带来很大影响。

絮状云也属波状云，常表现为絮状高积云。当中空有强烈乱流形成时，会使高积云个体变得破碎，状如棉絮团。因此，在絮状云区飞行，飞机颠簸较强烈。如果暖季早晨出现

图 2-51　波状云

了絮状云，表示中空气层不稳定，到中午或下午，中低空不稳定层结合起来，就有可能形成雷阵雨天气。

在局部升降气流汇合处，上升气流区形成云，上部下沉气流使云的边缘变薄而形成豆荚状的云，称荚状云。低空形成的荚状云为荚状层积云，中空形成的为荚状高积云。荚状云多出现在晨昏，此时最易出现升降气流对峙的情形。此外，在山区由于地形影响也能产生荚状云。荚状云通常是晴天的预兆，但如果在它之后出现高层云，也可能向阴雨天气转变。

2.6.5 云的观测

云的观测是指对云状、云量和云高的判定。

2.6.5.1 云状判断

云状判断是指在地面依据云的外貌特征、出现高度、云的色彩、亮度以及与云相伴的天气现象对云状进行判断。

空中观测云时，会有云下、云中、云上等不同情况。云下观测大致与地面相同，但因观测者距云较近，云块看起来比地面观测的大，结构显得松散模糊，能看到的云底范围小。如果贴近云底飞行，只能见到云的细微结构，不易辨别云的外貌。云中飞行主要根据能见度、飞机颠簸、飞机积冰等情况进行间接判断。此外，薄云反射阳光少，云顶常呈灰白色；厚云反射阳光强，云顶呈耀眼的白色，也可以此来推断云状。

2.6.5.2 云量判断

云量是指云遮盖天空视野的份数。

地面观测时，全部天空呈半球形，民航部门规定把天空分为八等份，其中被云遮盖的份数就是云量，云遮盖几份，云量就是几。常用FEW（代表1/8 ～ 2/8个云量）、SCT（代表3/8 ～ 4/8个云量）、BKN（代表5/8 ～ 7/8个云量）和OVC（代表8/8个云量）表示。由于天空可以同时存在几层高度不同的云，云量又分为总云量和分云量。总云量是指天空被云遮盖的总份数，分云量是指某一种云覆盖天空的份数。地面观测时，由于下层云有可

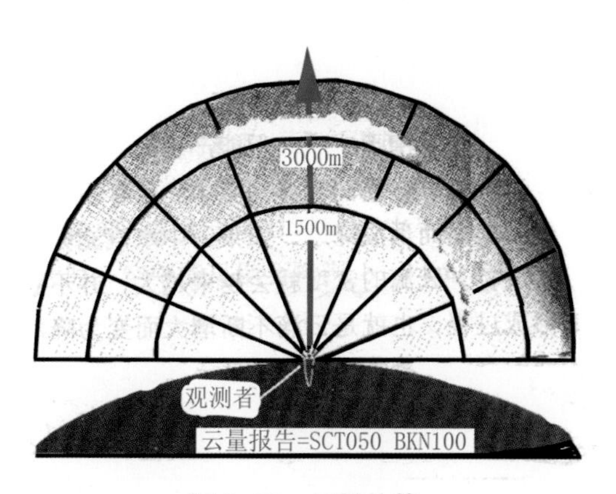

图2–52 云量估算

能遮住上层云，故又将分云量分为可见分云量和累积分云量。可见分云量是观测者能看见的某一层云的云量，累积分云量则是某层云的可见分云量与其下各层云的云量之和。如图2–52 所示，此时天空总云量为 5, 1 500 m 的可见分云量为 3, 3 000 m 的可见分云量为 3，累积分云量为 6。

2.6.5.3 云高判断

云高是指云底距地面的高度。

地面观测云高一般是用目测估计，也可用气球、雷达、测云仪、云幕灯等实测。目测主要是根据各种云的一般高度范围、结构、色彩、移动速度、伴生天气等情况来判断的。海拔、季节、昼夜对云高有明显影响。此外，如果观测点附近有山峰或高大建筑，可用作判断高度较低的云的参照物。

飞行中，可根据飞行高度来判断云的高度。云上飞行时，对于云顶高度大致相同的云层，颜色白亮者云层较厚，云高相应较低。层云云顶起伏较大时，说明其下乱流较强，云层较高；层云云顶起伏不大，或呈水平状时，云高较低。图 2–52 中的云高分别为 1 500 m 和 3 000 m。

2.7 降水

2.7.1 降水的基本知识

水汽凝结物从云中降落到地面的现象称为降水。若有水汽凝结物从云中落下，但没有降落到地面，而是在空中就蒸发掉了，这种现象叫作雨幡。由于有雨幡，有时飞机在空中碰到降水，但地面并没有观测到降水。

降水从形态上可分为固态降水和液态降水两种。固态降水如雪、雪丸、冰丸、冰雹等；液态降水有雨和毛毛雨。

降水按性质可分为连续性降水、间歇性降水和阵性降水。连续性降水通常由层状云产生，水平范围较大。间歇性降水多由波状云产生。阵性降水强度变化很大，持续时间短，影响范围小，多由积状云产生。

降水还可按强度进行划分。降水强度常用单位时间内的降水量（降水在地平面上的积水深度）来表示（见表 2–1）。但应注意到，由于水汽凝结物在降落过程中因为增温等作用要发生蒸发，因此降水强度往往地面比空中小。航空气象上常用符号来表示降水，降水符号列于表 2–2 中。

表 2–1　降水强度等级

等级	小雨	中雨	大雨	暴雨	大暴雨	特大暴雨
降水强度（mm/d）	<10	10 ～ 25	25 ～ 50	50 ～ 100	100 ～ 200	> 200

表 2–2　常见的降水符号

间歇性			连续性		阵性			
小雨	轻毛毛雨	小雪	小雨	轻毛毛雨	小雪	小雨	小雪	小冰雹或霰
●	,	✳	●●	,,	✳✳	●▽	✳▽	△▽

2.7.2 降水的形成

降水是在云中形成的，但能产生降水的云并不多。云滴通常很小，只有当云滴增长到足够大（通常 100 μm）时，才能从云中降落至地面形成降水。如果云中水汽充分，上升运动能持续进行，水汽的凝结或凝华也就不断进行，云滴的密度就会越来越大，并不断增大为雨滴、雪花或其他降水物。因此，降水的形成过程，也就是云滴不断增大而变为降水物的过程。云滴的增长主要有两种方式：一是云滴的凝结或凝华增长；二是云滴的碰并增长。

2.7.2.1 云滴的形成

在可能形成降水的云中，往往是大、小云滴，冷、暖云滴，冰、水云滴共存。由于暖云滴、水云滴、小云滴表面上的空气饱和程度分别比冷云滴、冰云滴、大云滴表面上的空气饱和程度要小，使得暖云滴、水云滴、小云滴上的水分容易蒸发转移到冷云滴、冰云滴、大云滴上凝结或凝华，使其增长，如图 2–53 所示。云滴增长能形成直径几十微米的大云滴。

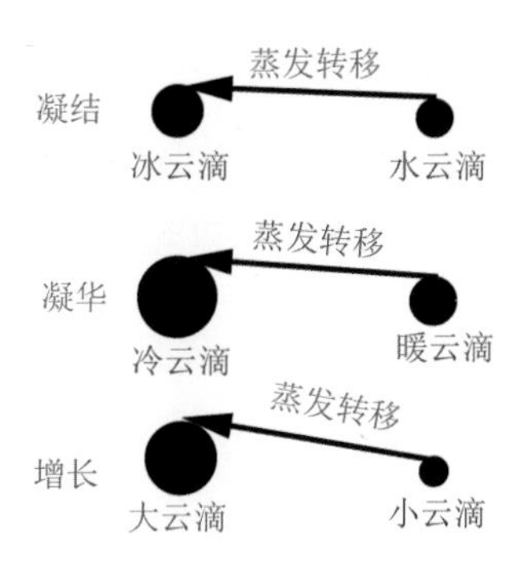

图 2–53　云滴的形成

2.7.2.2 降水云滴的形成

当云中出现了体积差异较大的云滴后，由于气流的作用，云滴之间发生碰撞，大云滴“吞并”小云滴，体积进一步增大而形成降水云滴。

2.7.2.3 降水的形成

如果以上凝结增长和碰并增长进行得比较充分，就有可能形成半径几百微米到几毫米的降水云滴。但能否形成降水，不仅与降水云滴的大小有关，还与空中气流情况、云下气层的温湿情况以及云底高低等因素有关。

只有当这些条件使降水云滴下降到地面以前不被完全蒸发，才能形成降水。降水有固态降水和液态降水之分。究竟形成什么样的降水，主要取决于云中和云下的气温。若云中和云下气温都高于0℃，则形成液态降水；都低于0℃，则形成固态降水或冻雨、冻毛毛雨；若云内气温低于0℃，而云下气温高于0℃，则降水可以是液态、固态或二者的混合物（如雨夹雪）。有时，地面在降雨，而飞机在空中遇到的是降雪，就是因为地面与空中气温不同。

2.7.3 降水对飞行的影响

降水对飞行的影响程度主要体现在能见度减小、飞机结冰、遭受雷击、起飞与着陆性能变差等，影响程度与降水强度和降水种类有关。

2.7.3.1 降水使能见度减小

降水对能见度的影响程度，主要与降水强度、种类及飞机的飞行速度有关。降水强度越大，能见度越差；降雪比降雨对能见度的影响更大。

毛毛雨由于雨滴小、密度大，能见度很差，一般与降雪时相当。有的小雨密度很大，也可能使能见度变得很差。有降水时，飞行员从空中观测的能见度，还受飞行速度的影响，飞行速度越大，能见度减小。降水使座舱玻璃黏附水滴或雪花，折射光线使能见度变坏，以及机场目标与背景亮度对比减小等亦可使能见度减小。如降小雨或中雨时，地面能见度一般大于4 km，在雨中飞行时，如速度不大，空中能见度将减小到2 ～ 4 km；速度很大时，空中能见度会降到1 ～ 2 km甚至以下。在大雨中飞行时，空中能见度只有几十米。

2.7.3.2 含有过冷水滴的降水会造成飞机积冰

在过冷水滴的降水（如冻雨、雨夹雪）中飞行，雨滴打在飞机上会立即冻结。因为雨滴比云滴大得多，所以积冰强度也比较大。冬季在长江以南地区飞行，最容易出现这种情况。

2.7.3.3 在积雨云区及其附近飞行的飞机可能遭雹击

飞机误入积雨云中或在积雨云附近几十千米范围内飞行时，有被雹击的危险。曾有过飞机远离云体在晴空中遭雹击的事例。

2.7.3.4 大雨和暴雨能使发动机熄火

在雨中飞行时，喷气式飞机的飞行速度会增大。因为在发动机转速不变的情况下，雨滴进入涡轮压缩机后，由于雨滴蒸发吸收热量降低燃烧室温度，使增压比变大，增加了发动机推力，相应地使飞机速度有所增大。如果雨量过大，发动机吸入雨水过多，点火不及时则有可能造成发动机熄火，特别是在飞机处于着陆低速阶段，更要提高警惕。

2.7.3.5 大雨恶化飞机气动性能

大雨对飞机气动性能的影响主要来自以下两方面：

（1）空气动力损失

雨滴在飞机机体表面形成一层水膜，气流流过时，水膜形成波纹；同时雨滴打在水膜上，形成小水坑。这两种作用都使机体表面粗糙度增大，使飞机阻力增大，升力减小。通常情况大雨能使机身和机翼两者的阻力增加 5% ～ 20% 。

（2）飞机动量损耗

雨滴与飞机相互撞击时，动量引起飞机飞行速度变化。雨滴的垂直分速度施予飞机向下的动量，使飞机下沉；雨滴对飞机的迎面撞击则使之减速。飞机在大雨中着陆时，其放下的起落架、襟翼和飞行姿态使得水平动量损失更为严重，可造成飞机失速。

2.7.3.6 降水对跑道的影响

降水会使跑道上积雪、结冰和积水，从而影响跑道的使用。

（1）跑道积雪

跑道有积雪时，一般应将积雪清除后再起飞、降落。不同飞机对跑道积雪时的起飞、着陆的限制条件各有不同。飞行手册限定跑道上雪泥厚度不超过 12 mm，干雪厚度不超过 50 mm 时，飞机才可以起降。

（2）跑道积冰

跑道积冰通常是由冻雨或冻毛毛雨降落在道面上冻结而成的，也可由雨水或融化的积雪再冻结而成。跑道上有积冰时，飞机轮胎与冰层摩擦力很小，滑跑的飞机不易保持方向，容易冲出跑道。

（3）跑道积水

跑道积水是由于下大雨，雨水来不及排出道面而形成的，或由道面排水不良引起的。飞机在积水的跑道上滑行时，可能产生滑水现象，使飞机方向操纵和刹车作用减弱，容易冲出或偏离跑道。如图 2–54 所示，飞机在积水跑道上滑行，水对机轮有相对运动，产生流体动力 R，R 的水平分力 $X_{动}$使飞机阻力增大，妨碍飞机滑跑增速。R 的垂直分力 $L_{动}$产生一个向上托起飞机的力，使轮胎与道面间的摩擦力和接触面积急剧减小，甚至完全停转，从而出现轮胎滑水现象。

另外，跑道浸泡雨水后变暗，还可能使着陆时目测偏高，影响飞机正常着陆。

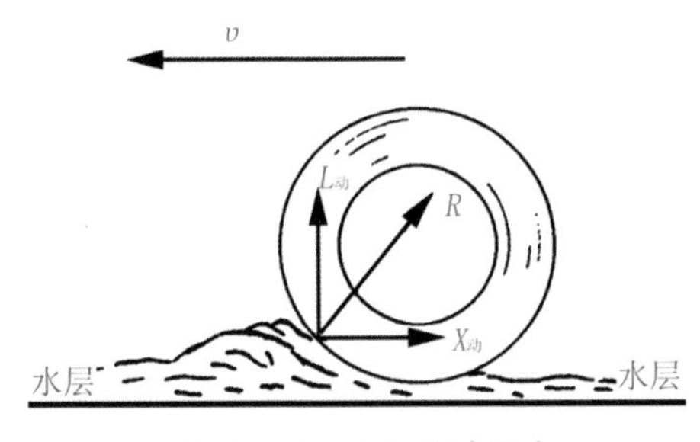

图 2–54　飞机着陆滑水

2.8 能见度

2.8.1 能见度的基本知识

2.8.1.1 能见度

能见度是指视力正常的人能分辨出目标物的最大距离，也指一定距离内观察目标物的清晰程度。航空上使用的能见度定义为：视力正常的人在昼间能看清目标物轮廓的最大距离，在夜间则是能看清灯光发光点的最大距离。

在白天，飞行员主要是观察不发光的目标物，而在夜间主要是观察灯光目标物（如跑道灯等）。因此能见度又有昼间能见度与夜间能见度之分。

2.8.1.2 白天能见度的影响因素

白天观察不发光的目标物时，能否分辨出目标物，就是能否把目标物与其背景区分开，这主要取决于目标物与其背景间原有的亮度对比、大气透明度和亮度对比视觉阈三个因素。

（1）亮度对比

目标物有一定的亮度，其背景也有一定的亮度，目标物与其背景间亮度对比越大，颜色差异越大，我们就越容易把目标物从其背景中识别出来。因此，有一定的亮度对比，是我们能看见东西的条件之一。

（2）大气透明度

目标物与其背景间的亮度对比要被大气分子及大气中的杂质削弱。大气中杂质越多，大气透明度越差，对亮度对比的削弱作用越强。

（3）亮度对比视觉阈

一定的原有亮度对比，随着观察距离的增加和大气透明度的减小，观察者感觉到的亮度对比（视亮度对比）会越来越小，直至最后趋近于零。事实上，当视亮度对比减小至零以前的某个值时，观察者的视觉就已经不能把目标物从其背景中辨别出来了。我们把从“能见”到“不能见” 这一临界视亮度对比值称为亮度对比视觉阈。对于视力正常的人，亮度对比视觉阈的大小与目标物视角、视野亮度、观测者的精神状态等因素有关。

2.8.1.3 夜间能见度的影响因素

夜间飞行时主要是观察灯光目标，影响灯光能见度的因素主要有灯光发光强度、大气透明度和灯光视觉阈三个：

（1）灯光发光强度

在其他条件相同时，灯光越强，能见距离越大。

（2）大气透明度

在相同的灯光强度下，大气透明度越差，灯光被减弱得越多，能见距离就越小。

（3）灯光视觉阈

灯光视觉阈指观测者能感觉到的最小照度。对视力正常的人来说，灯光视觉阈主要随灯光背景的亮度和观测者对黑暗的适应程度而变化。灯光的背景越亮，对灯光的视觉阈就越大，发现灯光就越困难。所以，夜间灯光能见度，暗夜要比明夜（如有月光）好，夜间要比黄昏、拂晓好。

2.8.2 常用能见度及特点

航空上使用的能见度有：地面能见度、空中能见度和跑道视程三种。

能见度的影响因素很多，并且不断变化，即使在同一时间、同一地点观测的各类能见度，也会有较大的差别。下面分别进行介绍：

2.8.2.1 地面能见度

地面能见度（气象能见度）是指视力正常的人在昼间观测以靠近地平线的天空为背景的灰暗目标物的能见距离。

地面能见度观测，一般是在测站周围各个方向选定不同距离的符合要求的目标物，测出它们的距离，然后在观测时，找出能够被看清轮廓的最远目标，这个目标的距离就是能见度（距离），如图 2–55 所示。

由于观测点四周各方向上的大气透明度有时差异很大，使各方向的能见度很不一致。为了反映这种差异，地面能见度又可分为：主导能见度、最小能见度和跑道能见度。

（1）主导能见度

主导能见度是指测站视野 180° 以上范围都能达到的最大能见距离。判断方法是：将各方向能见度不同的区域划分成相应扇区，然后将各扇区按能见度由大到小逐一相加，直到范围刚好超过一半的那个扇区的能见度即为主导能见度。如图 2–56 中，主导能见度为 3 km。

（2）最小能见度

最小能见度是指在测站各方向的能见度中最小的那个能见度。如图 2–56 中，最小能见度为 2.4 km。

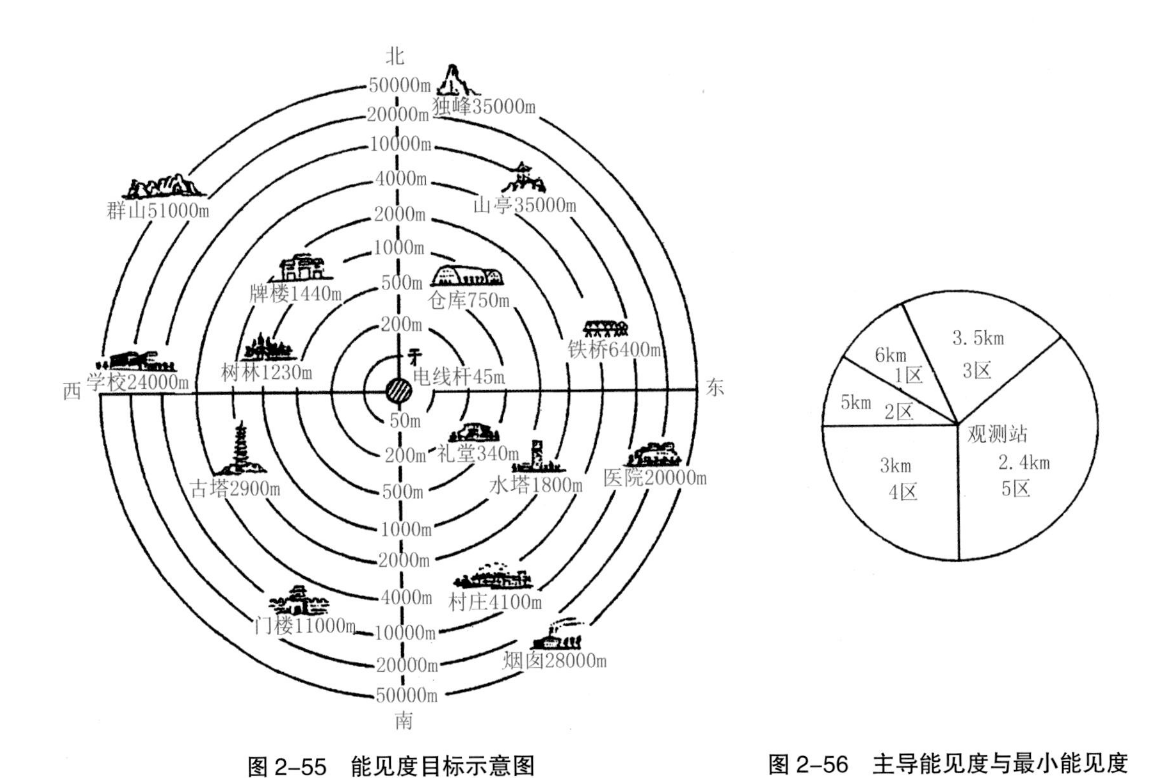

图 2–55　能见度目标示意图

图 2–56　主导能见度与最小能见度

（3）跑道能见度

跑道能见度是指沿跑道方向观测的地面能见度。当能见度接近机场最低天气标准时，应观测跑道能见度。

2.8.2.2 空中能见度

空中能见度是指从空中观测目标时的能见度。空中能见度按观测方向的不同可分为：空中水平能见度、空中垂直能见度和空中倾斜能见度。由于飞行过程中所观察的目标物及其背景是在不断变化的，因此对空中能见度一般只大致估计其好坏。当空气混浊、大气透明度差时，可进行垂直能见度的观测，其数值等于飞机爬升到开始看不清地面较大目标物或飞机下降到刚好能看见地面较大目标物时的高度。

与地面能见度相比，空中能见度有以下特点：

（1）飞机与观测目标处于相对运动中，目标的轮廓在不断变化，加之座舱玻璃对光线的影响，增加了观测目标的困难，使能见距离减小。

（2）背景复杂多变，目标与背景的亮度对比通常比气象能见度规定的要小，也使能见距离减小。从空中往下看时，暗色目标物由于与地面亮度差异小，难以辨别；而反光较强的目标物（如河流、湖泊等）与地面亮度差异大，就容易辨别。

由于飞机位置的不断变化，其所经大气的透明度会有很大差异，观察的能见度会出现时好时坏的现象。如图 2–57（a）中，飞机在 B、C 各处观测的空中能见度就不同。在图 2–57

（b）中，机场被雾笼罩，飞机在雾层上垂直向下观察跑道时，由于视线通过雾层的距离短，跑道可能看得比较清楚。但当飞机开始下滑时，由于视线通过雾层的距离变长，就可能看不清跑道了。

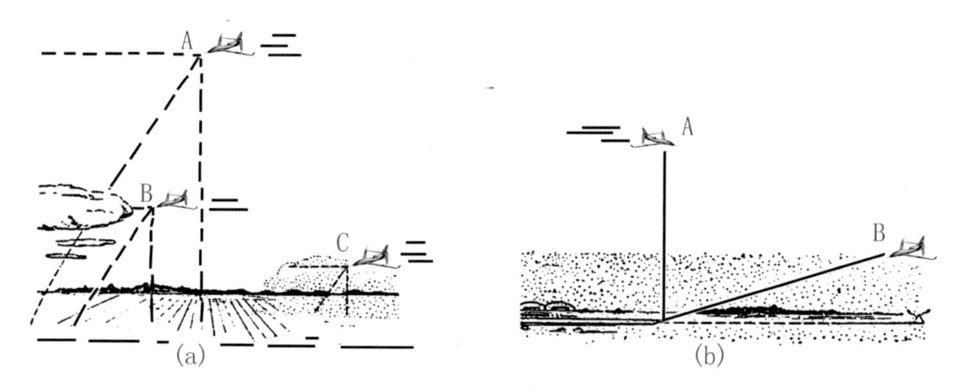

图 2–57 空中不同位置的能见度观测

2.8.2.3 着陆能见度与跑道视程

（1）着陆能见度

着陆能见度是指飞机着陆时，从飞机上观测跑道的能见度。着陆能见度也属于空中能见度。观测着陆能见度时，目标是跑道，背景是跑道两旁的草地，由于跑道与周围草地之间的亮度对比值通常小于观测地面能见度时选用的灰暗目标与天空的亮度对比值，同时着陆能见度还具有空中能见度的其他特性，因而着陆能见度一般比地面能见度要小。

飞机着陆时，下滑角一般为 2° ~ 3°，此时，观察跑道的视线已接近水平方向，通过的气层透明度接近于地面能见度反映的大气透明度。因此，可用地面能见度来估算着陆能见度。

白天，两边是草地的干混凝土跑道，其着陆能见度约为地面能见度的 60%；当机场有积雪，低于 300 m 的低云，正在降雨、雪或迎着太阳着陆时，这个比值可降至 30% 左右甚至更小。

（2）跑道视程

跑道视程是指飞行员在位于跑道中线的飞机上观测起飞方向或着陆方向，能看到跑道面上的标志或能看到跑道边灯或中线灯的最大距离。

对于所在机场来说，跑道标志和灯光设备是固定的，灯光强度、探测系统的基本数据也是固定的，而人眼的亮度对比视觉阈、灯光视觉阈可由经验给定，因而跑道视程的大小只与大气透明度有关，只要测出了大气透明度，就可通过一定的关系式计算出跑道视程。

（3）跑道视程与地面观测的气象能见度区别

a. 跑道视程是在飞机着陆端用仪器测定的，其方向与跑道平行；气象能见度是在气象台目测的，观测方向为四周所有方向。

b. 跑道视程一般只测 1500 m 以内的视程；气象能见度则是观测者目力所及的所有距离。

c. 跑道视程的目标物是跑道及道面上的标志物，它们的形状、大小和颜色是固定的；而气象能见度的目标物的形状、颜色、大小则不尽相同。夜间，跑道视程的目标灯是跑道中线灯和边灯，光强可以调节；气象能见度则利用周围已有灯光，其颜色、光强有随意性，且光强不可调节。

2.8.3 影响视程障碍的天气现象

视程障碍是指大气中存在的各种物质，在一定条件下聚积起来，影响大气透明度，使能见度减小的天气现象。形成视程障碍的天气现象主要有雾、烟幕、霾、风沙、浮尘、吹雪、云和降水。

2.8.3.1 雾

雾是浮于近地面气层中的水滴或冰晶，使地面能见度小于 1 km 的天气现象。

能见度在 1 ～ 5 km 之间时叫轻雾。雾的厚度变化范围较大，一般为几十米到几百米，厚的可达 1 km 以上，厚度不到 2 m 的雾称为浅雾。根据雾的具体形成方式可分为：辐射雾、平流雾、上坡雾、蒸发雾等几种类型，下面介绍对飞行影响较大的辐射雾和平流雾。

（1）辐射雾

辐射雾是指由地表辐射冷却而形成的雾。辐射雾是引起低能见度的一种重要天气现象，常常严重影响飞机起降。

辐射雾形成的条件是无云或少云的晴朗夜空、风速 1 ～ 3 m/s 的微风和近地面空气湿度大三个条件。在此条件下，地表辐射冷却快，近地层空气降温多，容易形成低空逆温层，使水汽聚集其下而不易扩散，就容易达到饱和而形成雾。

辐射雾具有如下特点：

a. 季节性和日变化明显。多出现于秋冬季，一般多生成于下半夜到清晨，日出前后最浓。此后随着气温的升高或风速的增大，雾逐渐消散，地面能见度也随之好转。

b. 地方性特点显著。多产生于大陆上潮湿的谷地、洼地和盆地。如重庆，年平均雾日达 150 多天。

c. 范围小、厚度不大、分布不均。辐射雾范围较小，厚度可从数十米到数百米，且越接近地表越浓。在辐射雾上空飞行，往往可见地面高大目标，甚至可见跑道，但在下滑着陆时，就可能什么也看不见了。

（2）平流雾

平流雾是暖湿空气流到冷的下垫面经冷却而形成的雾。

平流雾的形成，需要具备适宜的风向、风速，风向应是由暖湿空气区吹向冷下垫面区，风速一般在 2 ～ 7 m/s 之间，暖湿空气与冷下垫面温差显著和暖湿空气的相对湿度较大。当暖湿空气流经冷的下垫面时，在温差较大的情况下，其下部空气便逐渐降温，并形成平流逆温。在逆温层下部，水汽首先凝结成雾，随着逆温层的发展，雾也向上发展，最后形成较厚的平流雾。

平流雾对飞行的影响比辐射雾大。平流雾产生突然，不好预测，在平流雾上空飞行，很难看见地标，平流雾遮盖机场时，着陆极为困难。

2.8.3.2 烟幕

烟幕是大量烟粒聚集在空中，使水平能见度等于或小于 5 km 的天气现象。

烟幕的形成需要有大的烟源，适宜的风向、风速和逆温层。烟粒主要来源于工业区和城市居民区。烟幕在一日中以早晨为多，常和辐射雾混合而成为烟雾；一年中则以冬季最常见。许多靠近城市的机场都有这样的情况，早晨在气层稳定的情况下，如果风由城市吹来，则会很快形成烟幕，能见度迅速转坏，给飞行带来影响。所以，了解风向的变化，是判断烟幕能否影响机场使用的关键。

2.8.3.3 霾

霾是指由于大量微小的固体杂质（包括尘埃、烟粒、盐粒等）浮游在空中，使水平能见度等于或小于 5 km 的天气现象。

霾形成后会随风飘移，可出现在对流层低层、对流层中上层和高空。一般情况是出现在逆温层之下，但如果同时在几个高度上存在逆温层，霾也可以有好几层，如图 2–58 所示。

有霾时，地面能见度不一定很差，但空中能见度却很差。在霾层中飞行时，四周常常朦胧一片，远处目标好像蒙上一层淡蓝色的纱罩；在霾层之上飞行，一般气流平稳，水平能见度也较好；在霾层之上迎着太阳飞行时，霾层顶反射阳光十分刺眼，影响对前方目标的观察，有时还可能将远方霾层顶误认为是天地线。

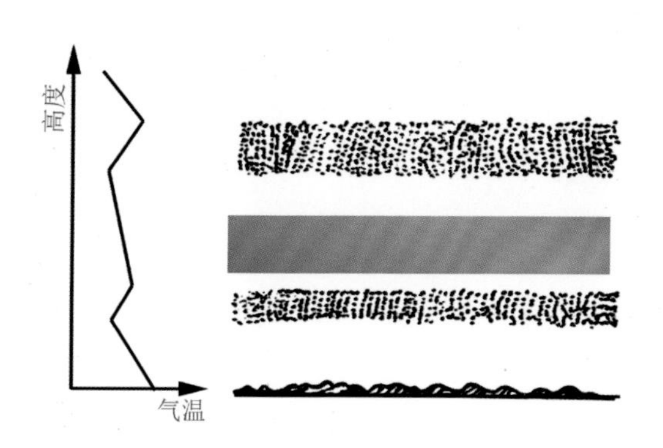

图 2–58　霾的分层

2.8.3.4 风沙

风沙是指沙尘被强风卷起使能见度小于 5 km 的天气现象。能见度小于 1 km 的，通常称沙（尘）暴；水平能见度等于或小于 5 km 的，称扬沙。

当地面土质干松，又遇到 10 m/s 以上的风的时候，易形成风沙。春季，在我国西北、华北地区，土地解冻，草木不盛，大风日数又多，常形成风沙天气。在风沙区飞行，天空发黄，不见日光，能见度变得很差，而且沙粒进入发动机会造成机件磨损、油路堵塞等严重后果。同时沙粒对电磁波的衰减，以及沙粒与机体表面摩擦而产生的静电效应，还会严重影响通信。

2.8.3.5 浮尘

浮尘是指细小的尘粒浮游在空中，使水平能见度等于或小于 5 km 的天气现象。

浮尘是风沙的伴生现象。大风停息后，浮尘可以随空中风飘移到较远的地区。浮尘的质点比霾大，主要散射长波光线，远处景物、日月常呈淡黄色。

2.8.3.6 吹雪

吹雪是指地面积雪被强风卷入空中，使水平能见度等于或小于 5 km 的现象。

吹雪所及高度低于 2 m 的，称为低吹雪；在 2 m 以上的，称为高吹雪；有时在降雪同时也有吹雪，二者混为一体，雪花漫天飞舞，这种现象叫作雪暴。形成吹雪的条件，除地面有大风外，地面积雪必须是干松的。如果雪面积冰或者是湿的，就难以形成吹雪。因此，吹雪多在冬季产生于我国北方，特别是东北地区最常见。

吹雪使能见度很差，雪暴可能使能见度减小到几十米，对飞行危害很大。吹雪一般只影响飞机起落，而雪暴则对所有目视航空活动都有很大影响。

以上影响能见度的天气现象通常可以用下列符号来表示，如表 2–3 所示。

表 2–3 影响能见度的天气现象符号

天气现象	雾	轻雾	烟雾	霾	扬沙	沙暴	浮尘	低吹雪	高吹雪
表示符号	≡	=	ᒋ	∞	$	S→	S	✝	✝

作业题：

1. 气温的表示方法有哪些？三种温标之间关系表达式是什么？
2. 气温变化的基本方式有哪些？
3. 简述气温的非绝热变化。
4. 热量交换的方式有哪些？
5. 什么是本站气压？
6. 什么是修正海平面气压？
7. 什么是场面气压？
8. 什么是标准海平面气压？
9. 飞机飞行时，测量高度常用的仪表有哪些？
10. 常用的气压高度有哪些？
11. 什么是本场气压高度？

12. 什么是标准海平面气压高度?
13. 什么是假定零点高度?
14. 水平气压场的基本形式有哪些?
15. 衡量空气湿度的参数有哪些?
16. 空气的运动分为哪两类?
17. 对流层中的低云主要有哪些?
18. 什么是云的观测?
19. 降水对飞行的影响有哪些?
20. 白天能见度的影响因素主要有哪些?
21. 夜间能见度的影响因素有哪些?
22. 航空上使用的能见度有哪些?
23. 什么是地面能见度?
24. 什么是主导能见度?
25. 什么是最小能见度?
26. 什么是跑道能见度?
27. 什么是视程障碍?
28. 形成视程障碍的天气现象有哪些?

第 3 章 天气系统及其对飞行的影响

导读：

天气系统是指引起天气变化和分布的高压、低压和高压脊、低压槽等具有典型特征的大气运动系统。具体的由气团、锋面、气旋、槽线和切变线等来对天气系统进行描述。气团可按照热力性质、湿度特征、气团的发源地进行分类；锋面根据移动过程中冷暖气团所占的主次地位可分为冷锋、暖锋、准静止锋和锢囚锋；气旋可分为锋面气旋和无锋气旋；反气旋在北半球作顺时针旋转，在南半球作反时针旋转；槽线是指低压槽等高线弯曲最大点的连线；切变线是指具有气旋式切变的风场不连续线。

学习目标：

通过教学，使学生理解天气系统的基本概念，掌握气团、锋面、气旋、槽线和切变线的基本知识及其对天气的影响，达到能够正确识读天气系统图的目的。

天气系统是指引起天气变化和分布的高压、低压和高压脊、低压槽等具有典型特征的大气运动系统，天气系统图如图 3-1 所示。气象卫星观测资料表明，大大小小的天气系统是相互交织、相互作用着、在大气运动过程中演变着，并产生出各种各样的天气。它们的范围（尺度）相差很大。天气图上常见的水平范围在 500 ~ 5 000 km 的天气系统称为大尺度系统，如锋面、高压等；水平范围在 50 ~ 500 km, 生命期约为几小时到十几小时的天气系统称为中尺度系统，如台风、海陆风等；水平范围在 50km 以下，生命期只有几十分钟至两三小时的天气系统称小尺度系统，如积云、小雷暴等；5 000 km 以上的称行星尺度系统。一般来说，尺度越大生存时间越长，尺度越小生存时间越短。大气的运动是复杂的，不同尺度的天气系统之间既相互联系又相互影响，使天气系统的演变呈现出复杂的状态。掌握各种天气系统的特征就能大致掌握各种天气系统所造成的不同天气及其对飞行活动的影响。

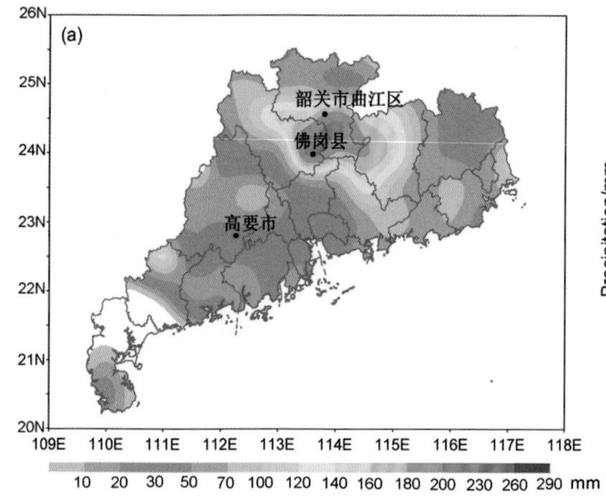

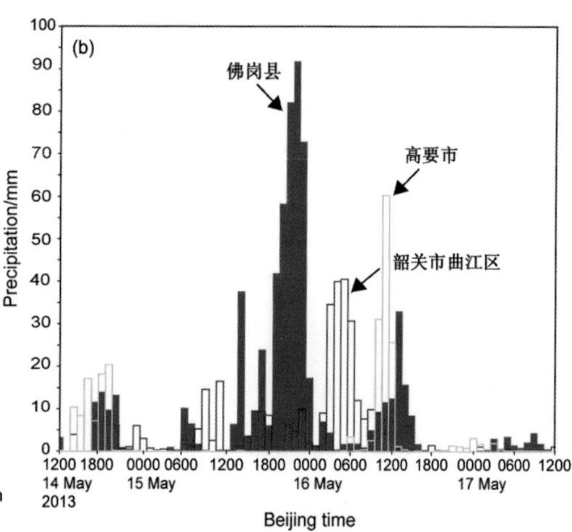

图 3–1　天气系统图

3.1 气团

气团是指大气温度和湿度水平分布比较均匀的大范围的空气团。在同一气团中，各地气象要素的重点分布几乎相同，天气现象也大致一样。气团的水平范围可达几千公里，垂直高度可达几公里到十几公里，常常从地面伸展到对流层顶。

3.1.1 气团的分类

气团的分类方法主要有三种：第一种是按气团的热力性质不同，划分为冷气团和暖气团；第二种是按气团的湿度特征的差异，划分为干气团和湿气团，第三种是按气团的发源地，常分为北冰洋气团、极地气团、热带气团、赤道气团。

3.1.2 气团形成的条件

气团形成必须具有两个条件：

一是大范围性质（冷暖、干湿、雪盖或土壤状况等）比较均匀的地理区域；

二是空气能够在气团源地长期停留或缓慢移动。

大范围物理性质比较均匀的地球表面是使空气属性变得比较均匀的重要条件，在性质比较均匀的广阔地球表面上空停留或缓慢移动的空气，主要通过大气中各种尺度的湍流、系统性垂直运动、蒸发、凝结和辐射等物理过程与地球表面进行水汽和热量交换。经过足够长的时间，就能使其水汽和热量分布变得比较均匀。

3.1.3 气团的形成

大气总是处在不断地运动中，当气团在源地形成后，气团中的部分空气会离开源地移到与源地性质不同的地面，气团中的空气与新地表产生了热量与水分的交换，气团的物理性质就会逐渐发生变化，这种变化称为气团的变性。当气团在新的地表上缓慢移动，基本上取得了新源地的物理性质时，就形成了新气团。例如，冷气团南下时通过对流、湍流、辐射、蒸发和凝结等物理过程会很快地把下垫面的热量和水汽传到上层去，逐渐变暖；同理，暖气团北上时通过一些物理过程会逐渐变冷。一般冷气团的变性比暖气团快。

冷气团具有不稳定的天气特征。例如夏季，冷气团移到高温的地面上会形成强烈的对流，如果冷气团中水汽含量较多，常形成积状云，甚至出现阵性降水或雷暴，对飞行产生较大影响；冬季，多为少云或碧空天气。冷气团的天气有明显的日变化，中午及午后地面增温，对流和乱流容易发展，风速也较大；夜间和清晨地面降温，气层趋于稳定，风速减小。

冬季近地面层辐射冷却，还可能形成烟幕或辐射雾。冷气团中对流活跃，能见度一般较好，但有雾或风沙时，能见度则较差。

暖气团可引起长时间的低云幕和低能见度现象，具有稳定性天气特点。如果暖气团中水汽含量较多，能形成很低的层云、层积云，有时有毛毛雨或小雨雪，但云层较薄，一般只有几百米。如果低层空气迅速冷却（暖气团与下垫面温差显著），会形成平流雾。冬季从海洋移入我国大陆的暖气团常有这种天气。若暖气团比较干燥，则多为少云天气。夏季暖气团中产生的低云和雾，有较强的日变化：白天气温升高，云、雾减弱或消失；夜间和早晨气温降低又会加强。冷暖气团如图 3–2 所示。

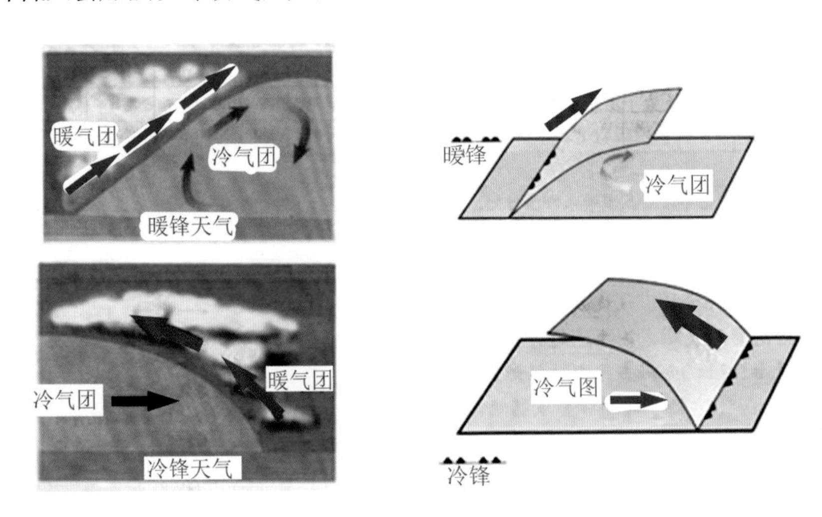

图 3–2　冷、暖气团

我国地处北半球中纬度偏南地区，地形和地表性质复杂，很难形成气团，我国出现的气团多为从其他地区移来的变性气团。经常影响我国的气团主要有两个：一个是西伯利亚气团，属中纬度大陆气团；一个是热带太平洋气团，属热带海洋气团。

我国冬季通常受中纬度大陆气团影响，它的源地在西伯利亚和蒙古，为西伯利亚气团。冬季西伯利亚气团势力强盛，影响我国大部分地区。它所控制的地区，天气干冷。当它与热带海洋气团相遇时，在交界处则能形成阴沉多雨的天气，冬季华南常见这种天气。而热带太平洋气团主要影响我国东南部。云南地区则常受南海气团（属热带海洋气团）的影响，如图 3–3 所示，是我国冬季气团活动示意图。

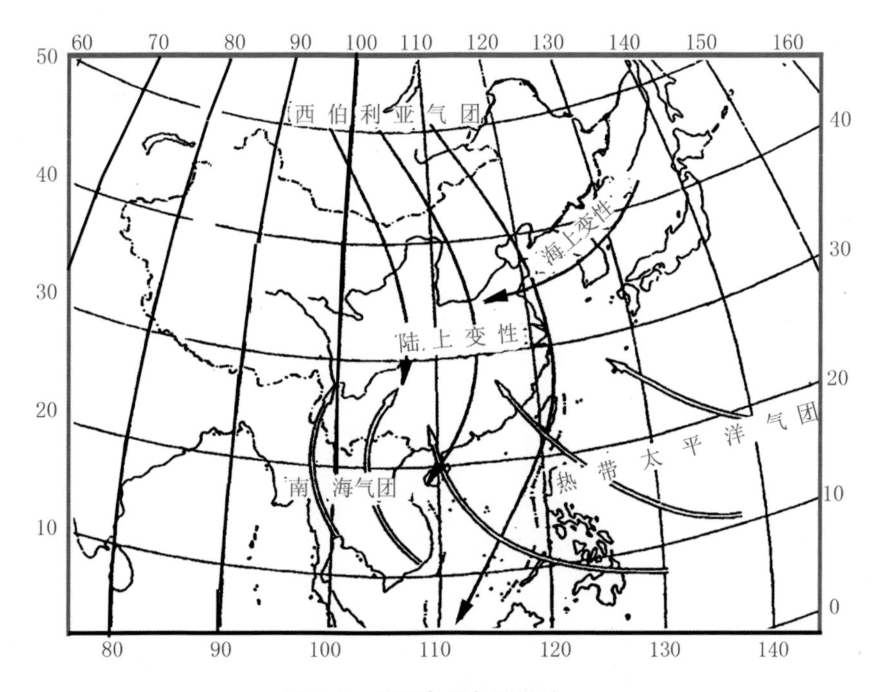

图 3–3　我国冬季气团活动

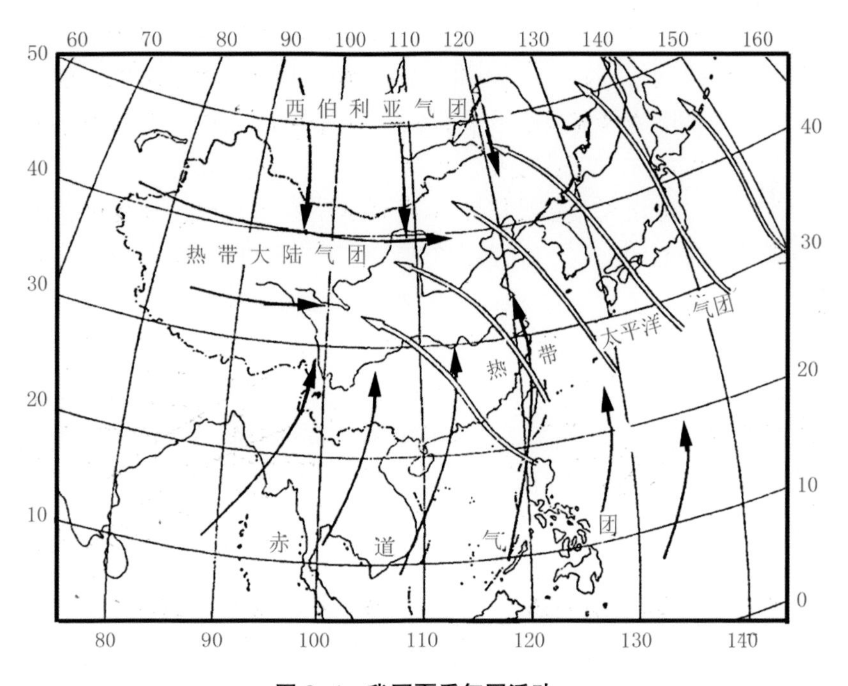

图 3–4　我国夏季气团活动

夏季，热带太平洋气团势力强盛，影响我国大部分地区，只有西部和北方少数地区不受其影响。此时西伯利亚气团一般只在我国长城以北和西北地区活动，但有时也能南下至江淮流域一带。它与南方热带海洋气团交汇，是我国北方盛夏大范围降水的主要原因，如图 3–4 所示是夏季我国气团活动示意图。另外，热带大陆气团常影响我国青藏高原和西北地区，被它持久控制的地区，就会出现酷暑和严重干旱。来自印度洋的赤道气团，可造成长江流域以南地区大量降水。

春季，西伯利亚气团和热带海洋气团两者势力相当，互有进退，因此是天气系统活动最盛的时期，带来多变天气。秋季，变性的西伯利亚气团逐渐增强，热带海洋气团慢慢退居东南海上，我国东部地区在单一的气团控制之下，出现全年最宜人的秋高气爽的天气。

3.2 锋

3.2.1 锋的基本知识

3.2.1.1 锋面

锋面是指大气冷、暖气团之间十分狭窄的过渡区域。冷暖气团相遇后，冷气团在下方，暖气团在上方，其交界面即锋面，如图 3–5 所示。锋面向冷气团一侧倾斜。锋面是一种重要的天气系统，它经常带来大风、阴雨、雷暴、风沙等恶劣天气，对飞行有很大的影响。

3.2.1.2 锋区

锋区是指两气团之间的过渡区。锋区的宽度一般在近地层为几千米，高空为几百千米，上宽下窄，水平覆盖范围为几百至几千千米。

3.2.1.3 锋线

锋线是指锋面与地面的交线。锋线的长度一般与气团的水平范围相当。锋面坡度一般只有 1/300 ~ 1/50，个别仅 1/500。锋面坡度越小，锋面掩盖的地区就越大，受锋面天气影响的地区也越大。以坡度为 1/100、长度为 1 000 km、垂直高度为 10km 的锋为例，其掩盖面积就达 $10 \times 10^7 km^2$。

穿越锋区时，是从一个气团进入另一个具有不同性质的气团，各种气象要素都会有明显的差异。在天气图上，正是根据这些差异来确定锋面的存在和位置的。

锋区内温度水平梯度远比其两侧气团内部大，这是锋最重要的特征之一。在气团的内部，一般在 100 km 内气温只相差 1℃；但在锋面内，100 km 可相差 5℃ ~ 10℃。

锋两侧风速的变化是穿越锋到冷区，风速会增大，到暖区风速会减小。因受地面摩擦的影响，风和等压线成一交角而吹向低压，故地面锋线处，通常有气流的辐合。穿越锋面最可靠的征兆是风向的变化，有时也有风速的变化。风速变化的出现概率比风向变化小。北半球风向总是向右偏转。穿越锋面飞行时，为了保持原定的地面航迹，总是需要做向右的修正。

3.2.1.4 锋的分类

根据在移动过程中冷暖气团所占的主次地位可将锋分为冷锋、暖锋、准静止锋和锢囚锋。

（1）冷锋

锋面在移动过程中，冷气团起主导作用，推动锋面向暖气团一侧移动，锋面过后温度降低，这种锋面称为冷锋，如图 3–6 所示。

（2）暖锋

锋面在移动过程中，若暖气团占主导地位，推动锋面向冷气团一侧移动，这种锋面称为暖锋，如图 3–7 所示。暖锋过境后，暖气团就占据了原来冷气团的位置。

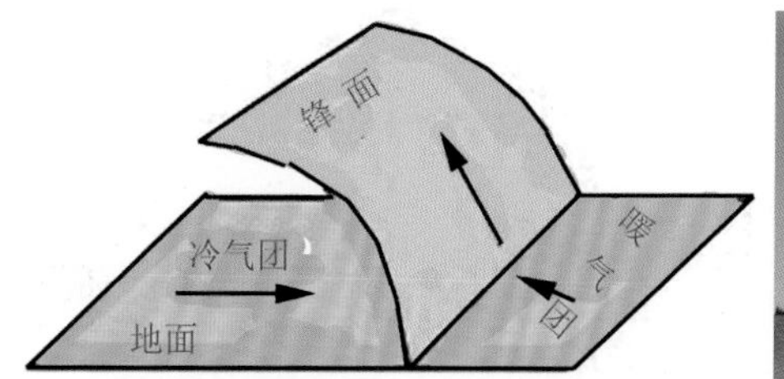

图 3–5　锋面

图 3–6　冷锋

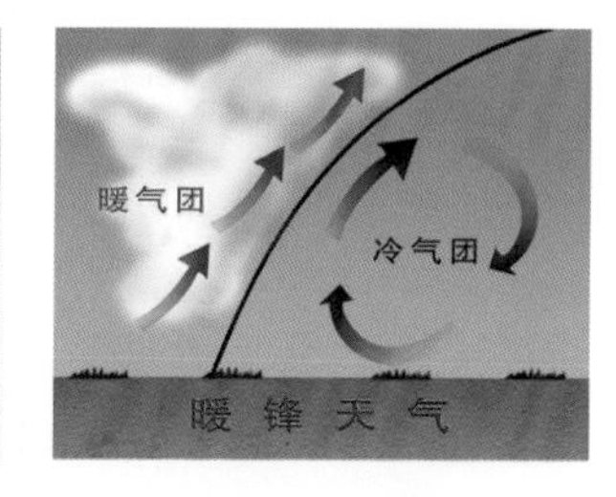

图 3–7　暖锋

（3）准静止锋

当冷暖气团势力相当，锋面移动很少时，称为准静止锋。事实上，没有绝对静止的锋。在这期间，冷暖气团同样是互相斗争着，有时冷气团占主导地位，有时暖气团占主导地位，使锋面来回摆动，如图 3–8 所示。

（4）锢囚锋

锢囚锋是由冷锋追上暖锋或由两条冷锋迎面相遇而构成的复合锋，如图 3–9 所示。

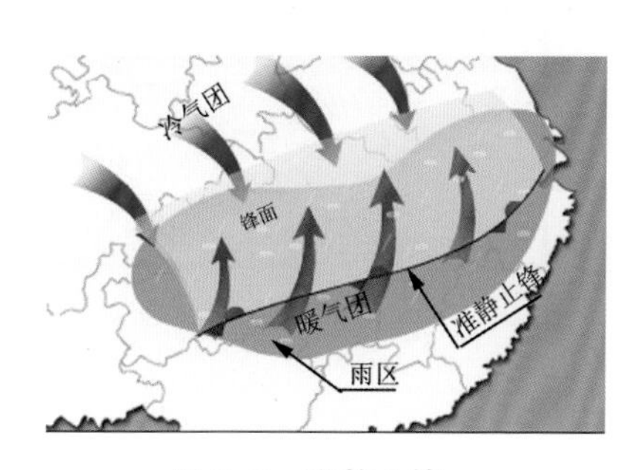

图 3–8　准静止锋

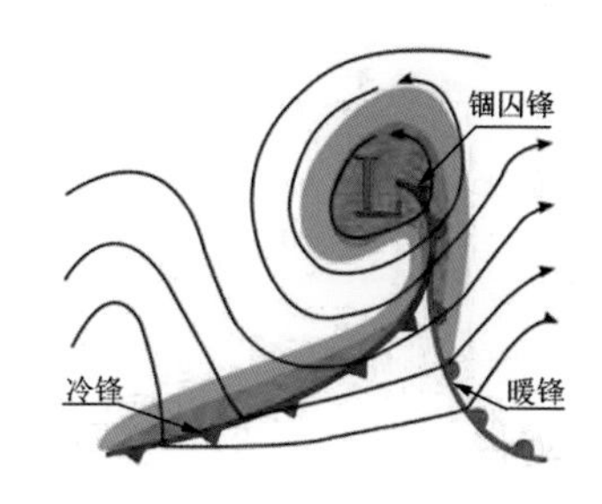

图 3–9　锢囚锋

在图 3–10（a）中，前面有一个暖锋，后面有一个冷锋，冷锋移速比暖锋快。在图 3–10（b）中，冷锋已快要追上暖锋。图 3–10（c）中，冷锋追上暖锋，中间的暖气团被抬挤到空中，两边的冷气团相遇又构成新的锋面。由于左面冷气团比右面冷气团更冷，并继续推动新锋面向右侧移动，这种情形叫冷式锢囚锋。显然，如果移动方向相反，则叫暖式锢囚锋。

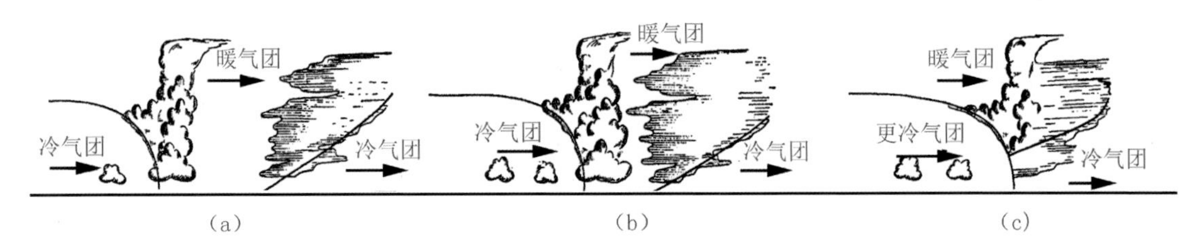

图 3-10　锢囚锋的形成过程

3.2.2 锋面天气及其对飞行的影响

锋面天气是描述锋附近的云、降水、风、能见度等的分布情况。驾驶飞行器在穿越锋面飞行前，应当获取一份完整的天气报告，以便了解可能遇到的天气状况。下面介绍典型的锋面天气模式及其对飞行的影响。

3.2.2.1 暖锋天气

暖锋天气是指暖锋影响形成的天气。暖锋的坡度为 1/150 左右，且其坡度随移动减小，移速平均为 10 ~ 20 km/h。当大气稳定时，锋面以层状云系为主，云系的演变顺序为 C_i – C_s – A_s – N_s。降水出现在冷空气一侧，结束在地面锋线过境时，降水区的宽度一般为 200 ~ 250 km。在降水区的地方常有低碎云发展，影响飞行能见度；有时也会有雨雾现象出现如图 3-11（a）所示。当大气不稳定时，锋面层状云系中会有积状云（浓积云、积雨云）发展，如图 3-11（b）所示。云中飞行比较平稳，过锋区有轻颠；大气不稳定时，也会有颠簸。秋、冬和早春季要注意锋面云系中的积冰。当水汽条件不足时，锋面也可能出现无云或少云，但此时也要注意飞越锋面时的飞机颠簸。

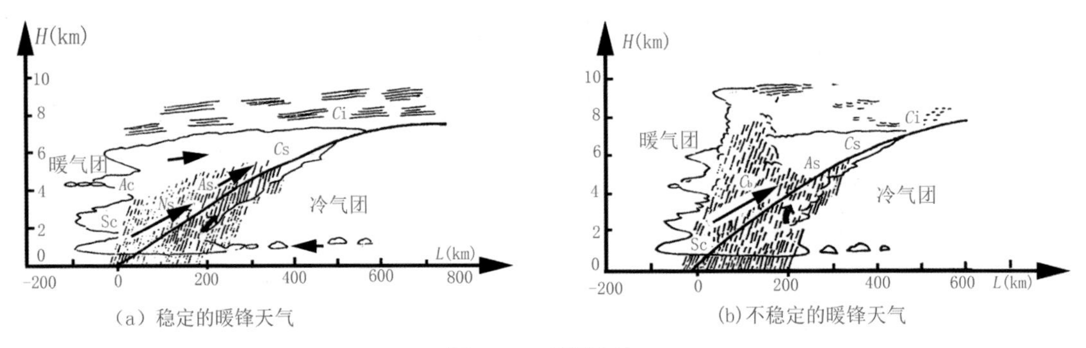

图 3-11　暖锋天气

3.2.2.2 冷锋天气

冷锋天气是指冷锋影响产生的天气，通常取决于它的移动速度。冷锋根据其移动速度，可分为缓行冷锋和急行冷锋。

（1）缓行冷锋的天气

冷锋中移动速度较慢的叫缓行冷锋。缓行冷锋的坡度为 1/100 左右，且其坡度随移动增大，移速平均为 20 ~ 30 km/h。大气稳定时，锋面以层状云系为主，云系的演变

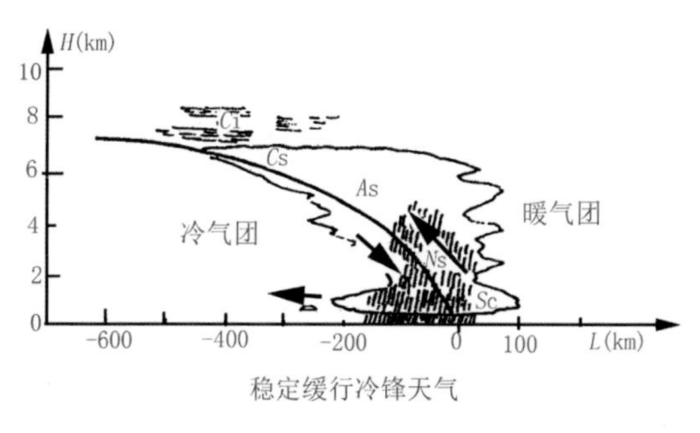

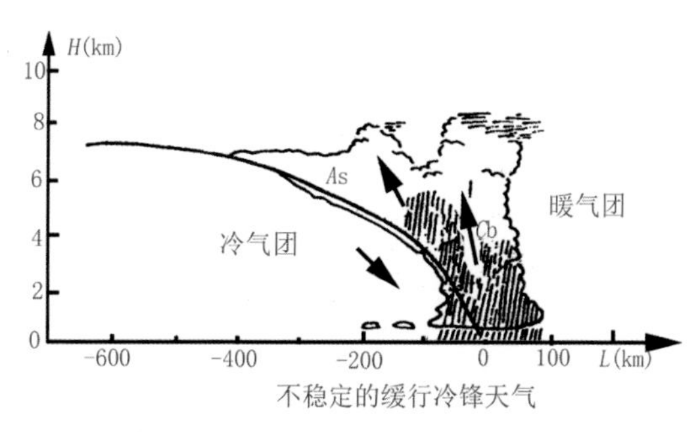

图 3-12　缓行冷锋天气

顺序为辅。降水常出现在冷空气一侧，出现在地面锋线过境时，降水区的宽度一般为 150 ~ 200 km。在降水区的地方常有低碎云发展，影响能见度；有时也会有锋面雾出现，如图 3-12（a）所示。当大气不稳定时，锋面层状云系中会有积状云（浓积云、积雨云）发展，如图 3-12（b）所示。大气稳定时，云中飞行有轻微的颠簸；在过锋区和大气不稳定时，颠簸较强。秋、冬和早春季要注意锋面云系中的飞机积冰。当水汽条件不足时，锋面也可能无云或少云，但此时也要注意飞越锋面时的飞机颠簸。

（2）急行冷锋的天气

急行冷锋是指冷锋中移动速度较快的锋。这种快速移动的冷锋是被它后面远离锋面的强大高压系统推动前进的。地面摩擦作用使锋的移速减慢，引起锋的前沿部分向外凸起，使锋面坡度变陡，产生强烈的上升运动。如图 3-13（a）所示，图中垂直尺度放大以表示锋的坡度。在近地层，冷空气前进速度远大于暖空气后退速度，迫使暖空气强烈上升，因此低层锋面坡度特别陡峭。在锋面上层，暖空气则沿锋面下滑。

急行冷锋的坡度在 1/70 左右，且其坡度随移动增大，移速平均在 40 ~ 50 km/h。当大气稳定时，锋面云系以多层云系叠加为主。降水出现在暖空气一侧，结束在地面锋线过境时，降水区的宽度一般为 100 km 以下，如图 3-13（b）所示。在降水区常有低碎云、大风，严重影响飞行，当知道有第二型冷锋过境时，应禁止飞行。当大气不稳定时，会出现沿地面锋线分布的狭长的积雨云带，如图 3-13（c）所示。在过锋区和云中飞行时有较强的颠簸。

总之，大多数冷锋天气具有一些共同特征：常生成积状云，有阵性降水和较强的乱流；伴有强烈阵风。在具有稳定性天气的冷锋区域飞行，在靠近锋面附近可能有轻到中度的颠

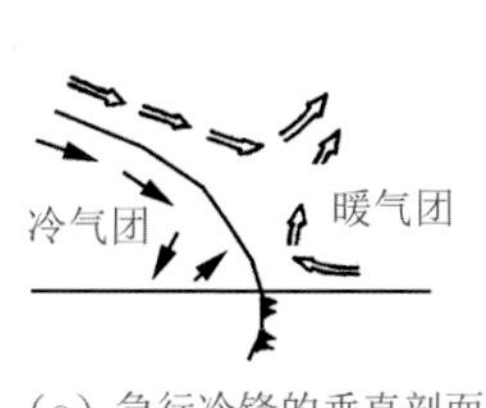

（a）急行冷锋的垂直剖面

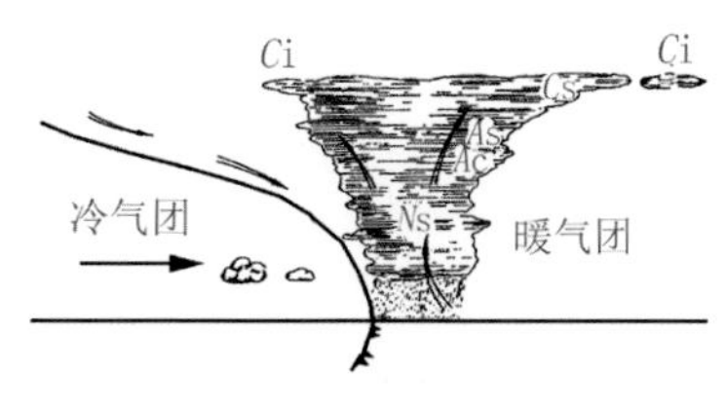

（b）稳定急行冷锋天气

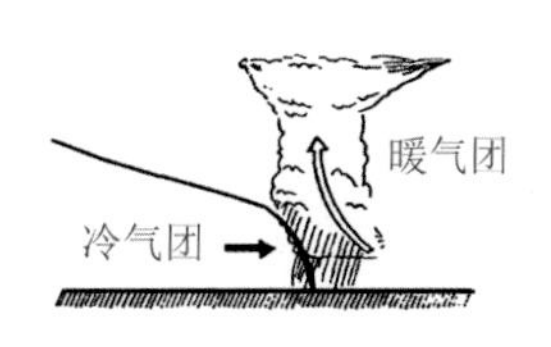

（c）不稳定急行冷锋天气

图 3-13　急行冷锋及其天气

簸，云中飞行可能有积冰。降水区中能见度较坏，道面积水，对降落有影响。在具有不稳定天气的冷锋区域，因有强烈颠簸和严重积冰、雷电甚至冰雹等现象，故不宜飞行。

3.2.2.3 准静止锋天气

准静止锋天气与暖锋类似，如图 3–11 所示。由于准静止锋的锋面坡度最小，一般为 1/150 ~ 1/300，暖空气沿锋面缓慢爬升，因此，云层和降水区比暖锋更为宽广。降水强度虽小，持续时间却很长，其连绵阴雨天气可影响一个地方的飞行气象条件达数天之久。若暖空气潮湿且不稳定，常可出现积雨云和雷阵雨。例如，我国夏季的华南准静止锋常有雷阵雨天气；云贵准静止锋一般多阴雨，云系一般为雨层云或层积云，云厚一般为 500 ~ 1 000 m，云顶高多在 3 500m 以下，川、黔两省冬季多阴沉天气，大多是受它的影响造成的。若暖空气很干燥，锋上也可无云，仅在锋下有些低云。

在准静止锋区域飞行有同暖锋区域飞行相近的特点，不宜简单气象条件飞行。在稳定天气形势下可进行复杂气象条件的训练飞行。

3.2.2.4 锢囚锋天气

锢囚锋天气是由于冷锋与暖锋相遇而形成的天气。其云系和降水除原来两条锋面云系有关，在形成初期锢囚点处上升气流加强，天气变得更坏，云层增厚，降水增强，范围扩大并分布在锋的两侧。随着锢囚锋的发展，暖气团被抬升得越来越高，气团中的水汽因降水消耗而减少，使锢囚点上云层逐渐变薄趋于消散，天气逐渐转好，如图 3–14 所示。在锢囚锋区域飞行，锢囚锋形成初期，在锢囚点以上将会遇到较宽广的云层和降水，还可能有雷暴、积冰和颠簸；锢囚点以下在低压中心附近广大范围内存在相当恶劣的能见度和低的云幕。在锢囚锋后期，气象条件逐渐好转。

图 3–14 锢囚锋天气

3.3 气旋

气旋是指占有三度空间的、在同一高度上中心气压低于四周的大范围空气水平涡旋，有一定厚度的天气系统。在北半球，气旋范围内的空气作逆时针旋转（俯视），在南半球其旋转方向相反，如图 3–15 所示。

在气压场上，气旋表现为低压。气旋的直径平均为 1 000 km，大的可达 3 000 km，小的只有 200 km 或更小。

地面气旋的中心气压值一般在 970 ~ 1010 hPa 之间，发展得十分强大的气旋，中心气压值可低于 935 hPa。在北半球，气旋区由于中心气压低，气旋低层的水平气流逆时针由外朝内旋转，由于气流辐合，在中心附近的垂直方向上形成系统性上升运动。在南半球，气旋低层的水平气流则顺时针由外朝内旋转，在中心附近的垂直方向上也会形成系统性上升运动。在一般情况下，气旋区内都会因为上升气流而将地面附近的水汽带到空中，一般形成阴雨天气。特别是锋面气旋，由于气旋中的上升运动和锋面的抬升叠加在一起，更容易成云致雨。

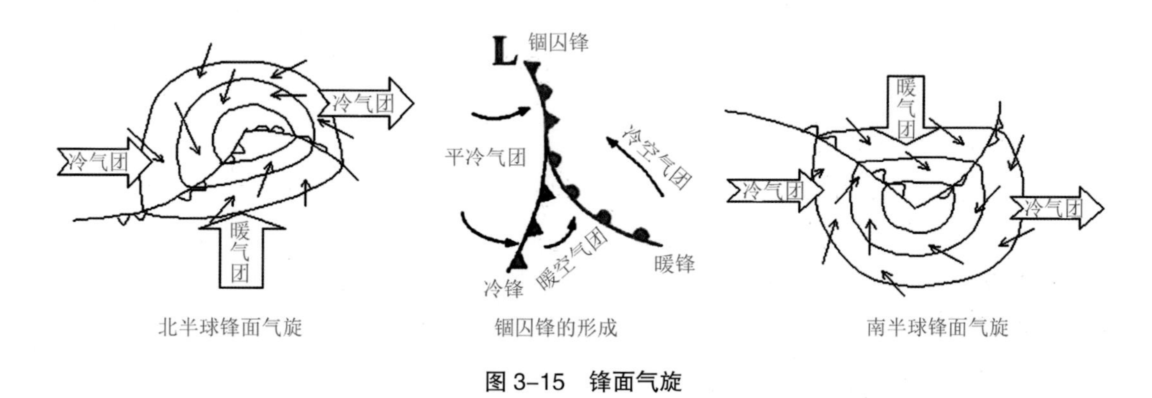

图 3–15　锋面气旋

气旋可以分为锋面气旋和无锋气旋。在我国锋面气旋分为北方气旋和南方气旋。北方气旋主要有：东北气旋、黄河气旋和蒙古气旋等。南方气旋主要有：江淮气旋和东海气旋。无锋气旋在我国有东北涡、西南涡、热低压和热带气旋。

3.3.1 锋面气旋

北方锋面气旋以东北气旋为例，南方锋面气旋以江淮气旋为例进行介绍。

3.3.1.1 东北气旋

东北气旋主要活动于我国东北地区，是我国锋面气旋中发展最强大的一种。一年四季均可出现，春秋两季，特别是 4、5 月份活动频繁，其强度也最大。东北气旋在春季常产生大范围的大风、风沙；夏季常产生雷暴和强烈降水等灾害性天气。

3.3.1.2 江淮气旋

江淮气旋是指我国长江中下游、淮河流域一带经常出现的锋面气旋。由于这一区域一般水汽充沛，发展完整的江淮气旋常出现大片云系和降水。春季，在长江下游地区的江淮气旋东部，东南风把海上暖湿空气输送到大陆，常形成平流雾或平流低云，甚至出现毛毛雨，能见度十分恶劣。发展强盛的江淮气旋，不但可以产生雷阵雨（可达暴雨程度），还可以产生较强的大风。

3.3.2 无锋气旋

3.3.2.1 热低压

热低压是指由于近地层空气受热不均而形成的暖性气旋。它是浅薄的、不大移动的气压系统，一般到三四千米高度上就不明显了。热低压常出现在暖季大陆上比较干燥的地区，在某些情况下，也有由于空中出现强烈暖平流或空气下沉绝热增温而形成的热低压。热低压中的天气，因条件不同而有差别。

当空气很干燥时，一般是晴热少云天气，如出现在我国西北，特别是塔里木盆地的热低压就是这样的；

当水汽较充沛，并有冷锋或空中低槽移近时，由于上升运动增强，也可产生云雨天气；在干燥地区，当热低压发展强烈时，可出现大风和风沙天气。

3.3.2.2 东北低涡

东北低涡是指出现于大气中低层的水平和垂直范围都较小的低压涡旋。是东北地区特有的一种天气现象。一年四季均可出现，以 5、6 月份活动最频繁。

3.3.2.3 西南低涡

西南低涡是我国西南地区低压涡旋天气系统。

西南低涡的形成与我国西南的特殊地形有密切关系，当西风气流遇到青藏高原后，在高原高度以下分为南北两支绕过，由于高原东侧背风坡风速较小，常在背风坡南侧造成逆时针旋转的气流切变，从而形成西南涡。

西南涡在源地时，可产生阴雨天气，一般晚上天气更坏一些，夏季常引起强烈的阵雨和雷暴；如果有适当的高空低槽或冷平流相配合，就有可能使西南涡发展和东移，造成我国东部许多地区的大雨或暴雨。我国低涡天气的形成及西南涡的特征如图 3–16 所示。

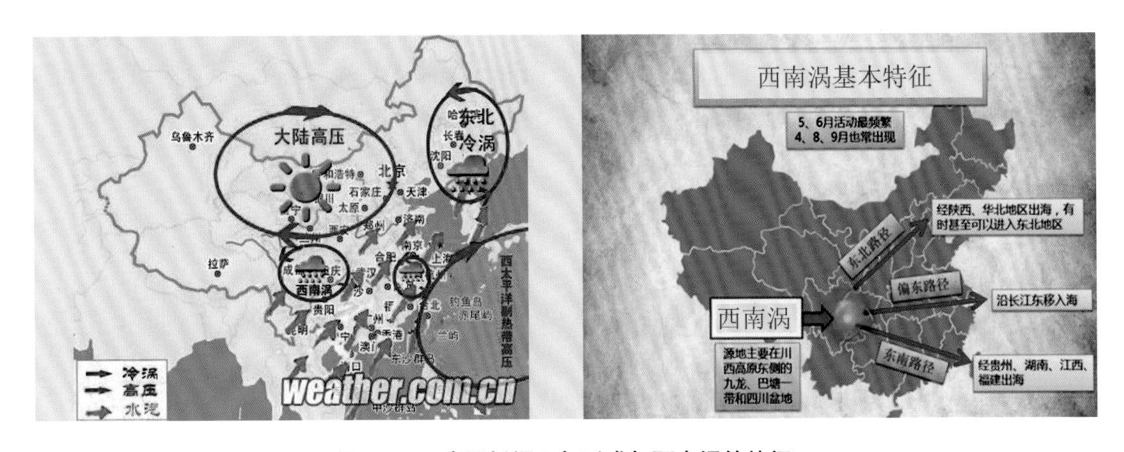

图 3–16　我国低涡天气形成与西南涡的特征

3.3.2.4 热带气旋

热带气旋是指形成于热带海洋上的强大而深厚的气旋性涡旋，是一种低气压天气系统。成熟的热带气旋是一种非常壮观但又极具破坏性的风暴，它带来的是猛烈的狂风、高大的雷暴云和倾盆大雨。在夏、秋季节是我国沿海地区主要的灾害性天气。热带气旋的形成如图 3–17 所示。

热带气旋按强度可分为：热带低压，中心最大风速 6 ~ 7 级；热带风暴，中心最大风速 8 ~ 9 级；强热带风暴，中心最大风速 10 ~ 11 级；台风，中心最大风速 >12 级等四类。

其中，台风又可分为：强台风，中心最大风速 14 ~ 15 级；超强台风，中心最大风速 16 级或以上。

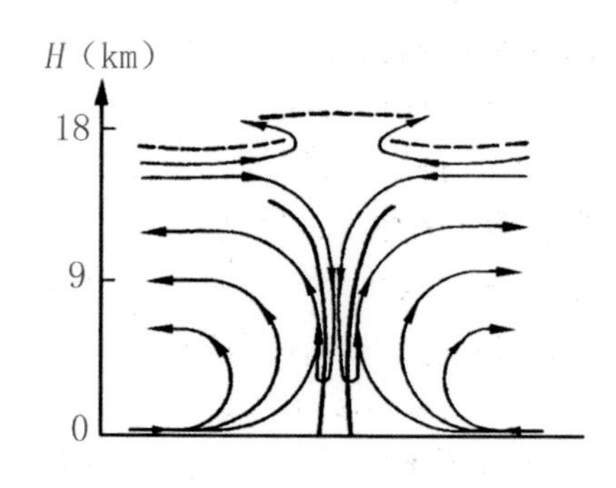

图 3–17　热带气旋

3.4 反气旋

3.4.1 反气旋

反气旋是指占有三度空间的、在同一高度上中心气压高于四周的大范围空气的水平涡旋。

在北半球，反气旋范围内的空气作顺时针旋转，在南半球旋转方向相反。在气压场上，反气旋表现为高压。反气旋的水平尺度比气旋大得多，大的反气旋可以和最大的大陆和海洋相比（如冬季亚洲大陆的冷性反气旋，往往占据整个亚洲大陆面积的 3/4），小的反气旋其直径也有数百千米。地面反气旋的中心气压值一般在 1 020 ~ 1 030 hPa，冬季东亚大陆上反气旋的中心气压可达到 1 040 hPa，最高的曾达到 1 083.8 hPa。在北半球，反气旋区由于中心气压高，低层的水平气流顺时针由内朝外旋转，由于气流辐散，在中心附近的垂直方向上形成系统性下沉运动。在南半球，反气旋低层的水平气流逆时针由内朝外旋转，在中心附近的垂直方向上也会形成系统性下沉运动。因此，在一般情况下，反气旋区内都会因为下沉气流而难以形成云，所以反气旋一般多为晴好天气。但由于反气旋特别大，又有冷暖之分，所以不同反气旋的天气差异还是较大的，反气旋与气旋形成的天气比较如图 3–18 所示。

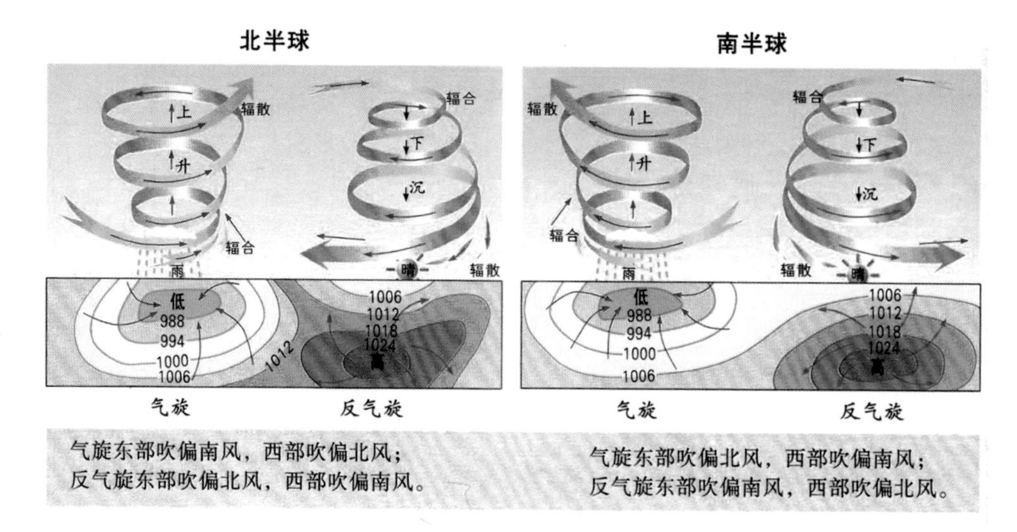

图 3–18　气旋、反气旋与天气

3.4.2 反气旋的类型

根据反气旋热力结构可将反气旋分为冷性反气旋和暖性反气旋，如影响我国的蒙古冷高压和太平洋副热带高压等。

3.4.2.1 冷性反气旋的天气

冷性反气旋产生在中高纬度的寒冷地区，在北半球，北极、北美北部和蒙古地区出现比较频繁。由于气温低，气压随高度下降快，一般到三四千米高度以上高压特征就不明显了，称之为浅薄的气压系统。

在冷性反气旋的中心附近，由于空气干冷，形成下沉气流，天气多晴朗少云。中部风速小的区域，在夜间或清晨容易出现辐射雾。如果有辐射逆温或上空有下沉逆温或两者同时存在，逆温层下面聚集了水汽和其他杂质，低层能见度较差。

当水汽较多时，在逆温层下往往出现层云、层积云、毛毛雨及雾等天气现象。在逆温层以上，能见度很好，碧空无云。冷性反气旋的东部或东南部，往往有锋面存在，常有较大的风速和较厚的云层，甚至有降水；西部和西南部边缘，由于有偏南暖湿气流，往往处于空中槽前，因而有暖锋性质的天气。位于蒙古地区的冷性反气旋（又称蒙古冷高压），是影响我国的重要天气系统，冬半年从西伯利亚和蒙古侵入我国，带来大股冷空气，使所经之地气温骤降。在蒙古冷高压东部前缘，一般就是相应的冷锋天气。高压前的冷锋到达我国北方，气温骤降；风向北转，风速猛增，一般可达 10 ~ 20 m/s，有时甚至可达 25 m /s 以上；常出现风沙和降雪。冷锋经江淮流域再向南移，风速仍然很大，由于气团湿度增加，常形成阴雨天气。“三天北风两天雨” 就是指这种天气。冷高压前缘移过之后，便逐渐为冷高压中心控制，天气也逐渐转晴。在中心区，早上常出现辐射雾或烟幕等现象，能见度极为恶劣，影响航班正常飞行。但随着冷气团的回暖变性，湿度增加和稳定度减小，也可出现局地的积状云和阵性降水。

3.4.2.2 暖性反气旋的天气

暖性反气旋是指中心暖于四周的高压，是一种很深厚的反气旋，随着高度增加而增强，通常可伸展至对流层顶，是对流层上层空气辐合、聚积而形成的。

暖性反气旋稳定少动，在出现的地区对天气有重要影响。在暖性反气旋内部，一般是晴朗炎热的天气；在其南部边缘区域，由于靠近赤道，有热带天气系统活动；在其西部边缘，有偏南暖湿气流，可出现积雨云和雷阵雨天气。

对我国影响最大的暖性反气旋产生于北太平洋西部，叫副热带高压，简称副高或太高。副高主体在太平洋上，我国常受其西伸高压脊的影响，西伸脊的位置和强度与我国的天气有很大的关系。

副热带高压常年存在，由于太阳直射点的南北移动，使其位置有明显的季节性变化。其位置一般以高压脊所在的纬度来确定。一般冬季脊线在 15°N 左右，到达最南的位置。从春到夏逐渐北移，到 7、8 月份，移到 25°N ~ 30°N，9 月份以后则南退。同时，在季节性变化过程中，也存在短期变化，北进过程中有短时南退，南退过程中也有短时北进。并且，北进常与西伸相结合，南退常与东撤相结合。

在副高脊附近，下沉气流强，风力微弱，天气炎热，长江中下游地区 8 月份常出现的伏旱高温天气就是由副高较长时间的控制造成的。脊的西北侧与西风带相邻，常有气旋、锋面、低槽等天气系统活动，多阴雨天气。

据统计，我国主要的雨带位于副高脊线以北 5 ~ 8 个纬距。随着副高位置和强度的变化，阴雨天气的分布也随之发生变化。当脊线位于 20°N 以南时，雨带在华南；6 月份位于 20°N ~ 25°N 时，雨带在江淮流域，即“梅雨”季节；7 月份脊线越过 25°N 后，雨带移到黄淮流域；7 月底 8 月初脊线越过 30°N 时，则华北、东北进入雨季。副高脊南侧为东风气流，当其中无气旋性环流时，一般天气晴好，但当东风气流发生波动，形成所谓东风波，或有热带气旋形成时，则会出现云雨、雷暴等恶劣天气。

副高脊短期的东西进退，对其西部地区的天气也有很大的影响。当高压脊刚开始西伸时，常有热雷雨产生；在东撤时，其西部常有低槽东移，空气对流加强，造成大范围的雷阵雨天气。

3.5 槽线和切变线

3.5.1 槽线

槽线是指低压槽等高线弯曲最大点的连线。对流层中纬度区域，随着高度的增加，大气运动越来越趋近于西风，并常以波状流型出现。在北半球，表现为向北的波峰（高压脊）和向南的波谷（低压槽）。在低压槽中，等高线弯曲最大点的连线就是槽线，如图 3-19（a）所示。

北半球中纬度区域，高空低压槽位于地面低压之后、高压之前，槽线前有辐合上升运动，多产生偏南暖湿气流，多阴雨天气；而槽线后盛行干冷西北气流，有辐散下沉运动，

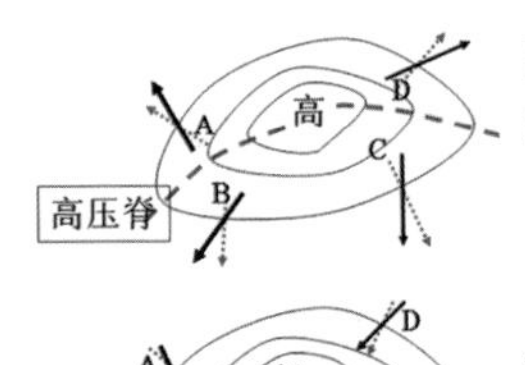

高压脊线上气流一辐散为主
不易形成锋面。

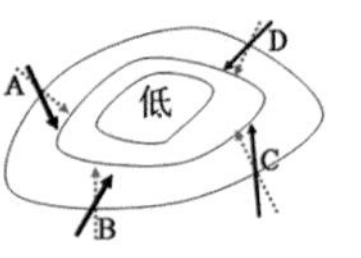

低压槽线上气流以辐合为主，
易形成锋面。

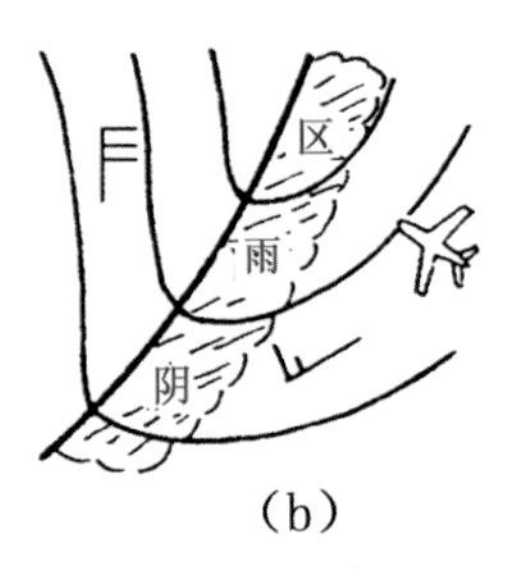

图 3-19 槽线与天气

多晴好天气，如图 3-19（b）所示。

我国一年四季各地均有低槽活动，它们大多自西向东影响我国。槽在单独出现时（地面没有锋面、气旋等与之对应），往往并不强，一般只产生一些中高云天气。比较强的低槽常常与气旋和锋面相联系，带来较恶劣的天气。

如果横穿槽线飞行，不仅会遇到槽线附近和槽线前的阴雨天气（夏季大气不稳定时也能形成雷暴），还会遇到明显的风向、风速变化，即在北半球，先遇到左侧风，过槽线后转为右侧风。而且槽区由于气流切变常有乱流，使飞机发生颠簸。

3.5.2 切变线

切变线是指具有气旋式切变的风场不连续线。它的两侧风向、风速有明显差别，但温度没有多大差异。

根据流场形式，切变线大致可分为三种类型，如图 3-20 所示。第一种是冷式切变线，由偏北风与西南风构成，性质与冷锋相似，一般自北向南移动，如图 3-20（a）所示；第二种是暖式切变线，由东南风与西南风构成，性质与暖锋相似，一般由南向北移动，如图 3-20（b）所示；第三种是准静止式切变线，由偏东风与偏西风构成，性质与准静止锋相似，很少移动，如图 3-20（c）所示。

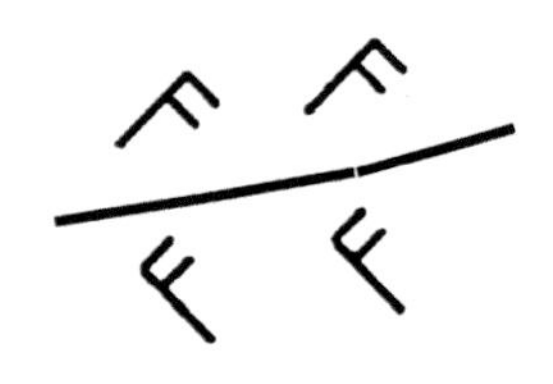

(a)冷式切变线

(b)暖式切变线

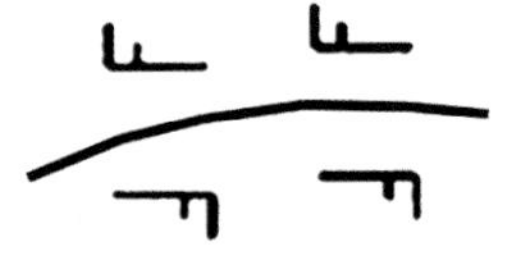

(c)准静止切变线

图 3-20 切变线类型

切变线常见于 700 hPa 或 850 hPa 等压面，即中低空。可以有也可以没有锋区与之配合，但在切变线的南侧或东南侧常伴有静止锋或冷锋。切变线近于东西向，两侧的空气相向流动，气流水平辐合较强，有利于上升运动；且南侧西南气流水汽充沛，故常形成阴雨天气。切变线也常与冷锋、暖锋、准静止锋相配合，带来比较恶劣的天气。切变线一般可维持 3 ~ 5

天，长则可达 10 天以上。冬季多为连续性降水，雨量小，但雨区较宽；夏季常出现雷阵雨，雨区较窄但雨量常达到暴雨程度。

切变线带来的云雨和不稳定天气，对飞行有很大影响。横穿切变线飞行遇到的天气与槽线相似，除阴雨天气外，也会遇到风向、风速的变化和飞机颠簸。

切变线反映的是水平流场的特征，槽线则是反映水平气压场的特征。两者是分别从流场和气压场来定义的不同天气系统，但因为风场与气压场相互适应，两者也有一定联系。槽线两侧风向必定也有明显的气旋性切变，切变线也常产生在两高之间的低压带，但不表现为低压槽的形式。

活动于我国的切变线，主要有高原西部切变线、华南切变线、江淮切变线和华北切变线，如图 3–21 所示。后面三条切变线的北侧为西风带的高压或高脊，南侧为太平洋副热带高压西伸脊。由于副高位置有季节性变化，切变线的活动地区也随季节变化：春季和秋季活动于华南地区，春末夏初活动于江淮地区，盛夏活动于华北地区。江淮切变线常与锋面相结合，是造成江淮流域夏半年降水，特别是暴雨的重要天气系统。

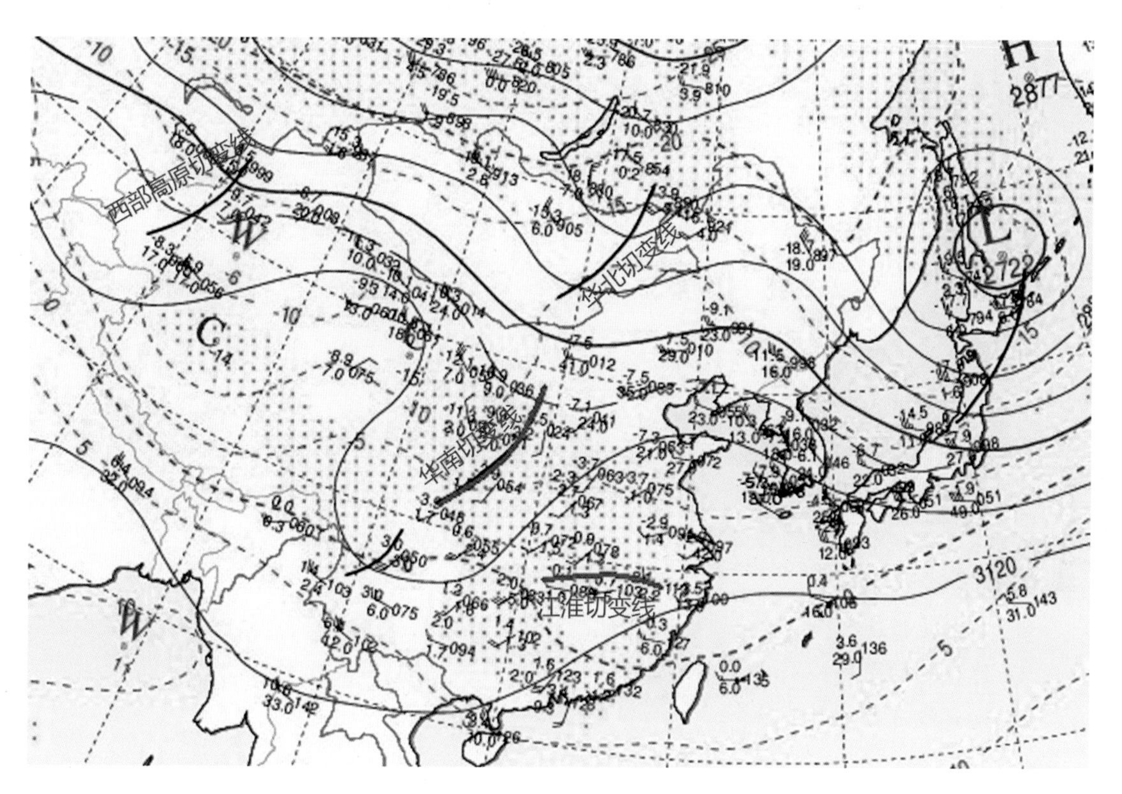

图 3–21　活动于我国的切边线

作业题：

1. 什么是气团？
2. 气团是如何进行分类的？气团主要有哪些？
3. 气团形成必须具有两个条件是什么？
4. 什么是气团的变性？
5. 经常影响我国的气团主要有哪两个？
6. 什么是气团？
7. 如何进行气团分类？
8. 气团形成的条件是什么？
9. 什么是锋面？
10. 什么是锋区？
11. 什么是锋线？
12. 锋分为哪四种？
13. 什么是冷锋？
14. 什么是暖锋？
15. 什么是静止锋？
16. 什么是锢囚锋？
17. 什么是锢囚锋天气？
18. 什么是气旋？
19. 气旋是如何进行分类的？
20. 什么是热低压？
21. 什么是东北低涡？
22. 什么是西南低涡？
23. 什么是热带气旋？
24. 热带气旋是如何进行分类的？
25. 什么是反气旋？
26. 什么是槽线？
27. 什么是切变线？
28. 切变线可分为哪几种？

第 4 章　危害飞行安全的重要天气气象要素

导读：

危害飞行安全的重要天气气象主要有雷暴、低空风切变、飞机颠簸、飞机积冰、高空急流、晴空乱流和山地背风波。

学习目标：

通过学习掌握危及飞行安全的天气气象的分类、特征及保证飞行安全的措施，达到能够正确判断天气气象变化的常识，从而保证飞行安全。

危害飞行的重要天气是指严重影响飞行，并可能造成飞行事故的天气。常见的危害飞行安全的天气气象主要有雷暴、低空风切变、飞机颠簸、飞机积冰、高空急流、晴空乱流和山地背风波。所以从事飞行活动的相关人员应该切实掌握这方面的知识，以保证飞行活动安全进行。

4.1 雷暴

雷暴是指由对流旺盛的积雨云引起的、伴有闪电雷鸣的局地风暴，如图 4–1 所示。

在大气不稳定和有冲击力的条件下，大气中就会出现对流运动，在水汽比较充分的地区，就会出现对流云。当对流运动强烈发展时，就会出现积雨云。积雨云是伴随雷电现象的一种中小尺度对流性天气系统，它具有水平尺度小和生命期短的特点，但它带来的天气却十分恶劣，由于它常伴有雷电现象，所以积雨云又称为雷暴云。

图 4–1　雷暴

4.1.1 雷暴的形成条件

雷暴是由强烈发展的积雨云产生的，形成强烈的积雨云需要深厚而明显的不稳定气层、充沛的水汽和足够的冲击力三个条件。

4.1.1.1 深厚而明显的不稳定气层

雷暴是一种强烈的对流性天气，深厚而明显的不稳定气层具有大量的不稳定能量，为强烈对流的发展提供了充足的能源。

4.1.1.2 充沛的水汽

充沛的水汽，一方面是形成庞大的积雨云体，成云致雨的物质基础；另一方面，水汽凝结时释放出的潜热也是能量的重要来源。雷鸣、闪电及强风所需的能量都是从云中水汽凝结时释放的潜热中得到的，产生的降水越多，被释放到雷暴中的能量也越多。

4.1.1.3 足够的冲击力

大气中不稳定能量和水汽的存在，只具备了发生雷暴的可能性，要使可能变为现实，还需要有促使空气上升到达自由对流高度以上的冲击力，只有这样，不稳定能量才能释放出来，上升气流才能猛烈地发展，形成雷暴云。

这三个条件，在不同情况下有不同侧重。在潮湿的不稳定气团中，能否形成雷暴主要看有没有足够的冲击力；在山区，抬升作用经常存在，是否有雷暴产生就主要看有没有暖湿不稳定气层。在夏季，发生雷暴之前人常常感到十分闷热，说明大气低层气温高、层结不稳定、水汽含量大，这时，如果有冲击力的作用，就可以产生雷暴。

4.1.2 雷暴的结构和天气

雷暴，根据其结构的不同，一般可分为一般雷暴和强烈雷暴两种。

4.1.2.1 一般雷暴单体发展阶段

（1）雷暴单体

雷暴单体是指构成雷暴云的每一个积雨云。雷暴单体是一个对流单元，它是构成雷暴云的基本单位。

（2）一般雷暴

一般雷暴是指由一个或数个雷暴单体构成的雷暴云，其强度仅达一般程度，这就是一般雷暴。

（3）雷暴单体的发展阶段

根据垂直气流状况，雷暴单体的发展可分为三个阶段，即积云阶段、积雨云阶段和消散阶段，如图 4–2 所示。

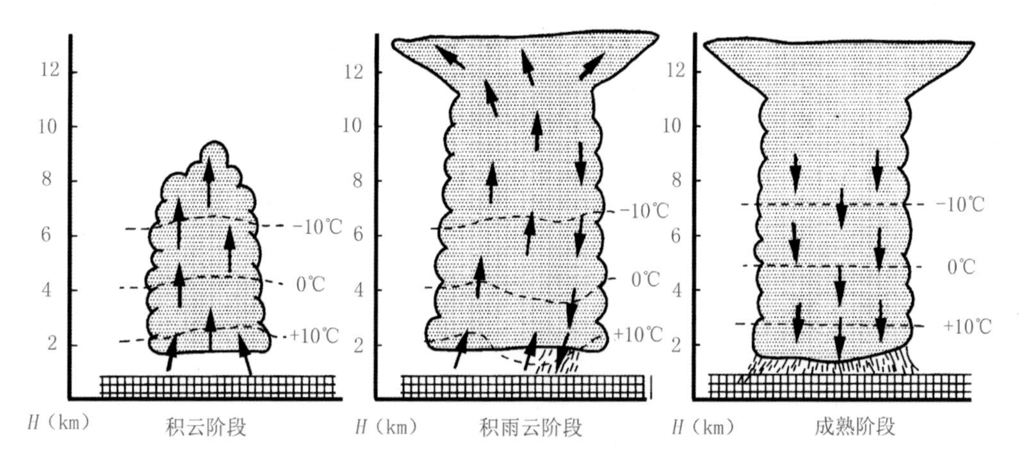

图 4–2　雷暴的发展阶段

a. 积云阶段

积云阶段又称发展阶段，即从形成淡积云到发展成浓积云的阶段。

这个阶段的特征是：内部都是上升气流，并随着高度的增加而增强，最大上升气流在云的中、上部。云的下部四周有空气辐合进入云中，空气从云底被吸入单体内部，空气中的水汽在逐步凝结的过程中释放潜能，促使上升气流在上升过程中不断加强。因为大量水汽在云中凝结并释放潜热，所以云中温度高于同高度上四周空气的温度。这个阶段云滴大多由水滴构成，并且一般没有降水和闪电。

b. 积雨云阶段

积雨云阶段，即雷暴的成熟阶段，雷暴进入成熟阶段是以强烈的阵风以及后面紧跟着的降水为标志的。在积雨云阶段，云顶发展很高，有的可达对流层顶，在高空强风影响下，云顶常成鬃状或砧状。这一阶段的前期，上升气流十分强大，速度可达 20m/s，云滴和雨水可能会被带至 0℃等温线以上好几千米。大量的雪片或雨滴在云的上部积累，最后云滴变得太大，云内的上升气流再也不能支持住云滴，它们便落下形成降水。

云中降水的下冲力，对上升气流产生向下的拉力，迫使部分空气转向下沉，形成下降气流，其速度可达 10m/s。成熟阶段是雷暴单体发展最强盛的阶段，其主要特征是：云中除上升气流外，局部出现系统的下降气流，上升气流区温度比周围高，下降气流区温度比周围低，降水产生并发展。强烈的湍流、积冰、闪电、阵雨和大风等危险天气主要出现在这一阶段。同时，在云的上部，0℃等温线以上，云还在继续发展，假如云顶足够高，能达到对流层顶，它将像“铁砧”一样向外扩张。从云砧我们可以判断高空风的走向。

c. 成熟阶段

在成熟阶段出现的下降气流在雷暴云下面形成低空外流，它从底部切断了上升空气和暖湿空气的来源，当降水增强时上升气流逐渐减弱，从而削弱了云的垂直发展。下降气流遍布云中，雷暴单体就进入消散阶段。这时云中等温线向下凹，云体向水平方向扩展，强降水和云体向水平方向发展的综合作用，使云体趋于瓦解和消散，最后只剩下高空残留的云砧或转变为其他性质的云体，如伪卷云、积云性高积云、积云性层积云。

4.1.2.2 一般雷暴过境时的地面天气

雷暴过境时近地面气象要素和天气现象会发生急剧变化，常常给飞机起落造成严重影响，如图 4–3 所示。

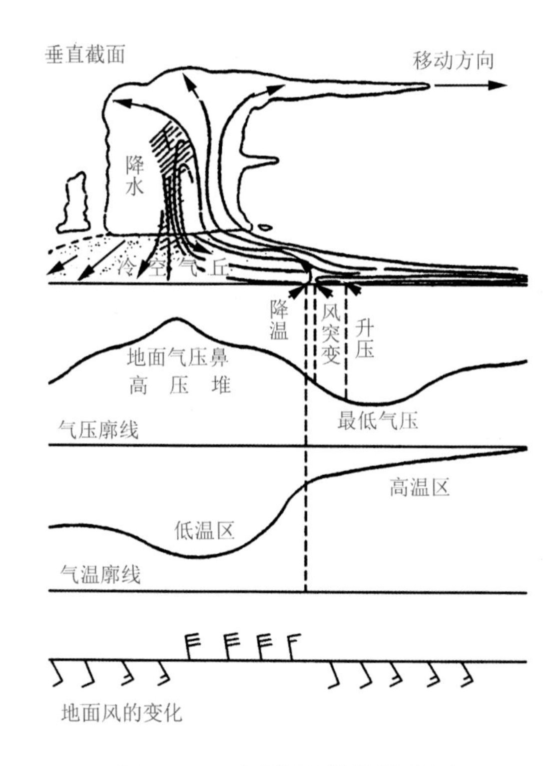

图 4–3 一般雷暴过境的地面天气

雷暴来临之前，由暖湿不稳定空气控制，地面气温高，湿度大，使人感到闷热。待雷暴来临，一阵强风吹来，气温顷刻就下降了，随降水倾泻下来的冷空气更使气温骤降。这种下降气流在积雨云下形成一堆向四周散开的冷空气，通常叫冷空气丘，它可以扩展到距雷暴中心 20 ~ 30 km 远的区域，大大超过降水范围。在冷空气丘的范围内都能引起降温，在下降气流区正下方，即雨区中心，降温值最大。

在成熟雷暴移来之前，气压一直是下降的。当雷暴临近时，气压开始上升，冷空气丘到达时开始急升，气压最大值在下降气流中心。当下降气流中心移过后气压又转为急降，在气压廓线上呈现出一个明显的圆顶形气压鼻。在积云阶段或雷暴移来之前，一般风速较小，风向是向云区辐合的，为雷暴发展提供上升气流。雷暴云发展到成熟期或成熟的雷暴移来时，风向会突然改变，风速急剧增大，阵风风速可达 20 m/s 以上。在冷空气中心移过后，风向向相反方向偏转，风力减弱。

阵风过后，降水就开始了。雷暴降水一般是强度较大的阵雨，通常在雷暴活动时突然发生，往往是先洒下一些稀疏的大雨滴，接着便是滂沱大雨。阵雨的持续时间短，但能见度很差。降水强度最大区域仍在下降气流中心下方，降水持续时间和单体成熟阶段持续时间大致相同，为 15 ~ 20 min。如果有新的单体成熟，则降水又重复出现。

雷鸣和电闪只有在云发展得足够高且有冰晶出现时才发生。在雷暴云中，云与地面、云与云间都会出现闪电。

4.1.2.3 强雷暴云的结构和天气

如果大气中存在更强烈的对流性不稳定和强的垂直风切变，就会形成比普通雷暴更强、持续时间更长（几小时至十几小时）、水平尺度更大（几十千米）的强雷暴，其天气表现也剧烈得多，常伴有冰雹、龙卷等灾害性天气。

（1）强雷暴云的结构

强雷暴云的结构表现为云体内有稳定、强大的升降气流，图 4–4 是强雷暴云气流结构的简单模式。强大的上升气流来自近地面层的暖湿气流，通常从云体右前侧流入，进入云体后倾斜上升，在云体中部上升速度最大，可达 20 ~ 30 m/s。上升气流到达对流层顶附近减弱并分为三股：一股按惯性向云体后方运动，但因与高空风方向相反，很快减弱下降；第二股可伸展到平流层低层，造成云顶突出的云塔；第三股则随高空强风吹向云体前方远处，形成向前延伸的云站。

下降气流由两部分组成：一部分是由降水拖曳作用带下的下沉气流；另一部分则是由对流层中层云外流入的干冷空气，由于这部分干冷空气具有较大的速度，能有力地楔入上升气流下方，使之成准定常倾斜状态。下沉气流在云底形成低空外流，朝前的部分最强大，对前方近地面暖湿空气起强烈的抬升作用；其余的向云后和两旁流出。

强雷暴云的这种气流结构，使上升气流和下降气流能同时并存且维持较长的时间，避免了一般雷暴云中下沉气流抑制并取代上升气流的趋势，因而强烈雷暴能维持稳定强大达几小时之久。

（2）强雷暴过境时的地面天气

强雷暴过境时，各种气象要素的变化比普通雷暴大得多，除了具备一般雷暴所具有的天气外，还可能出现飑、冰雹、龙卷、暴雨等灾害性天气中的一种或几种，如图 4–5 所示。

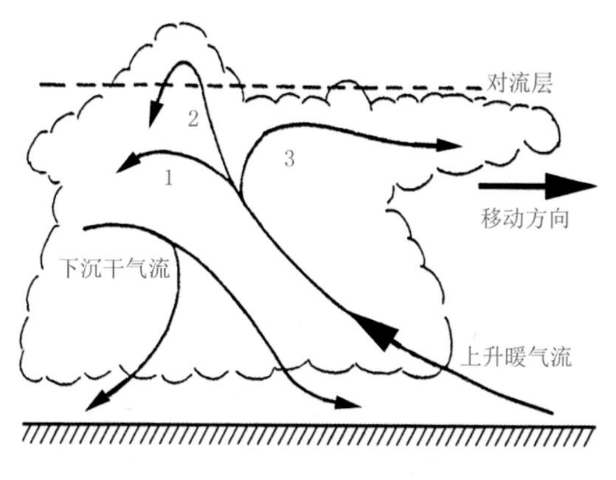

图 4–4　强雷暴云的气流结构

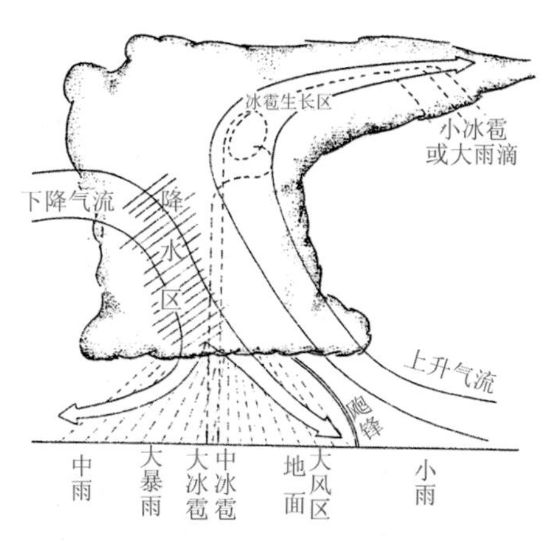

图 4–5　强雷暴过境时的天气

a. 大气中风突然急剧变化的现象称为飑。在飑出现时，风向急转，风速剧增，往往由微风突然增强到风暴程度（8 级以上）。在强雷暴云下，速度极大的下降气流到达地面后向四周猛烈扩散，与前方上升的暖湿空气之间形成一个陡然的分界面，有点类似冷锋，称为飑锋。随着飑锋来临，各种气象要素发生剧烈变化。

b. 冰雹是由强雷暴云产生的，冰雹的形成需要在雷暴云内有合适的冰雹生长区，生长区内有合适的含水量、气温和上升速度等条件，所以强雷暴云不一定都能产生冰雹。

在强雷暴云中生成的冰雹，大的或中等的一般降落在飑锋后的大风区，而一些小冰雹则会随斜升扭转气流沿菇状云顶抛出，落在离雷暴云体几千米以外的地方。

c. 龙卷是从积雨云中伸展出来的漏斗状猛烈旋转的云柱，如图 4–6 所示。当它伸到地面时会出现强烈的旋转龙卷风。龙卷有时成对出现，但旋转方向相反。

“陆龙卷”发生在活跃的积雨云群中或与飑线一起。“海龙卷”是出现在海上的龙卷。龙卷的水平尺度很小，在地面上，其直径一般在几米到几百米之间，越往上，直径越大；龙卷的垂直伸展范围很大，有的从地面一直伸展到积雨云顶。

龙卷持续的时间很短，一般为几分钟到十几分钟，而与强雷暴相连的成熟龙卷可持续 30 min。龙卷掠过地面的速度可达 50 km/h，但移动距离不会超过 30 km，在地面上可以很容易地观测它的途径从而避开它。龙卷的风速最大可达 100 ~ 200 m/s，中心气压可低至 400 ~ 200 hPa，破坏力非常大，是最恶劣的天气现象。龙卷所经之处，大树拔起，车辆掀翻，建筑物摧毁。

图 4–6　龙卷

d. 强雷暴云一般都伴有强阵性降水，持续时间长，往往形成暴雨。暴雨区在云体下降气流的中心部分，从云外侧面看几乎是漆黑的，常把是否出现这样一个中心黑暗区，作为判断雷暴云的一个标志。

（3）强雷暴云的类型

常见的雷暴如图 4–7 所示。根据强雷暴云的组成情况，它可分为多单体风暴、超级单体风暴和飑线风暴三种类型。

a. 多单体风暴是一种大而强的风暴群体，由多个处于不同发展阶段的雷暴单体组成，这些单体不像一般雷暴单体那样随机发生、互相干扰，而是有组织地排成一列，形成一个有机的整体。新的单体不断地在风暴右前侧产生，老的单体不断地在左后侧消亡，看起来风暴像一个整体在移动。虽然每个个体的生命期不长，但通过若干单体的连续更替过程，可以形成生命期达数小时的强雷暴。图 4–8 是一个多单体风暴的垂直剖面图，从中可以看

图 4-7　常见的强雷暴类型

出，风暴由 4 个不同发展阶段的对流单体组成，单体 n+1 是初生阶段，n 是发展阶段，n–1 是成熟阶段，n–2 是衰亡阶段。每个单体的生命期约 45 mins。多单体风暴的流场特征是上升气流和下降气流能够同时并存较长时间，而不像普通雷暴那样，出现强下降气流的同时上升气流将减弱。

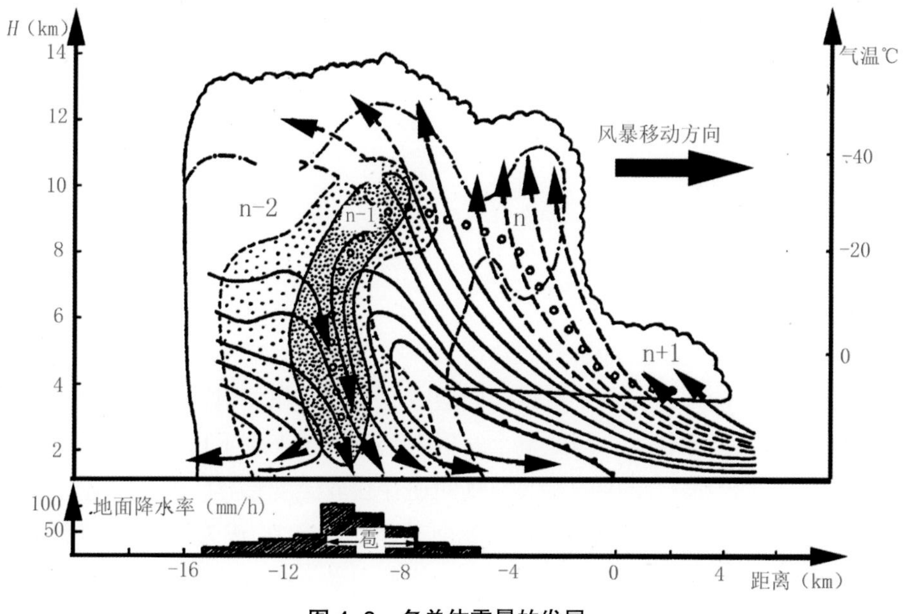

图 4-8　多单体雷暴的发展

b. 超级单体风暴是只有一个巨大单体发展成的猛烈的强风暴。它的水平尺度达到数十千米，生命期可达数小时，其中成熟期可达 1h 以上，是一种强烈的中尺度系统。与多单体风暴不同，超级单体风暴是以连续的方式移动的。风暴云中也有一对倾斜的上升气流

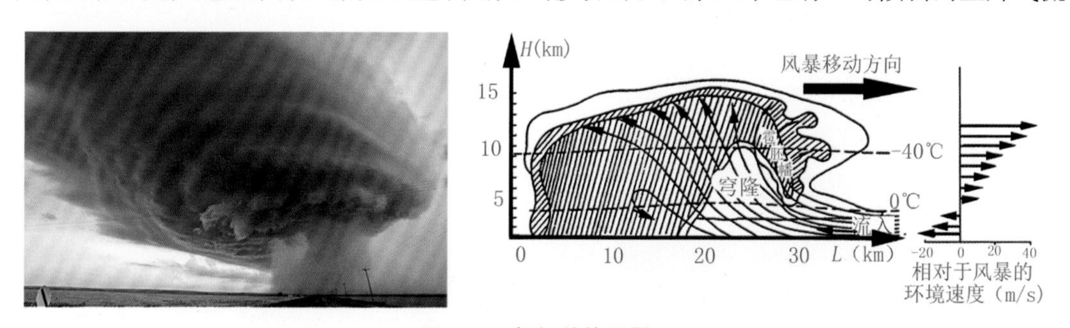

图 4-9　超级单体风暴

和下降气流，如图 4–9 所示。

c. 飑线风暴简称飑线，如图 4–10 所示。它是由排列成带状的多个雷暴或积雨云群组成的强对流天气带。飑线一般宽度为一至几千米，长度为 150 ~ 300 km，垂直范围一般也只达到 3 km 高度，维持时间约 4 ~ 18 h。沿着飑线会出现雷电、暴雨、大风、冰雹和龙卷等恶劣天气，是一种线状的中尺度对流性天气系统。

图 4–10　飑线风暴

4.1.3 雷暴的分类

根据雷暴产生的冲击力不同，雷暴可分为热雷暴、地形雷暴和天气系统雷暴三类。

4.1.3.1 热雷暴

热雷暴是由热力对流产生的雷暴。热雷暴往往产生在大尺度天气系统较弱的情况下，或在性质均匀的气团内部。夏季午后近地面层空气受地面强烈辐射作用而迅速增温，但高层空气却因离地远而增温较少，因此整个气层就趋向于越来越不稳定；同时，因地表性质分布不均，使得在近地面气层中的相邻空气间还存在着温度差异，温度产业导致有热力对流产生。如果空气中有充沛的水汽，积状云就会迅速发展起来，成为热雷暴，如图 4–11 所示。

夏季的晚上，热雷暴也可能在高空出现。这种雷暴云的特征是有高大的圆形云顶；从它的下面飞过通常比较安全，在这种雷暴云之间飞行也是可以的。

冬季冷的潮湿空气移动到暖海面上时，在沿海地区就形成热雷暴。冬季热雷暴出现范围小、孤立分散、各个雷暴云间通常有明显的间隙。

由于热雷暴的产生与近地层气温升高密切相关，所以随着气温的日变化，热雷暴也表

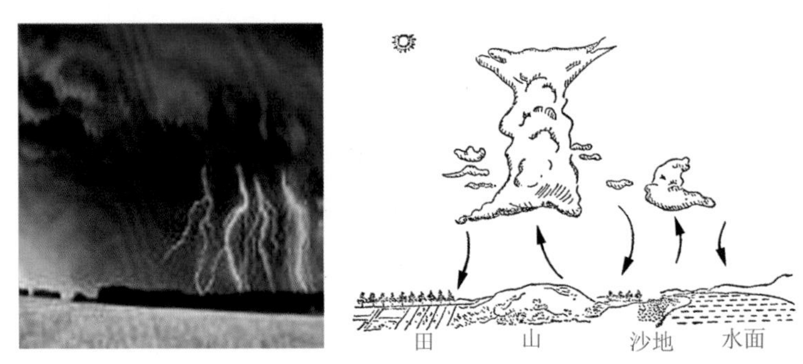

图 4–11　热雷暴的形成

现出明显的日变化特点。这种日变化，表现在大陆上是热雷暴多出现在午后至傍晚，入夜以后，热雷暴就逐渐消散了；而在海洋或湖泊上空，热雷暴多出现在夜间或黎明，白天减弱甚至消散。

4.1.3.2 地形雷暴

地形雷暴是指由于暖湿不稳定空气在山脉迎风坡被强迫抬升而形成的雷暴，如图 4-12 所示。

典型的地形雷暴常很快形成，雷暴云沿山脉走向成行出现而不大移动，且面积较大，云中气流剧烈，降水强度大，有时还会降冰雹；云底高度较低，常能遮住整个山头，悬崖和峭壁可能被掩盖起来。所以山区飞行一般不宜从云下通过雷暴区。

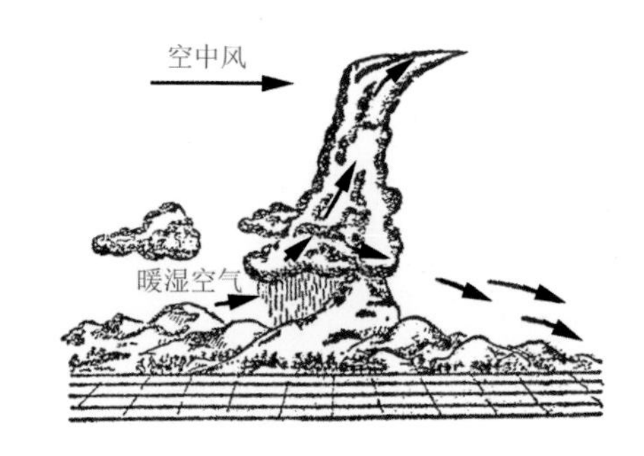

图 4-12　地形雷暴及其形成

4.1.3.3 天气系统雷暴

天气系统雷暴是由于天气系统能够产生系统性上升运动，在气团不稳定、水汽多的条件下，也能使对流发展而产生雷暴。

天气系统雷暴主要有锋面雷暴、冷涡雷暴、空中槽和切变线雷暴、副热带高压（太高）西部雷暴等几类。

（1）锋面雷暴

锋面雷暴在各类雷暴中出现的次数最多。按其锋型可分为冷锋雷暴、静止锋雷暴和暖锋雷暴三种。

a. 冷锋雷暴

冷锋雷暴是冷空气强烈冲击暖湿不稳定空气而形成的。冷锋上能否形成雷暴，与冷锋强度、移动速度、锋前暖空气的稳定度和暖湿程度有关。冷锋强、锋面坡度大、移动快、暖空气不稳定、暖湿程度大时，有利于冷锋雷暴的形成，如图 4-13 所示。

冷锋雷暴出现的时间，大约在冷锋过境前后 2 ～4 h 内。当空中槽后倾时，雷暴通常从冷锋过境时开始，700 hPa 槽线过境时结束；当空中槽前倾时，雷暴从 700 hPa 槽线过境时开始，地面锋线过境时结束，如图 4-14 所示。

冷锋雷暴强度大，多个雷暴云沿锋线排列成行，组成一条宽几千米至几十千米、长几

图 4–13　冷锋雷暴

百千米的狭长雷暴带。各雷暴云有时互相连接，有时有空隙。冷锋雷暴可在昼间、夜间、陆地、海上出现，日变化较小，一般下午和前半夜较强，早晨减弱。冷风暴的移动速度可达 40 ～ 60 km/h。

b. 静止锋雷暴

静止锋雷暴是指由暖湿不稳定空气沿锋面上升，或是由低层气流辐合上升而形成的雷暴。它多出现在地面锋线的两侧，呈分散的块状分布，如图 4–15 所示。

图 4–14　冷锋雷暴与槽线的关系

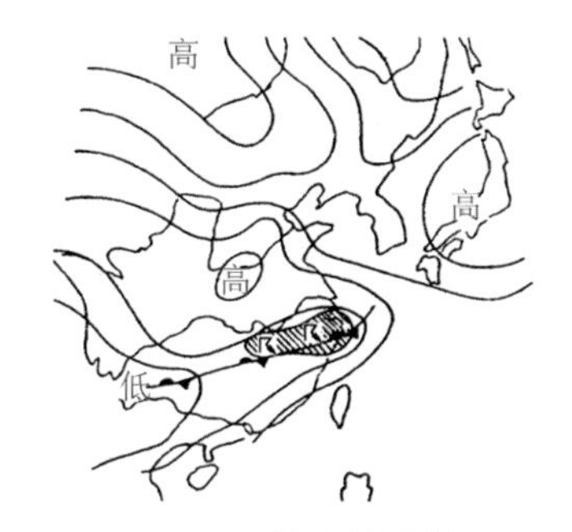

图 4–15　静止锋雷暴

静止锋雷暴范围较广、持续时间长（可连续几天内都出现），但产生的雷暴天气不像冷锋雷暴那样强烈。雷暴云常隐藏在深厚的层状云系中，云中飞行时易误入其中。准静止锋雷暴常有明显的日变化，多产生在后半夜，白天逐渐减弱或消散。其原因是层状云系下部在白天低层增温少，气层比较稳定，而夜间云层顶部辐射冷却，使气层变得不稳定。

c. 暖锋雷暴

暖锋雷暴是在暖锋向前移动时，由暖湿不稳定空气沿暖锋上升而形成的雷暴。

在 850 hPa 或 700 hPa 上有切变线配合时，暖锋上才比较容易出现雷暴，在我国较为少见；它锋面气旋中的暖锋，由于有气旋的配合，也比较容易产生雷暴。暖锋雷暴不如其他雷暴那样强烈，锋面坡度平缓，不稳定程度小，形成在积雨云较高的地方，如图 4–16 所示。

与静止锋雷暴相似，暖锋雷暴可能镶嵌在雨层云或高层云中，表示暖锋很活跃。雷暴云的主体常常被浓密的层状云遮蔽，底部与雨层云混在一起，因而在云中与云下飞行时不易发现它。但在层状云上面飞行时，由于雷暴云常能穿越层状云而屹立于云海之上，所以

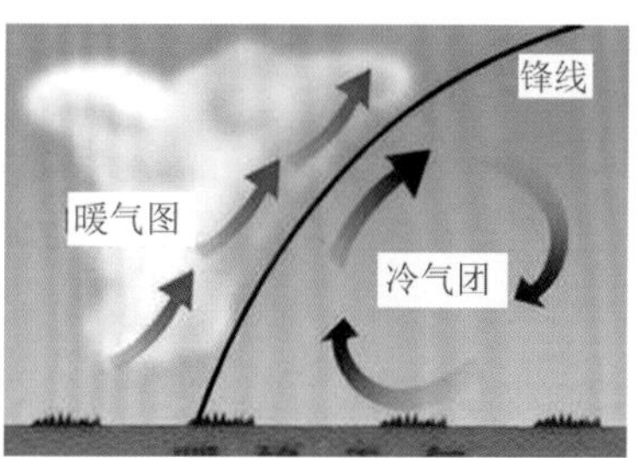

图 4–16　暖锋雷暴示意图

从较远处就能看见。

（2）冷涡雷暴

冷涡是指出现在空中的冷性低压（一般指 700 hPa 高度以上）。在我国，冷涡雷暴可分为北方冷涡雷暴和南方冷涡雷暴两种。

a. 北方冷涡雷暴常出现在我国东北和华北地区。出现时，天气变化很突然，往往在短时间内可从晴朗无云到雷声隆隆。北方冷涡雷暴有明显的日变化，一般多出现在午后或傍晚。

b. 南方冷涡主要是指西南涡。西南涡生成后，有的在原地消失，有的东移发展。常在西南涡的东部和东南部偏南气流中产生雷暴，在它的北部和西部则很少有雷暴产生。

（3）空中槽和切变线雷暴

空中槽和切变线雷暴常产生于下半年。空中槽和切变线出现时，在地面图上有时有锋面伴随，有时则没有。当空气比较暖湿又不稳定的时候，槽线和切变线附近气流的强烈辐合上升运动，给雷暴产生提供了有利条件，有利于雷暴的形成。空中槽雷暴常沿槽线呈带状分布，或呈零星块状分布。离槽线越近，越容易产生雷暴。

雷暴一般出现在槽前、地面等压线气旋性曲率大的区域，特别是空中槽和地面低压上下重叠的区域最有利于雷暴的产生。

（4）副热带高压（太高）西部雷暴

在副热带高压西部外围，空气比较暖湿，常有不稳定气层出现，只要具有足够的热力或动力冲击力，雷暴就可以形成。在副热带高压西部，雷暴常发生在高压脊线以北的西南气流中，且副高在西进或东退时，出现较多。

除上述四类天气系统雷暴外，台风、赤道辐合带和东风带中的波动等热带天气系统也常产生雷暴，并且强度较大。

4.1.4 雷暴活动的特征

4.1.4.1 影响雷暴移动的因素

影响雷暴移动的因素主要有随风飘移和传播两个因素。雷暴从产生到消失的整个过程中，都是不断移动着的，一般雷暴的移动，主要受前者的影响；强雷暴的移动，主要受后者的影响。

4.1.4.2 雷暴的传播

雷暴的传播是指在原来雷暴的周围产生出新雷暴的现象。新雷暴发展，老雷暴消亡，这就是一种雷暴的传播过程。

在对流层中，强的垂直风切变经常表现为高层风速大，低层风速小。当雷暴高大的云体耸立在这种风场中时，由于云中强烈的上升、下降运动，上下层动量不同的空气充分交换使云中上下层风趋于一致，如图 4–17 所示。这样，在风暴前部，低层云内风速大于云外风速，于是低层出现辐合，高层出现辐散，产生上升气流；在风暴后部则相反，出现下沉气流。于是在环境大气不稳定的情况下，出现前面新雷暴产生，后面老雷暴消亡的过程。

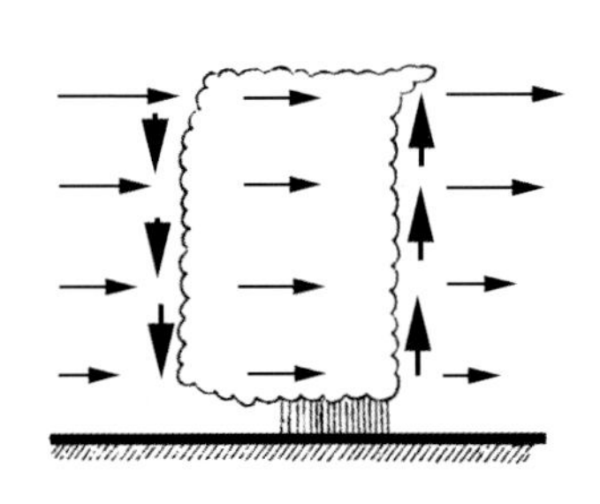

图 4–17 雷暴的传播

4.1.4.3 雷暴的移动

一般雷暴的移动方向大致与对流层中平均风的风向相一致，也就是与 500 hPa 等压面图上雷暴所在位置的风向相一致，但移速往往小于风速。强烈雷暴通常偏向对流层中层风的右方移动。伴随天气系统出现的雷暴，它们的移动方向基本与天气系统方向相同。

4.1.5 雷暴对飞行的影响

大型无人飞行器在雷暴活动区飞行，除了在云中飞行的一般困难外，还会遇到强烈的湍流、积冰、闪电击、阵雨和恶劣能见度，有时遇到冰雹、下击暴流、低空风切变和龙卷。雷暴区内蕴藏着巨大的能量，具有极大的破坏力。雷暴是严重威胁飞行安全的重要因素，飞机若误入雷暴活动区，轻则造成飞行器损伤，重则造成飞行器损毁报废。中小型无人飞行器，操控员应根据天气状况及时控制飞机返航，避免在雷暴天气飞行。

4.1.5.1 颠簸

飞机颠簸是由雷暴云中强烈的湍流引起的、危及飞行安全的一个主要危险天气。

在雷暴的成熟阶段，始终存在着强烈的垂直气流，既有强烈的上升气流也有下降气流。这种升降气流带有很强的阵性，忽大忽小，分布也不均匀，有很强的风切变，因此湍流特别强。若飞机在雷暴云中飞，几秒钟内飞行高度常可变化几十米至几百米，使飞机产生强烈的飞机颠簸，造成操纵困难，飞行仪表的感应元件受到干扰，特别是空速表的示度失真严重。而在雷暴云的发展阶段和消散阶段，云中湍流要比成熟阶段弱一些，颠簸强度也相应弱些。

在雷暴云的不同部位，产生的湍流强度是不同的。通常，湍流自云底向上增强，到云的中部和中上部达到最强，到云顶迅速减弱。在雷暴云的周围一段距离内，有时也有较强的湍流。

4.1.5.2 积冰

在雷暴云发展阶段的浓积云中，由于云体已伸至 0℃层高度以上，云中水滴已呈过冷状态，含水量和水滴直径较大，所以在其上部飞行，机体上常常产生较强的积冰。

在雷暴云的成熟阶段，云中含水量和过冷水滴达到最大，强烈的上升气流把过冷水滴带至高空，甚至在砧状云顶中也有少量过冷水滴存在。所以，在云中 0℃层高度以上区域飞行都会发生积冰，在云的中部常常遇到强积冰，在云顶飞行有弱积冰。在雷暴云的消散阶段，云中含水量和过冷水滴都大为减少，积冰强度降低。在积雨云中积冰的危险性很大，但不会持续太久，因为飞机在这个地区的时间较短。

4.1.5.3 冰雹

飞机在飞行中受雹击的可能性是比较小的。但在山区，由于降雹多，飞机遭雹击的可能性明显增大。

直接由冰雹造成的结构损坏比较少见，但对机翼前沿和发动机的轻微损伤却比较普遍。通常，在成熟阶段的雷暴云中，飞行高度在 3 000 ~ 9 000 m 范围时，遭遇冰雹的可能性最大，10 000 m 以上遭遇大冰雹的次数很少，在云中心的上风方向一侧，遭雹击的可能性也是比较小的。另外，在雷暴云中观测到降雹的次数比在地面上观测到的多，原因是那些不大的冰雹在下落过程中有的又被上升气流带向高空，有的在落到地面以前已经融化。所以，在地面没有降雹的情况下，空中飞机仍有遭受雹击的可能性。

在飞行中要通过各种方法及早判明冰雹云，并远远地避开它。如果误入了冰雹云，不要在 0℃等温线所在高度的下降气流中飞行。有时，由于冰雹被强烈的上升气流带到高空，沿砧状云顶被抛到云外，因而在积雨云砧下面飞行时，也有可能被冰雹击伤。所以，飞机最好在距雹云 10 km 以外飞行。

4.1.5.4 雷电

飞机在雷暴云中、云下和云体附近飞行时，都有可能被闪电击中。飞机一旦被闪电击中，一般造成飞机部分损坏，如机翼、尾翼、雷达天线罩、机身等处被强电流烧出一些洞或凹形小坑。闪电电流进入机舱内造成设备及电源损坏，甚至危及机组及乘客的安全；闪电和闪电引起的瞬间电场，对仪表、通信、导航及着陆系统造成干扰或中断，甚至造成磁化；如果油箱被闪电击中可能发生燃烧或爆炸。由于现在大多数飞机都有电击保护，所以雷电不容易导致飞机结构损坏。

飞机遭闪电击与许多因素有关，飞行时数越多，飞机遭闪电击的次数越多。飞机遭闪电击的高度大部分发生在 4 000 ～ 9 000 m，其中 5 000 m 左右为集中区，这一事实与雷暴云正电荷集中区的高度相吻合。雷击大多发生在大气温度为0℃左右（±5℃）的雷暴云中；在云外甚至距云体 30 ～ 40 km 处也有遭雷击的现象。

飞机遭雷击大部分发生在飞机处于云中、雨中和上升、下降状态时。雷暴出现最多的季节是夏季，而飞机遭闪电击却多发生在春、秋季节。

4.1.5.5 下击暴流

下击暴流又称强下冲气流，它是雷暴强烈发展的产物。雷暴云中伴随着倾盆大雨存在着强烈的下降气流，当它冲泻到低空时，在近地面会形成强劲的外流——雷暴大风。引起地面或近地面出现大于 18m/s 雷暴大风的突发性的强烈下降气流，称为下击暴流。

下击暴流在地面的风是直线风，即从雷暴云下基本呈直线状向外流动，水平尺度为 4 ～ 40 km。在下击暴流的整个直线气流中，还嵌有一些小尺度辐散性气流，这些小尺度外流系统称为微下击暴流。微下击暴流出现在下击暴流之中，水平尺度为 400 ～ 4 000 m，地面风速在 22 m/s 以上，离地 100 m 高度上的下降气流速度甚至可达 30 m/s。下击暴流的生命期很短，一般只有 10 ～ 15 min；微下击暴流更短，有的只有几分钟。

下击暴流和微下击暴流中强烈的下降气流和雷暴大风，以及极强的垂直风切变和水平风切变，对飞机的起飞、着陆有极大危害，雷暴大风还会刮坏停放在地面的飞机，下击暴流对飞机飞行的影响如图 4-18 所示。

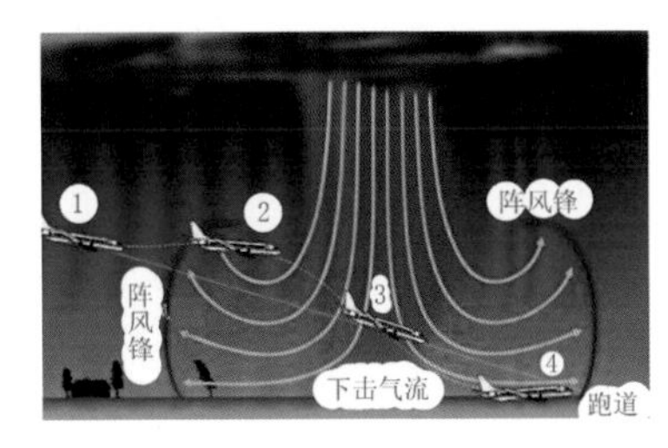

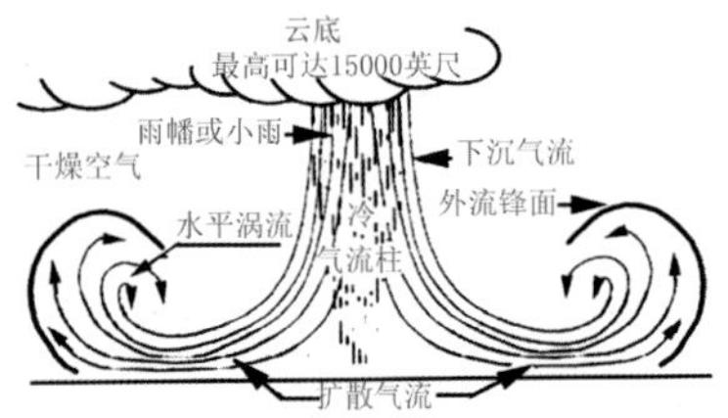

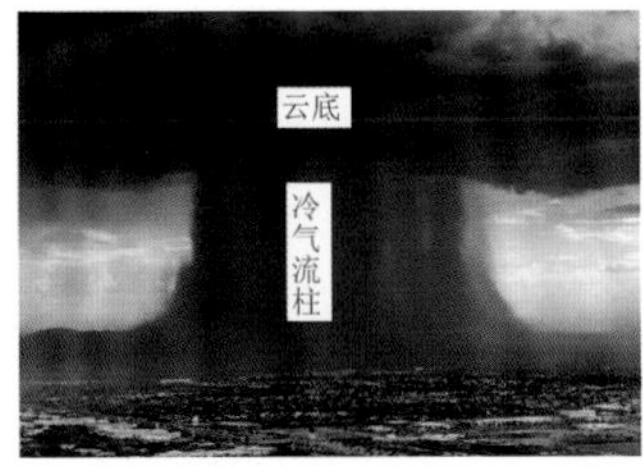

图 4-18 下击暴流及其对飞行的影响

4.1.6 飞行中对雷暴的判断

在飞行中，采取以下的方法能够准确地判明雷暴的位置及发展情况，以便采取正确的应对措施，确保飞行安全。

4.1.6.1 根据云的外貌判断

飞机距离云较远时，主要根据雷暴云特有的外貌和天气特征来判明雷暴云的强弱，并根据砧状云顶的伸展方向来判断雷暴的移向。

（1）较强雷暴云

较强雷暴云的云体高大耸立，有砧状云顶和最高云塔；云底呈弧状、滚轴状、悬球状或漏斗状，云体前方有移动较快的混乱低云；云体下半部较暗，并有中心黑暗区；云体上部边缘呈黄色时，说明云中已有冰雹形成；周围有旺盛的浓积云伴随；有垂直闪电。

（2）较弱雷暴云

较弱雷暴云的云体结构松散，砧状云顶有与下部云体脱离的趋势；有水平闪电。

4.1.6.2 云中飞行时对雷暴的判断

飞机接近雷暴云时，雷暴云磁场干扰使无线电罗盘指针会左右摇摆或缓慢旋转；干扰强烈时指针会指向雷暴区。

离雷暴越近，通信信号受到的干扰越大，在距雷暴 40 ~ 50 km 时，耳机中就有“咔、咔……”响声，甚至使通信完全中断。若飞机的颠簸逐渐增强，并出现大量降水和积冰，则是飞进雷暴云的标志。

4.1.6.3 使用气象测雨雷达和机载气象雷达探测雷暴

使用气象测雨雷达和机载气象雷达探测雷暴是判明雷暴最有效的方法。目前我国已建立了比较稠密的气象雷达网，能够比较准确地探明雷暴云的位置、强度、厚度及有无冰雹等情况。通过雷达，能可靠地引导飞机选择安全的路线和降落场。

根据雷暴云回波的情况变化可判断雷暴强度。在平面显示器上雷暴云回波常是孤立分散的，呈带状或片状，有时回波出现一些特殊的形状，如钩状、指状、V 形、“黑洞”等。这些特殊形状的回波是表示上升气流很强的部位，是强雷暴云的征兆。

在雷达高显器上，可以反映雷暴云的厚度。强雷暴云顶高在 12 km 以上，在热带地区可超过 20 km。

现在很多飞机上都装载有彩色气象雷达，可以清楚地显示出飞机前面扇形区域中的降雨区、冰雹区和雷暴中心夹带雨粒的湍流区。在彩色气象雷达上，大雨区是用红色来显示的，雷暴中的湍流和冰雹区则是用醒目的品红色（或紫色）来表示。利用机载雷达来回避雷暴，选择安全的航路是十分有效的，如图 4–19 所示是雷达探测雷暴图。

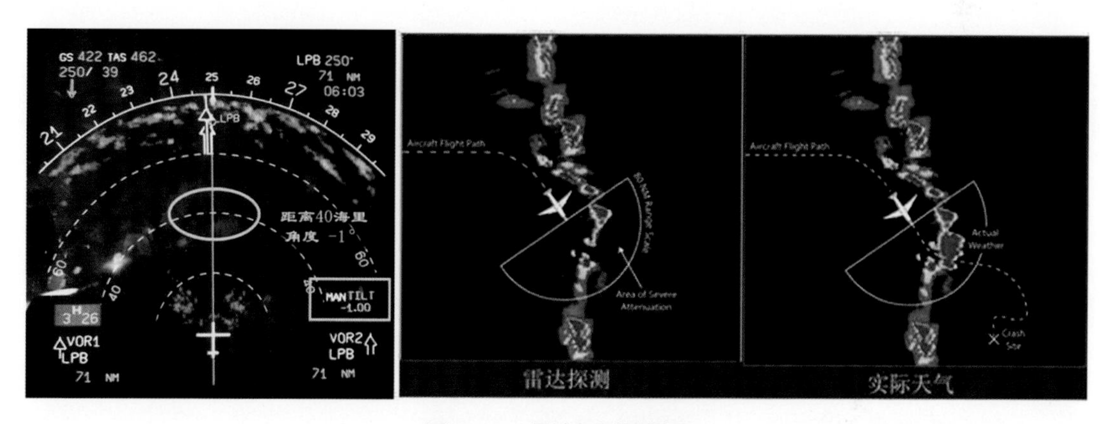

图 4–19　雷达探测雷暴图

4.1.7 安全通过雷暴区的方法

飞机一般应尽量避免在雷暴区飞行，特殊情况下可以在雷暴区飞行。在判明雷暴云的情况之后，如果天气条件、飞机性能、飞行员的技术和经验、保障手段等条件允许，可以采取以下方法通过雷暴区。

4.1.7.1 绕过或从云隙穿过

飞行中，对于航线上孤立分散的热雷暴或地形雷暴，可以绕过。绕过云体应选择上风一侧和较高的飞行高度，目视离开云体不小于 10 km。若用机载雷达绕飞雷暴云，则飞机应在雷暴云的回波边缘 25 km 以外通过。

在雷暴呈带状分布时，如果存在较大的云隙，则可从云隙穿过。穿过时，两块雷暴云之间的空隙应不小于 50 ~ 70 km，垂直于云带迅速通过。

4.1.7.2 从云上飞过

如果飞机升限、油料等条件允许，可以从云上飞过。越过时，距云顶高度应不小于500 m。

4.1.7.3 从云下通过

雷暴云与地面之间的雷击最为频繁，飞机有可能被强烈的上升气流卷入云中，或遭遇下击暴流而失去控制，所以，一般情况下应尽量不在雷暴云的下方飞行。

如果雷暴不强、云底较高、降水较弱、云下能见度较好、地势平坦，且飞行员有丰富的低空飞行经验，且云底和地面之间有必要的安全高度时，也可以从云下通过。

无论采用什么方法，都应避免进入雷暴云中，尽力保持目视飞行。如果发现已误入雷暴云，应沉着冷静，柔和操纵飞机，保持适当速度和平飞状态，根据具体情况采取措施，迅速脱离雷暴云。

4.2 低空风切变

低空风切变是指空间两点之间风的矢量差，即在同一高度或不同高度短距离内风向和（或）风速的变化。我们把发生在 500 m 高度以下的平均风矢量在空间两点之间的差值称为低空风切变。在空间任何高度上都可能产生风切变，对飞行威胁最大的是发生在近地面层的风切变。

4.2.1 低空风切变的类型

根据飞机的运动相对于风矢量之间的各种不同情况，风切变可分为顺风切变、逆风切变、侧风切变和垂直风切变四种。

4.2.1.1 顺风切变

顺风切变指的是飞机在起飞或着陆过程中，水平风的变量对飞机来说是顺风的切变。

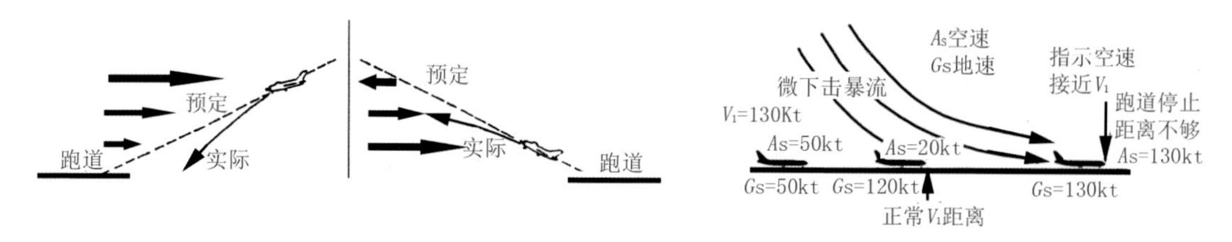

图 4-20　顺风风切变

例如，飞机由逆风区进入顺风区，由大逆风区进入小逆风区或无风区，由小顺风区进入大顺风区，都是顺风切变，如图 4-20 所示。

飞机着陆进入顺风切变区时（例如，从强的逆风突然转为弱逆风，或从逆风突然转为无风或顺风），指示空速会迅速降低，升力会明显减小，从而使飞机不能保持高度而向下掉。这时，因风切变所在高度不同，有以下三种情况，如图 4-21 所示。

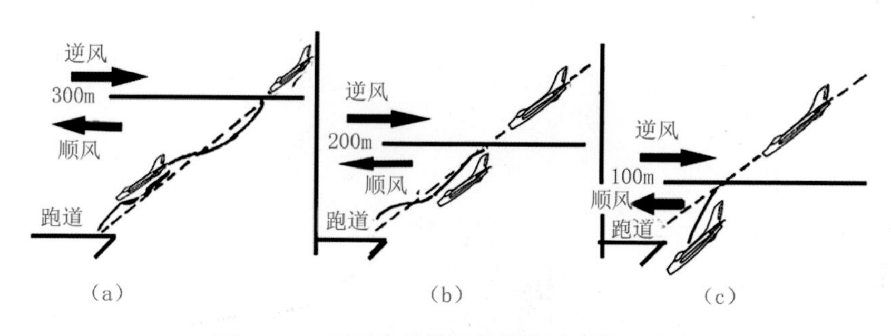

图 4-21　不同高度的顺风切变对着陆的影响

（1）风切变层相对于跑道的高度较高，如图 4-21（a）所示，当飞机下滑进入风切变层后，飞行员及时加油门增大空速，并带杆减小下滑角，可以接近正常的下滑线。若飞机超过了正常下滑线，可再松杆增大下滑角，并收小油门，减少多余的空速，沿正常下滑线下滑，完成着陆。

（2）风切变层相对于跑道的高度较低，如图 4-21（b）所示，飞行员只能完成上述修正动作的前一半，而来不及做增大下滑角、减小空速的修正动作。这时飞机就会以较大的地速接地，导致滑跑距离增长，甚至冲出跑道。

（3）风切变层相对于跑道的高度更低，如图 4-21（c）所示，飞行员来不及做修正动作，未到跑道飞机就可能触地，造成事故。

4.2.1.2 逆风切变

逆风切变是指水平风的变量对飞机来说是逆风的切变。例如，飞机由小逆风区进入大逆风区，由顺风区进入逆风区，由大顺风区进入小顺风区等，都是逆风切变，如图 4-22 所示。

飞机着陆下滑进入逆风切变区时（例如，从强的顺风突然转为弱顺风，或从顺风突然转为无风或逆风），指示空速迅速增大，升力明显增加，飞机被抬升，脱离正常下滑线，

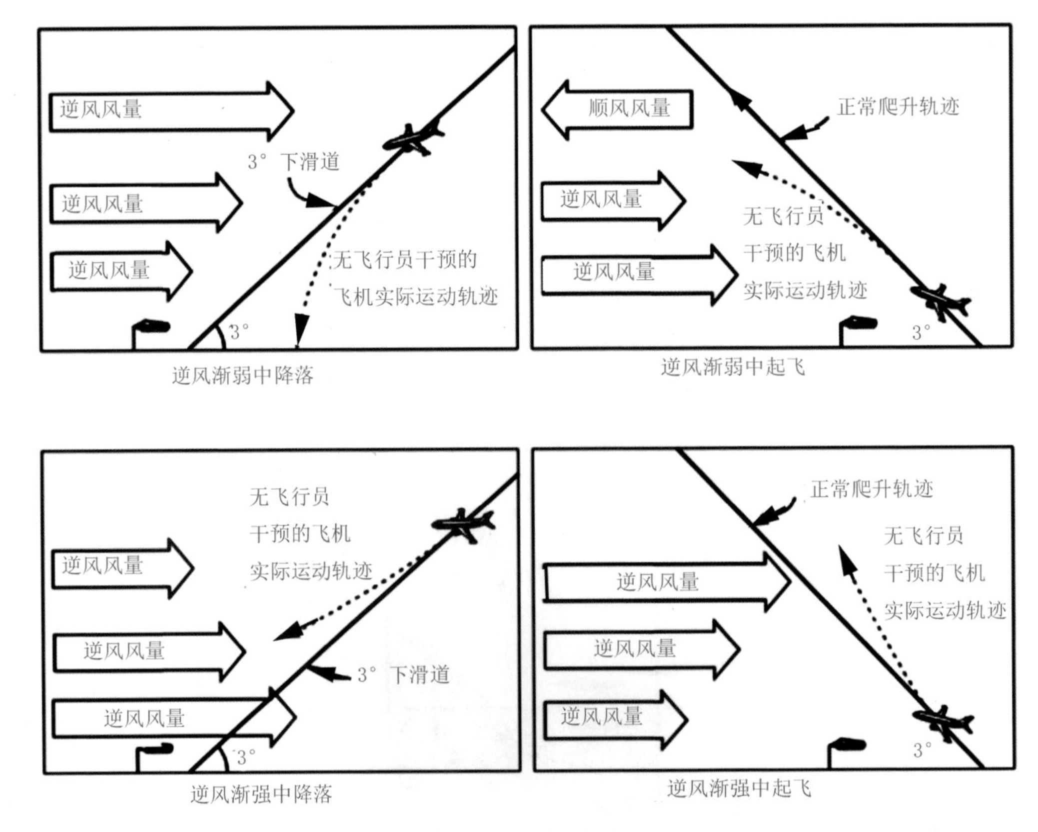

图 4-22 逆风切变

飞行员面临的问题是怎样消耗掉飞机过剩的能量或过大的空速。因风切变所在高度不同也有三种情形，如图 4-23 所示。

（1）如果风切变层相对于跑道的高度较高，如图 4-23（a）所示，飞行员可及早收回油门，利用侧滑或蹬碎舵方法来增大阻力，使飞机空速迅速回降，并推杆回到预定下滑线之下，然后再带杆和补些油门，回到正常下滑线下滑，完成着陆。

（2）如果风切变层相对于跑道的高度较低，如图 4-23（b）所示，飞行员修正过头，使飞机下降到下滑线的下面，由于此时离地很近，再做修正动作已来不及，飞机未到跑道头可能就触地了。

（3）如果风切变层相对于跑道的高度更低，如图 4-23（c）所示，飞行员往往来不

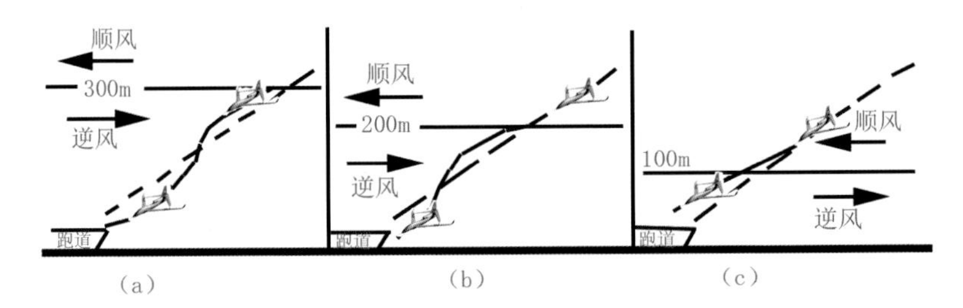

图 4-23 不同高度的逆风切变对着陆的影响

及做修正动作，飞机已接近跑道，由于着陆速度过大，滑跑距离增加，飞机有可能冲出跑道。

4.2.1.3 侧风切变

侧风切变是指飞机从一种侧风或无侧风状态进入另一种明显不同的侧风状态，如图 4-24 所示。

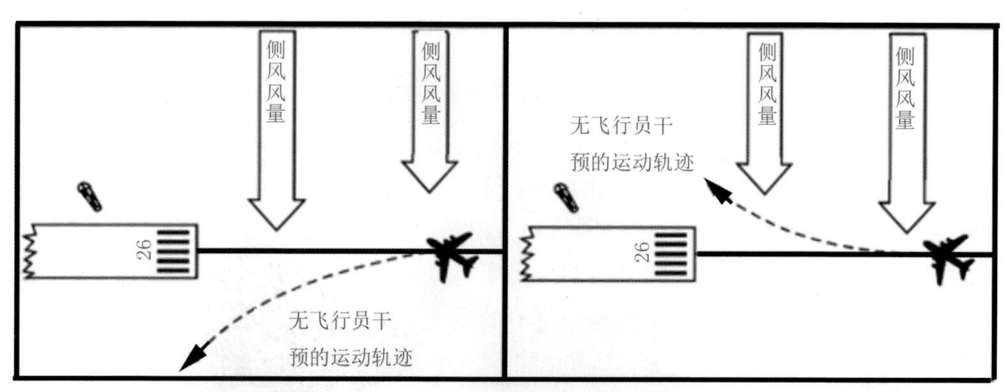

图 4-24　侧风切变

飞机在着陆下滑时遇到侧风切变，会产生侧滑、带坡度，使飞机偏离预定下滑着陆方向，飞行员要及时修正。如果侧风切变层的高度较低，飞行员来不及修正时，飞机会带坡度和偏流接地，影响着陆滑跑方向。

4.2.1.4 垂直风的切变

垂直风的切变是指飞机从无明显的升降气流区进入强烈的升降气流区域的情形。垂直风的切变特别是强烈的下降气流，往往有很强的猝发性，强度很大，使飞机突然下沉，危害很大，如图 4-25 所示。

对飞机起降构成严重威胁的是雷暴云下的下冲气流，在下冲气流强度较大时形成下击暴流。下击暴流中不仅有明显的垂直风切变，还有强烈的水平风切变，常出现严重事故。

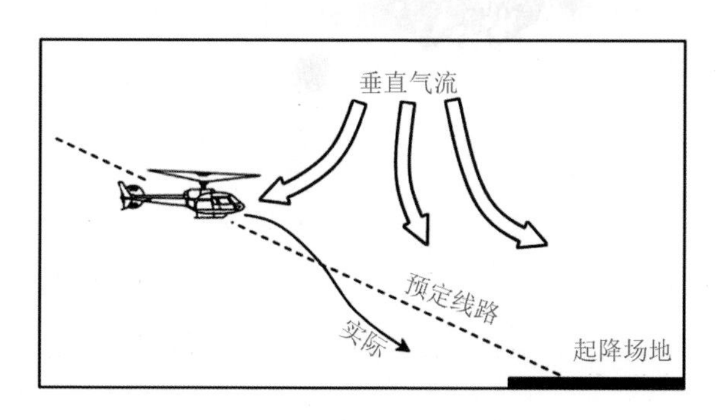

图 4-25　垂直风切变示意图

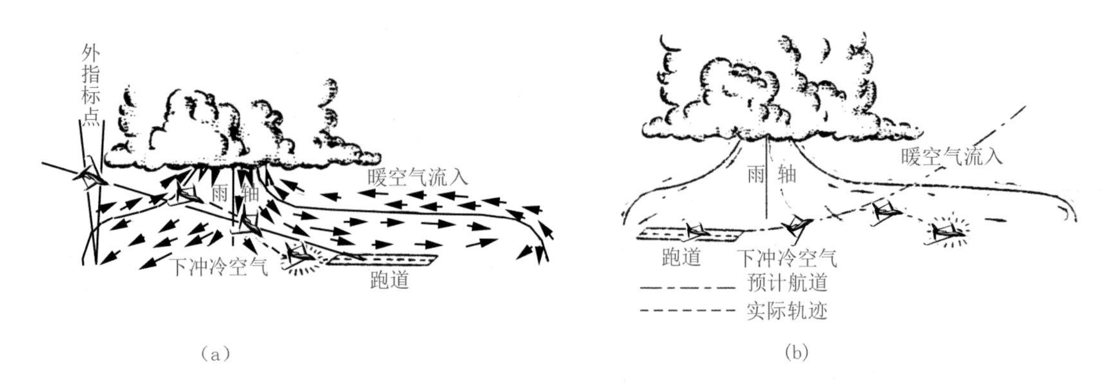

图 4-26　下击暴流对飞机在着陆和起飞的影响

图 4-26 是飞机在着陆和起飞过程中，因遭遇下击暴流而失事的示意图。

当飞机在飞行过程中遇到升降气流时，飞机的升力会发生变化，从而使飞行高度发生变化。垂直风对飞机着陆的影响主要是对飞机的高度、空速、俯仰姿态和杆力的影响。特别是下降气流对飞机着陆危害极大，飞机在雷暴云下面进近着陆时常常遇到严重下降气流（如图 4-27），可能造成严重飞行事故。

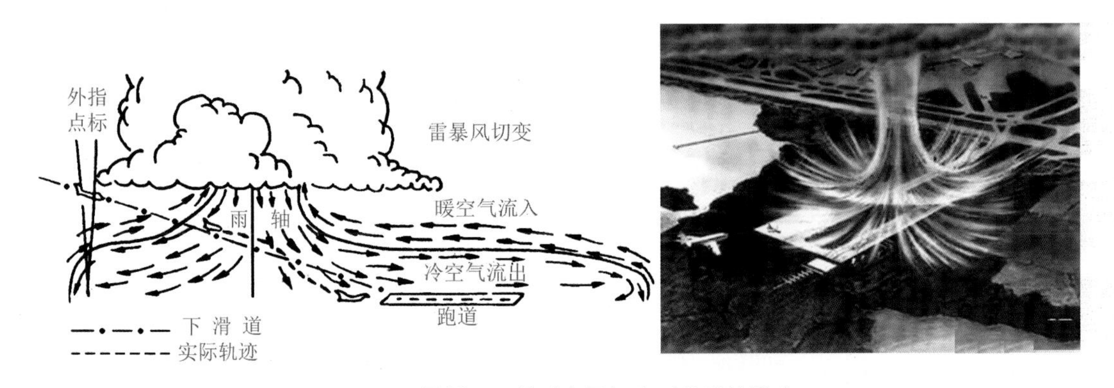

图 4-27　雷暴云下的垂直风切变对着陆的影响

4.2.2 低空风切变的强度衡量标准

目前所使用的低空风切变强度的衡量标准有“水平风的垂直切变、水平风水平切变、垂直风切变”三种，风切变强度标准采用国际民航组织建议的强度标准。

4.2.2.1 水平风的垂直切变强度标准

水平风的垂直切变强度标准是指空气层垂直厚度取 30 m，用于计算的风资料取 2 min 左右的平均值。一般认为 0.1（1/s）以上的垂直切变就会给喷气式运输机带来威胁。强度标准见表 4-1 所示。

表 4–1　水平风垂直切变强度标准

强度等级	数值标准	
	（m/s）/30m	1/s
轻度	0 ~ 2	0 ~ 0.07
中度	2.1 ~ 4	0.08 ~ 0.13
强烈	4.1 ~ 6	0.14 ~ 0.20
严重	> 6	> 0.20

4.2.2.2 水平风的水平切变强度标准

水平风的水平切变强度标准采用美国在机场低空风切变报警系统中所采用的报警标准，该系统在机场平面有 6 个测风站，即中央站和 5 个分站。各分站距中央站平均约为 3 km。系统规定任一分站与中央站的风向、风速向量差达到 7.7 m /s 以上时即发出报警信号。所以，上述情况中相当的水平风水平切变值 2.6（m/s）/km 可作为能对飞行构成危害的强度标准。

4.2.2.3 垂直风切变的强度标准

垂直风的切变强度标准是指在相同的空间距离内衡量垂直风本身的大小的值。强下降气流对飞行安全危害最大，其衡量标准以下降气流和到达地区的辐散值来确定。表 4–2 所示列出了下降气流和下冲气流的数值标准。

表 4–2　下降气流和下冲气流的强度标准

	下降气流	下冲气流
91m 高度以上的下降速度	<3.6m/s	≥ 3.6m/s
800m 直径的辐散值	<144/h	≥ 144/h

4.2.3 产生低空风切变的天气条件

低空风切变是在一定的天气背景和环境条件下形成的。一般说来，雷暴、锋面、低空急流、地形地物等条件下都容易产生较强的低空风切变。

4.2.3.1 雷暴

雷暴是产生风切变的重要天气条件。雷暴的下降气流在不同的区域可造成两种不同的风切变：一种是发生在雷暴单体下面，由下击暴流造成的风切变；这种风切变的特点是范围小、寿命短、强度大（见图 4–28）。另一种是雷雨中的下冲气流到达地面后，形成强烈的冷性气流向四处传播，这股气流可传到离雷暴云 20 km 处。由于它离开雷暴云主体，

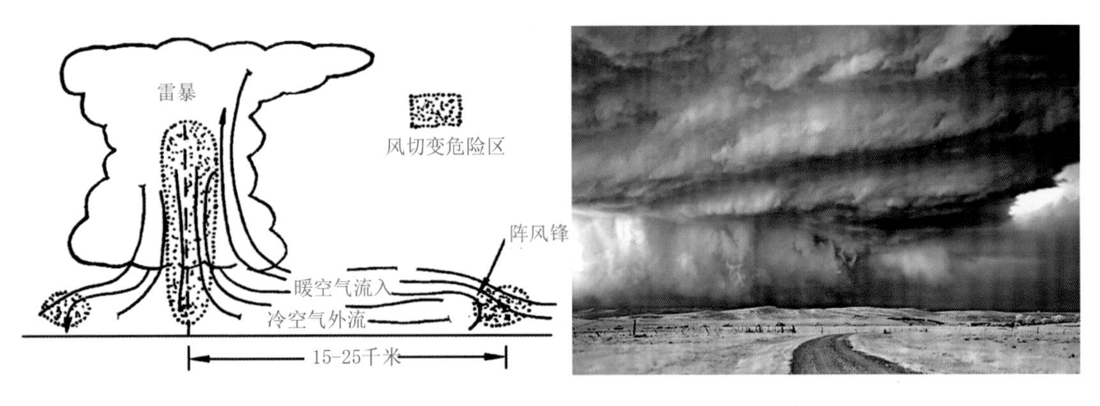

图 4-28 与雷暴有关的低空风切变

并且不伴随其他可见的天气现象，所以往往不易发现，对飞行威胁较大。

4.2.3.2 锋面

锋面是产生风切变最多的气象条件。锋两侧气象要素有很大的差异，穿过锋面时，将碰到突然的风速和风向变化。一般说来，在锋两侧温差大（＞5℃）和（或）移动快（≥ 55 km/h）的锋面附近，都会产生较强的风切变。

冷锋移经机场时，低空风切变伴随锋面一起或稍后出现。因冷锋移速较快，故此种风切变持续时间较短，但强冷锋及强冷锋后大风区内往往存在严重的低空风切变。

与暖锋相伴随的低空风切变，由于暖锋移动较慢，在机场上空持续时间相对较长，也可出现在距锋较远的地方。

4.2.3.3 辐射逆温型的低空急流

辐射逆温型的低空急流是当晴夜产生强辐射逆温时，在逆温层顶附近常有低空急流，高度一般为几百米，有时可在 100 m 以下，与逆温层的高度相联系，有时也称它为夜间急流。它的形成是因为逆温层阻挡了在其上的大尺度气流运动与地面附近气层之间的混合作用和动量传递，因而在逆温层以上形成了最大风速区即低空急流（如图 4–29）。逆温层阻挡了风速向下的动量传递，使地面风很弱，而且风向多变，这样就在地面附近与上层气流之间形成了较大的风切变。从总体上说，这种风切变强度比雷暴或锋面的风切变要小得

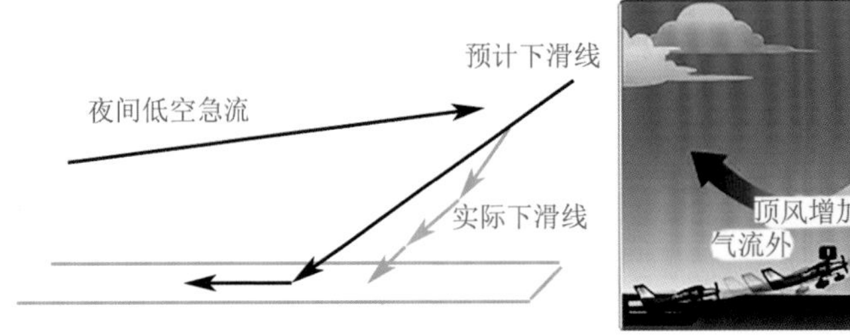

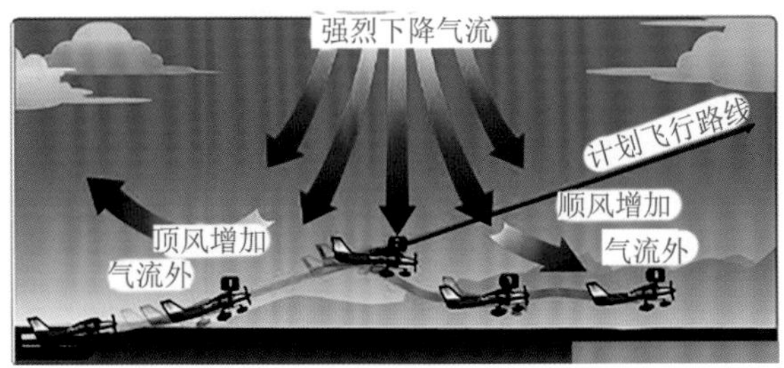

图 4–29 辐射逆温型的低空急流对下滑与上升的影响

多，且比较有规律，一般秋冬季较多。低空急流在日落以后开始形成，日出之前达最强，日出后随逆温层的解体而消失。在夜间和拂晓对飞行有一定的影响。

4.2.3.4 地形和地物

机场周围山脉较多或地形、地物等环境条件易产生低空风切变。

在山地波存在的情况下，山脊的背风一侧常有冷空气滞留在平地上，若机场正处在这种停滞的空气中，当飞机从上面穿入这种停滞的空气时，将会遇到严重的低空风切变。

处于盆地的机场，如果配合低空逆温层的作用，就更容易产生水平风的垂直切变。

如果机场跑道一侧靠山，另一侧地势开阔，在某种盛行风情况下，可以产生明显的水平风的水平切变。

当阵风风速比当地平均风速增减 5 m/s 以上时，或大风吹过跑道附近的高大建筑物时，会产生局地性风切变。

4.2.4 判断低空风切变的方法

判断低空风切变的方法主要有目视判别、仪表判别和机载专用设备探测三种。

4.2.4.1 目视判别

通过目视判别低空风切变来临的征兆，是目前常用的一种判别方法。对于无人机驾驶员来讲，目视判断低空风切变是一项最基本的本领，是保证无人航空器飞行安全的基础。

（1）雷暴冷性外流气流的沙暴堤（沙尘暴前缘呈一堵又宽又高的沙壁）

雷暴冷性外流气流前缘的强劲气流会把地面的尘土吹起相当的高度，并随气流移动。其高度越高，切变强度越大。一旦见到这种沙暴堤出现就应高度警惕，立即采取措施，因为紧跟在沙暴堤之后的就是强烈的风切变。

（2）雷暴云体下的雨幡

雷暴云体下的雨幡是有强烈下降气流的重要征兆。雨幡的形状、颜色深浅、离地高度等都同风切变的强度有关。通常雨幡下垂高度越低、个体形状越大、色泽越暗，预示着风切变和下击暴流也越强。由于雨幡四周相当范围（1 ~ 2 km）内的风场都比较复杂，常有强的风切变，所以，一旦遇到雨幡，不仅不能穿越它，还要与它保持一定的距离。

（3）滚轴状云

在雷暴型和强冷锋型风切变中，强的冷性外流往往有明显的涡旋运动结构，并伴有低空滚轴状云。从远处看，它犹如贴地滚滚而来的一堵云墙，其颜色多为乌黑灰暗，伴有沙尘暴时多为黄褐色。云底高一般在几百米以下，这种云的出现，预示着强烈的地面风和低空风切变的来临。

（4）强风吹倒树木和庄稼

强风或下击暴流所吹倒的成片树林和庄稼，其倒伏方向会呈现出气流的流动状况。

目视判别法比较直观、简便，但也有局限性，它只给人们提供粗略的形象特征，远不及仪器测定的精确。对于那些无目视征兆的风切变，如逆温型风切变就是一种出现在晴好天气的风切变，而且地面风速往往并不大，易使人忽视或产生错觉，因此需要一定的仪器设备来测定。

4.2.4.2 座舱仪表判别

在正常的起飞和着陆过程中，可以通过空速表、高度表、升降速率表和俯仰角指示器的异常指示来判断风切变。无人机驾驶员在超视距飞行时应特别注意各种仪表数值的变化。

（1）空速表

空速表是对风切变反应最灵敏的仪表之一，遭遇风切变时空速表指示一般都会发生急剧变化。所以，一旦出现这种异常指示，即应警惕风切变的危害。

美国波音公司规定，若空速表指示值突然改变 28 ~ 37 km/h，应中止起飞或不做进近着陆。在穿越微下击暴流时，往往先是逆风使空速增大，紧接着就是顺风使空速迅速减小，而真正的危害发生在空速迅速下降的时刻，所以不要被短时的增速所迷惑。

（2）高度表

高度表的正常指示下滑高度是飞机进近着陆的重要依据。如果飞机在下滑过程中高度表指示出现异常，大幅度偏离正常高度值，必须立即采取措施，及时拉起。当然也应注意到遭遇微下击暴流时，会出现因遇强风而短暂的使飞机高于正常下滑高度的现象，紧接着就会发生危险的掉高度。所以，不要做出错误的判断。

（3）升降速率表

升降速率表与高度表的关系密切，在遭遇风切变时反应很明显。如果见到升降速率表指示异常，特别是下降速率明显加大时，必须充分注意。美国波音公司建议在下降速度短时内改变值达 164 m/min（500 ft/min）时，即认为遇到强风切变，飞行员应采取复飞等相应措施。

（4）俯仰角度指示器

俯仰角是飞机起飞、着陆时飞行员必须掌握的重要参数。例如，许多喷气运输机多采用 $-3°$ 角下滑，$+6°$ 或 $+10°$ 角起飞，在起落过程中通常控制该值保持基本不变。一旦遭遇风切变，俯仰角指示将迅速发生变化，变化越快、越大，则危害越大。美国波音公司规定，俯仰角指示突然改变超过 5° 时，即认为遭遇强风切变，应停止进近而复飞。

4.2.4.3 机载专用设备探测

随着科技的进步，各类探测低空风切变的设备不断研发出来并安装在航空器上，并力图将探测结果显示给驾驶员，以便据此做出决定。如机载低空风切变警报系统、红外辐射计机载风切变探测系统、机载脉冲多普勒激光雷达等探测设备。

机载低空风切变警报系统：使用垂直、纵向加速度计，把风切变对飞机影响的垂直部分和纵向部分结合起来，结合机上可供使用的其他数据来计算飞机的推力余量。当推力余量下降到规定值以下时，该系统就发出警报。

红外辐射计机载风切变探测系统：利用装在机头部位的前视红外辐射计和侧视红外辐射计，分别探测出前方 10 ~ 20 km 和侧方 200 m 范围内的温度值，加以比较，根据两者的温度差确定风切变的大小。它可用于测定雷暴外流气流的阵风锋。

机载脉冲多普勒激光雷达，用于强风暴研究时空中测风。

4.2.5 遭遇低空风切变的处置措施

遭遇低空风切变是难免的，关键是如何保持在预定的飞行轨迹上安全着陆、起飞，并迅速而准确地做出反应，驾驶员应该做到以下几点：

（1）思想有准备

飞行前，要熟知天气预报和天气实况报告，警惕在飞行中会遇到风切变及风切变可能出现的位置、高度、强度。起飞后，要注意收听地面的气象报告和别的飞机关于风切变的报告，了解风切变的存在及其性质。避开严重风切变，对轻度风切变可借助操纵修正来克服它。

（2）避免穿过切变区

不要有意识地穿过严重风切变区或强下降气流区。特别是在飞行高度低于离地高度 200 m 或有一台发动机失效时，更应切记。

（3）保持距离

与雷暴云和大的降水区保持适当距离。飞机低空飞行时应远离雷暴云 20 ~ 30 km，在有强风切变时，不要冒险起飞、着陆。

（4）复飞待降

如果在最后着陆时刻遇到风切变，只要是难以改出，无法安全着陆，就应立即复飞。可以推迟着陆的，等到风切变减弱或消失后着陆，或到备降机场着陆。

（5）及时上报 避免误入

飞机遭遇风切变时，应立即将风切变出现的区域、高度、空速变化的大小等报告飞行管制部门，以避免其他飞机误入其中。

（6）强化训练，提高应对能力

对驾驶人员进行应付各种低空风切变的模拟训练，以提高应付风切变的能力，也是十分重要的措施。

4.3 飞机颠簸

飞机颠簸是指飞机在飞行中遇到扰动气流，就会产生震颤、上下抛掷、左右摇晃，造成操纵困难、仪表不准等现象。轻度颠簸会使乘员感到不适甚至受伤；强烈颠簸时，飞机一分钟内上下抛掷十几次，高度变化数十米甚至几百米，空速变化 20 km/h 以上，飞行员虽全力操纵飞机，仍会暂时失去控制；当颠簸特别严重时，所产生的较大过载因素（也称过载）会造成飞机解体，严重危及飞行安全。飞机颠簸主要是由大气乱流造成的，对飞行安全有重大影响。

4.3.1 大气乱流

大气乱流是空气的不规则涡旋运动，是空气的运动方向和速率不规则变化引起的。大气乱流主要有热力乱流、动力乱流、晴空乱流和尾涡乱流四类。尤其是热力乱流与动力乱流对民用无人航空器的飞行影响很大。

4.3.1.1 热力乱流

热力乱流是指由空气热力原因形成的乱流。主要是由于气温的水平分布不均匀而引起的，热力乱流常出现在对流层的低层，当有较强的热力对流发展时，也可能扩展到高空。

4.3.1.2 动力乱流

动力乱流是指空气流过粗糙不平的地表面或障碍物时出现的乱流，或由风切变引起的乱流。其影响范围多在 1 ~ 2 km 高度以下。

4.3.1.3 晴空乱流

晴空乱流是指出现在 6 000 m 以上高空，与对流云无关的乱流。由于它不伴有可见的天气现象，飞行员难以事先发现，对飞行威胁很大。晴空乱流中有时也会出现一些卷云。

晴空乱流的成因与强风切变有密切关系，在高空急流附近常有晴空乱流出现。当然强风切变也可以出现在其他特定区域（如锋区和低涡区）。根据计算和飞机报告，当水平风的垂直切变每 100 m 达到 1 ~ 2 m/s，水平切变达到每 100 km 为 5 ~ 6 m/s 时，常有晴空乱流发生。

4.3.1.4 尾涡乱流

尾涡是指飞机飞行时产生的一对绕翼尖旋转的方向相反的闭合涡旋（见图 4–30）。它的产生是因为上、下翼面之间的压力差，它们在飞机后面一个狭长的尾流区造成极强的乱流，这就是尾涡乱流。

涡旋的强度视飞机的重量、速度和机翼的仰角而定。尾涡强度随飞机重量和载荷因素的增大而增大，随飞行速度增大而减小。如果机翼上有附加的襟翼或其他装置，尾涡的性质也会变。量大、速度小的飞机加上一马平川的地面将产生很强的尾涡。

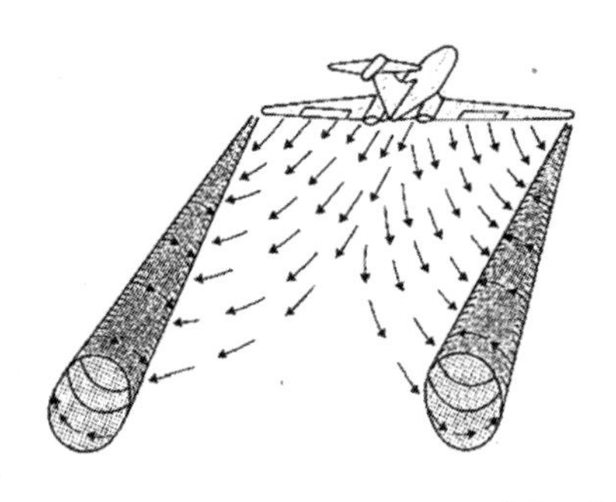
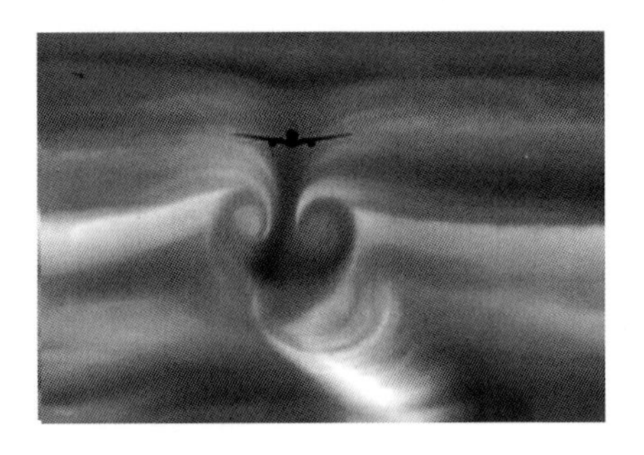

图 4–30 飞机尾涡

当后机进入前机的尾流区时，会出现飞机抖动、下沉、姿态改变、发动机停车甚至翻转等现象。特别是小型飞机尾随大型飞机起降，若进入前机尾流中，处置不当极易造成事故。

4.3.2 影响飞机颠簸强度的因素

飞机通过不同的扰动气流区，会有不同强度的颠簸。颠簸强度取决于乱流强度、飞行速度、飞机翼载荷等因素。

4.3.2.1 乱流强度

乱流强度取决于垂直阵风区风速和空气密度。垂直阵风的速度越大，空气密度越大，飞机颠簸也越强；反之，它们所引起的飞机颠簸越弱。飞机平飞时，空气密度变化不大可以不计，这时乱流强度主要取决于垂直阵风大小。

4.3.2.2 飞行速度

在低速飞行条件下（空速 600 km/h 以下），飞行速度越大，飞机因乱流而产生的振动的振幅和频率越大，颠簸就越强。但是，在一定的乱流下，如果飞行速度继续增大，由于振动周期缩短，振幅反而会减小。因此，高速飞机遇颠簸时，常常只是“抖动”或“振荡”，飞行高度变化很小。

4.3.2.3 飞机的翼载荷

飞机单位机翼面积上承受的飞机重量就是飞机的翼载荷。飞机翼载荷大，受到垂直阵风冲击后产生的加速度小，所以颠簸弱；反之，翼载荷小的飞机，颠簸就较强。对于同一类型的飞机来说，由于翼面积是一定的，因而颠簸强度只与载重多少有关。载重少时颠簸较强，载重多时颠簸较弱。

增加飞行重量固然有利于减轻颠簸， 但随着飞行重量的增加，机翼的紧固性却相应地减小，而且，后者的不利作用往往超过前者的有利作用，因此不能盲目地增加飞机的翼载荷。

4.3.3 颠簸层的空间分布

4.3.3.1 低空颠簸区的分布

在低空，山区颠簸比平原地区多。我国西南、 西北和华北等地区发生颠簸比东部平原地区多。在我国西部多山地区，当很强的气流横越山脉时，经常会出现动力湍流和地形波，造成飞机颠簸。

4.3.3.2 中、高空颠簸层的厚度和水平尺度

位于中、高空的颠簸区的厚度和水平尺度都不大。位于中、高空的颠簸层一般具有比

较明显的边界，飞机一旦进入其中就会产生不同程度的颠簸。但在改变一定高度（通常不过几百米）或偏离航线几十千米时，又能恢复正常的飞行状态。这说明颠簸区的厚度和水平尺度都不大。

颠簸层的厚度：一般而言，厚度 1 km 以内的占 85% ~ 90%，超过 1 km 的只占 10% ~ 15%。在高度 6 ~ 12 km 之间，强颠簸层的厚度通常不超过 200 ~ 300 m。颠簸层的水平宽度：颠簸层的水平宽度可以从几千米到 400 ~ 500 km。

4.3.3.3 飞机颠簸层随纬度和高度的分布

不同种类的颠簸层，在不同的纬度和高度上出现的频率是不同的。

一般来说，动力乱流颠簸多见于中纬度大陆，多数离地面不超过 1 ~ 2 km；热力乱流颠簸，则是低纬地区多于高纬地区，并多出现在对流层的中层；晴空乱流颠簸多出现在对流层上部和平流层。如图 4–31 所示，表示出在中纬度大陆上，几种乱流在各高度上的出现频率。由图还可看出颠簸出现的总频率，以离地 2 km 高度以下最大（可达 20%），对流层中层较小（10% 左右），对流层上层又增大（12%）; 在平流层，颠簸频率随高度升高减小，通常在 8% 以下。

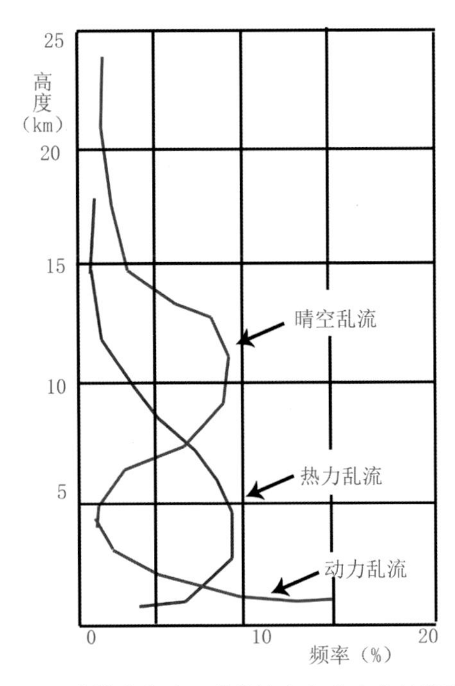

图 4–31　中纬度大陆几种乱流在各高度上的出现频率

在由飞机观测的各种颠簸强度等级中，一般以弱颠簸最多，其次是中度颠簸，强颠簸出现的次数是很少的。如在对流层，强颠簸约占颠簸总数的 5%。

在我国青藏高原的 7 500 ~ 9 000 m 的飞行高度上，热力乱流、动乱流和晴空乱流都能起作用，因此颠簸出现的频率和强度都较高。例如，成都—拉萨航线，基本上每次飞行都会遇到颠簸，即颠簸的出现频率接近 100%，其中轻度颠簸占 34%，中度颠簸占 60%，强烈颠簸占 6%。

4.3.4 产生颠簸的条件

飞机颠簸产生的条件主要有：锋面、空中槽线和切变线、高空低涡、急流区、对流层顶附近、地表热力性质不同的地区等。

4.3.4.1 锋面

锋面处由于冷暖空气交汇，暖空气被抬升以及锋面的移动，都会引起垂直气流和水平气流的差异而形成乱流。一般锋面移动速度越快，两侧气团越不稳定，产生的乱流颠簸就越强。较强的颠簸多出现在锋面附近，冷气团一侧出现的频率比暖气团一侧大。此外，冷锋附近的颠簸比其他锋面强，特别是第二型冷锋，对飞行来说特别危险。

4.3.4.2 空中槽线和切变线

在空中槽线和切变线附近，气流常呈气旋式变化，并伴有冷暖温度平流，使大气层极不稳定，再加上气流有辐合、辐散，因此乱流易于发展。在飞机穿越槽线和切变线时，常会出现明显的颠簸。

4.3.4.3 高空低涡

飞机穿过高空低涡时，碰到的高空风很小，风向打转，并且由于高空低涡大多是冷性的，使气层变得不稳定，乱流发展，飞机会遇到中度以上的颠簸。

4.3.4.4 急流区

急流区一般存在比较大的风速切变，在风的垂直切变每 100 m 超过 2 m/s，水平风切变每 100 km 超过 6 m/s 的地方，常有乱流存在造成颠簸。

4.3.4.5 对流层顶附近

在对流层顶附近有断裂现象和对流层顶坡度较陡时，往往有较强的乱流出现。当对流层顶坡度达到 1/100 ~ 1/300 时可以产生颠簸，当坡度大于 1/100 时颠簸将十分强烈，可见对流层顶附近是一个重要的晴空颠簸区。

4.3.4.6 地表热力性质不同的地区

当机场周围存在热力性质不同的地表，由地表增热不均而引起热力乱流， 如草地与沙地，河、湖、森林与山丘、石地、铺设过的道路等，在晴天午后，就容易出现强度不等的热力乱流，对飞机起降造成影响，如图 4–32 所示。

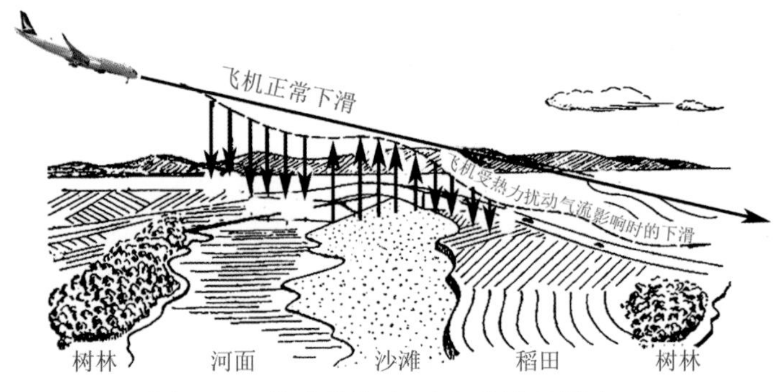

图 4–32　热力乱流对飞机下滑角的影响

热力乱流的强度与近地层温度差异的大小和大气稳定度有关。当气温直减率达 0.7℃/100 m 以上时，常有中度到强烈的乱流颠簸；当天空有云层密布或地面为积雪覆盖时，一般不会出现明显的乱流。

4.3.4.7 山区及地表粗糙区

山区及地表粗糙区动力乱流比较强。其强度和规模取决于风向、风速，下垫面粗糙度和近地层大气稳定度三个因素。例如，当强风从高大山脊正面吹过时，不仅可形成较强的乱流，有时还会形成山地波。在山地上空飞行，由这种动力乱流造成的颠簸是比较常见的。

4.3.4.8 积状云区

积状云区是由对流形成的，并且对流和乱流常常是同时存在的，是颠簸区的明显征兆。

在淡积云区云顶高度以下飞行时，要受云中上升气流和云外下降气流的交替影响，一般有轻度颠簸，在云上比较平稳。在发展旺盛的浓积云和积雨云中，一般都有较强的颠簸。在积雨云顶以上 100 m 左右、云底以下至近地面附近，以及云体周围相当于云体 1 ~ 2 倍的范围内，也常常存在程度不同的颠簸，如图 4–33 所示。

4.3.4.9 低层风切变区

这里主要讲受机场地形等因素影响而形成的局地风切变。如图 4–34 所示，机场位于盆地，夜间地表冷却，冷空气聚集在盆地，形成逆温层，盆地内风速较小，在上空不受盆

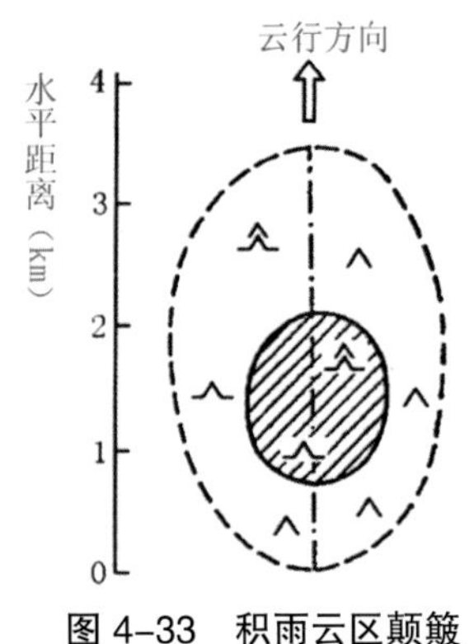

图 4–33　积雨云区颠簸

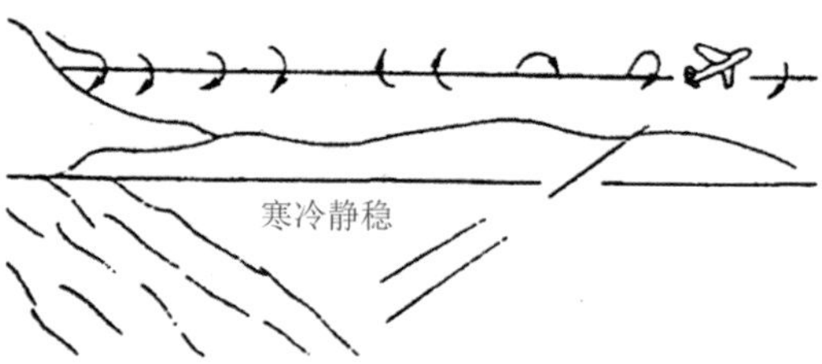

图 4–34　盆地低层风切变乱流

地影响的高度，若有较强的暖湿气流吹来，在其界面上就会形成明显的风切变。如果风切变的高度很低，飞机在起降时又遇到下降气流或突然增大的顺风，就有坠地的危险。

4.3.5 颠簸对飞行的影响

颠簸对飞行的影响主要有如下几点：

（1）使飞机操纵困难，甚至无法操纵。

（2）损害飞机结构，减小发动机功率。

（3）造成飞行人员和乘客的紧张和疲劳，甚至危及安全。

4.3.6 颠簸时的处置方法

处置颠簸的方法主要有如下几点：

（1）柔和操作，保持平飞。

（2）采用适当的飞行速度。

（3）飞行速度和高度选定之后不必严格保持。

（4）适当改变高度和航线，脱离颠簸区。

4.4 飞机积冰

飞机积冰是指飞机机身表面某些部位聚集冰层的现象。它是由于云中过冷水滴或降水中的过冷雨滴碰到机体后冻结而形成的，也可由水汽直接在机体表面凝华而成。冬季，露天停放的飞机有时也能形成积冰。

飞机积冰多发生在飞机外突出的迎风部位。积冰会使飞机升力减小，阻力增大，影响飞机的稳定性和操纵性。

4.4.1 飞机积冰的形成

大气中经常存在温度在 0℃以下仍未冻结的过冷水滴（云滴、雨滴），这种过冷水滴多出现在 -20℃ ~ 0℃的云和降水中。实践表明，当气温低于 0℃，相对湿度大于 100% 时，就会形成过冷水滴。在温度低于 -40℃时，过冷水滴就会立即冻结；但是在温度高于 -40℃时，水滴会在较长的时间内保持液态存在，具体时间取决于水滴的大小和纯度。小的过冷水滴比大的过冷水滴存在的时间长，出现的温度也更低。过冷水滴的一个重要的特征就是不稳定，稍受振动立即冻结成冰。当飞机在含有过冷水滴的云中飞行时，如果机体表面温度低于 0℃，过冷水滴就会在机体表面某些部位冻结并聚积成冰层。

机身产生积冰的基本条件是：

（1）气温低于 0℃。

（2）飞机表面的温度低于 0℃。

（3）有温度低于 0℃的水滴存在。

4.4.2 飞机积冰的种类

飞机表面上所积的冰主要有明冰、雾凇、毛冰和霜四种。

4.4.2.1 明冰

明冰是光滑透明、结构坚实的积冰。

明冰通常是在温度为 -10℃ ~ 0℃的过冷雨中或由大水滴组成的云中形成的。过冷水滴碰上机体后并不全在相碰处冻结，而是部分冻结，部分顺气流蔓延到较后的位置上冻结，在机体上形成了透明光滑的冰层。

4.4.2.2 雾凇

雾凇是由许多粒状冰晶组成的，不透明，表面也比较粗糙。雾凇多形成在温度为 -20℃左右的云中。云中过冷水滴通常很小，数量也较少。碰在飞机上冻结很快，几乎还能保持原来的形状，所以形成的冰层看起来就像“砂纸”一样粗糙。同时由于各小冰粒之间一般都存在着空隙，所以冰层是不透明的。雾凇的积聚速度较慢，多出现在飞机的迎风部位，如机翼前缘。

与明冰相比，雾凇是较松脆的，很容易除掉，对飞行的危害要小得多。

4.4.2.3 毛冰

毛冰的特征是表面粗糙不平，但冻结得比较坚固，色泽像白瓷一样。多形成在温度为 -15℃ ~ -5 ℃的云中，这样的云中往往是大小过冷水滴同时并存，因而形成的积冰既具有大水滴冻结的特征，又具有小水滴冻结的特征。有时，在过冷水滴与冰晶混合组成的云中飞行，由于过冷水滴夹带着冰晶一起冻结，也能形成粗糙的不透明的毛冰。由于毛冰表面粗糙不平，会破坏飞机的流线型，同时又冻结得比较牢固，所以对飞行的危害不亚于明冰。

4.4.2.4 霜

霜是在晴空中飞行时出现的一种积冰，是由于飞机从寒冷的高空迅速下降到温暖潮湿但无云的气层时形成的；或从较冷的机场起飞，穿过明显的逆温层时形成。它是未饱和空气与温度低于 0℃的飞机接触时，在机体表面直接凝华而成，其形状与地面物体上形成的霜近似。霜的维持时间不长，机体增温后就会消失；但只要飞机表面温度保持在 0℃以下，霜就一直不会融化，对飞行依然有影响。下降高度时在风挡前结霜，会影响目视飞行。冬季停放在地面上的飞机也可能结霜，一般要求清除机体上的霜层后才能起飞。

4.4.3 影响飞机积冰强度的因素

飞机积冰的强度可以分为：弱积冰、中度积冰、强积冰和极强积冰。

积冰强度主要与云中过冷水含量、过冷水滴的大小、飞行速度及积冰部位的曲率半径等因素有关。

（1）云中过冷水含量、过冷水滴的大小

云中过冷水含量越大，积冰强度也越大。过冷水含量超过 1 g/m^3 时，积冰最为严重。云中过冷水含量主要是由气温决定的，温度越低，过冷水含量越少，所以强积冰多发生在 −10℃ ~ −2℃范围内。而大的过冷水滴有较大的惯性，容易和飞机相碰，所以单位时间内形成的冰层厚、积冰强度大。在其他条件相同时，水滴越大积冰强度越强。

（2）飞行速度

在低速飞行条件下（空速 600 km/h 以下），飞行速度越大，单位时间内碰到机体上的过冷水滴越多，积冰强度就越大。

（3）机体积冰部位的曲率半径

机体曲率半径小的地方，与过冷水滴相碰的机会多，故积冰也强。

飞机积冰常最先在翼尖、空速管、天线、铆钉等部位出现，积冰速度也较快，而翼根部位积冰较慢。同样的道理，曲率半径小的机翼积冰比曲率半径大的机翼大一些。

（4）动力增温

动力增温是空气与机体表面剧烈摩擦和被压缩而使机体表面温度升高的现象。

高速飞行即空速大于 600 km/h 飞行时，动力增温使机体表面温度高于环境大气温度，从而使积冰的形成、种类和强度的情况都与低速飞行时不同。

动力增温的大小与空速、机体部位以及空气中水滴的含量等因素有关。在其他条件相同时，机翼的滞点动增温值最大。实际上，由于大气中常存在水滴吸收热量的因素，特别是在云雨中，增温值要小得多。

由于动力增温使机体表面温度升高，使产生飞机积冰所要求的大气温度降低，空速越大，飞机积冰时的气温就越低。例如，空速在 800 km/h 时，气温在 −15 ℃以下才可能产生积冰， 近声速飞行则在 −20 ℃以下。

4.4.4 飞机产生积冰的气象条件

4.4.4.1 飞机积冰与云中温度、湿度的关系

（1）积冰与温度的关系

通常飞机积冰形成于温度低于 0℃的云中。但云中温度越低，过冷水滴越少，故在温度低于 −20℃的云中飞机积冰的次数是很少的。根据观测资料，气温在 −20℃ ~ 0℃范围内的积冰占 80%，−10℃ ~ −2℃范围内占 68.3%，强积冰也多发生在 −10℃ ~ −2℃范围内。

有时云中温度在 0℃ ~ 2℃范围内也有积冰。云中温度略高于 0℃时产生积冰的原因是：在云中相对湿度小于 100%，飞行速度又不大的情况下，水滴碰到机体上后，强大的气流使水滴强烈蒸发而使机体降温，若降温作用超过了动力增温作用，则机体表面温度降至 0℃以下，于是形成积冰；或者是原在低于 0℃区域飞行的飞机，突然进入（如降低飞行高度）

暖湿区域中，由于机体表面温度仍在 0℃以下，于是水汽在机体表面凝华，形成一层薄霜。此外，在喷气发动机进气口和螺旋发动机汽化器等部位，由于流经该处的空气发生膨胀冷却，温度可降低几度，也能产生积冰。

（2）积冰与湿度的关系

飞机积冰还与云中湿度有关。温度露点差可以反映云中相对湿度的大小。显然，云中温度露点差值越小，相对湿度就越大，越有利于积冰的形成。据统计，飞机积冰一般发生在云中温度露点差 <7℃范围内，以 0℃ ~ 5℃发生积冰最多，强积冰多发生在温度露点差为 0℃ ~ 4℃范围内。

4.4.4.2 飞机积冰与云状的关系

积冰与云中的含水量和水滴大小有关，而云中的含水量与水滴的大小则与云状有直接的关系。

（1）积云与积雨云

积云（主要指浓积云）、积雨云中上升气流强，云中含水量和水滴都很大，因而云中积冰强度比较大，而且常常积明冰。云的顶部或边缘部分，积冰相对较弱。在云内下部，因为温度在 0℃以上，没有积冰。

（2）层云和层积云（或高积云）中的积冰

层云和层积云（或高积云）多出现在逆温层下，云中含水量中等，含水量分布由云底向上增大。因此，其中积冰强度比积状云小，通常为弱积冰或中积冰，而且云的上部比下部要强一些。但是，若在云中长时间飞行，也会积出很厚的冰层。层云和层积云的高度较低，夏季云中温度均在 0℃以上，其中飞行不会积冰。

（3）雨层云和高层云中的积冰

雨层云和高层云的水滴含量也比积状云少，积冰强度一般较弱。但在锋线附近的雨层云中飞行，由于范围大，也能产生强积冰。雨层云和高层云含水量和水滴大小通常都随高度减小，所以积冰强度随高度减弱。

4.4.4.3 飞机积冰与降水的关系

在云中或云下飞行时，如遇含有过冷水滴的降水，因为雨滴一般比云滴大得多，即使飞行时间很短，也能产生较厚的积冰。含有过冷水滴的降水主要有冻雨、冻毛毛雨和雨夹雪，在这些降水区飞行，飞机会迅速积冰，危及飞行安全。

4.4.4.4 容易产生飞机积冰的时间和地区

（1）时间

全年产生飞机积冰的季节主要出现在冬半年，尤其是冬季发生的次数最多，可占全年的一半以上。

冬半年最容易产生积冰的高度层是 5 000 m 以下的云中，飞行高度在 3 000 m 左右最多。

云中温度在 –10℃ ~ –4℃范围内出现积冰的概率最大，如湿度条件适宜，均可有中度以上的积冰产生。

（2）地区

在锋面附近或在穿越锋区时积冰的概率较大，在发展的暖锋中，暖空气正沿着锋面被抬升，这时最容易形成积冰。

4.4.5 积冰对飞行的影响

飞行中，比较容易出现积冰的部位主要有：机翼、尾翼、风挡 、发动机、桨叶、空速管、天线等。积冰对飞行的影响主要有以下三个方面：

4.4.5.1 破坏飞机的空气动力性能

飞机积冰增加了飞机的重量，改变了重心和气动外形，从而破坏了原有的气动性能，影响飞机的稳定性。

机翼和尾翼积冰，使升力系数下降，阻力系数增加，并可引起飞机抖动，操纵发生困难。如果部分冰层脱落，表面也会变得凹凸不平，不仅造成气流紊乱，而且会使积冰进一步加剧。

4.4.5.2 降低动力装置效率，甚至产生故障

发动机桨叶积冰，使拉力降低；同时，脱落的冰块还可能打坏发动机和机身。

在空气中湿度较大的区域，如雾、云或降水中，如果外部温度低于 15℃，则会在发动机进气口或汽化器上出现积冰。这样就会使进气量减少，进气气流畸变，造成动力损失，甚至使发动机停车。

高空飞行的飞机，机翼油箱里燃油的温度可能降至与外界大气温度一致，约为 –30℃。油箱里的水在燃油系统里传输的过程中很可能变成冰粒，这样就会阻塞滤油器、油泵和油路控制部件，引起发动机内燃油系统的故障。

4.4.5.3 影响仪表和通信，甚至使之失灵

积冰产生在空气压力受感部位时，可影响空速表、高度表等的正常工作；若进气口被冰堵塞，可使这些仪表失效。

天线积冰，则影响无线电的接收与发射，甚至中断通信。

风挡积冰可影响目视，特别在进场着陆时，对飞行安全威胁很大。

直升机旋翼积冰破坏了旋翼的平衡，引起剧烈振动，使直升机安全性能变差，操纵困难，积冰严重时，可导致飞行事故。当直升机悬停时，桨叶积冰使载荷性能变差，只要积有 0.75 mm 厚的冰就足以使其掉高度时，积冰对直升机飞行的影响最大。

涡桨飞机的进气道和发动机进气装置积冰，则进气量减少，会造成富油燃烧，严重时会导致熄火停车。若进气道的加温除冰装置接通得晚，脱落下来的冰块会打坏发动机。

4.4.6 积冰的预防和处置措施

4.4.6.1 飞行前的准备工作

（1）飞行前研究航线天气及可能积冰的情况，做好防积冰准备。

（2）判断飞行区域积冰的可能性和积冰强度。确定避开积冰区或安全通过积冰区的最佳方案。

（3）检查防冰装置，清除机面已有积冰、霜或积雪。

4.4.6.2 飞行中的措施

（1）密切注意积冰的出现和强度。

（2）防冰和除冰。

（3）长途飞行时，为防止燃油积冰，可用燃油加热器或利用空气对油料的热量交换。

（4）如果积冰强度不大，预计在积冰区飞行时间很短，对飞行影响不大，可继续飞行。如果积冰严重，防冰装置不能除冰，应迅速采取措施脱离积冰区。

（5）飞机积冰后，应避免做剧烈的动作，尽量保持平飞，保持安全高度；着陆时也不要把油门收尽，否则会有导致飞机失速的危险。

4.5 高空急流

高空急流是位于对流层上层或平流层中的一股强而窄的气流，其中心轴的方向是准水平的，它以很大的风速水平切变和垂直切变为特征；风的水平切变量级为（5 m/s）/（100 km），垂直切变量级为（5 ~ 10 m/s）/km；急流区的风速下限为 30 m/s；沿急流轴上有一个或多个风速最大区。

4.5.1 高空急流的特点

急流一般长几千千米，有的可达万余千米，宽度为几百至千余千米，厚度为几千米。

例如，高空西风急流的宽度为 800 ~ 1 000 km，厚度一般为 6 ~ 10 km，有时还要更大些，长度可达 10 000 ~ 12 000 km，像一条弯弯曲曲的河流自西向东围绕着整个半球。在呈东西走向的急流中，急流轴的高度变化不大，但是当急流流过起伏的山区和横过山脊时，急流轴的高度变化可达 1 km。

急流中心的长轴称为急流轴，它是准水平的，大致沿纬向分布。在中高纬度的低压或槽脊加强时，急流轴会呈经向分布和拐弯。

在急流轴附近风切变很强，湍流也强。急流有很强的风切变。在急流中风的水平切变量级为（5 m/s）/（100 km），垂直切变量级为（5 ~ 10 m/s）/km。当在水平方向上飞离急流轴时，碰到的风速仅有小的变化；但当改变飞机高度时，将碰到大的风速变化。这种风在垂直方向上的切变通常是急流轴的下面比上面强。风切变的最大水平范围从急流轴起往极地一侧大约有 200 km。

急流轴线上风速最低值为 30 m/s。沿着高空急流轴的方向，如果风速小于 30 m/s，将不再称之为急流，这种情况可认为是急流的中断现象。

急流轴上风速分布不均匀，大小风速区交替出现，沿急流方向在同一高度上的两点间，有时差异可达 60%，有一个或多个极大值中心，其风速一般为 50 ~ 80 m/s，有时可达 100 ~ 150 m/s。

最大风速区沿急流移动，但其移动速度比气流本身的风速慢。顺急流飞行时，若大气温度没有什么变化，顺风的减小并不意味着飞机已经离开了急流，它仅仅表示已经通过了急流的极值区。

4.5.2 高空急流的种类

根据北半球的资料，高空急流可划分为温带急流、副热带急流、热带东风急流和极地平流层急流四类。

4.5.2.1 温带急流

温带急流出现在中纬度地区，冬季多位于北纬 40° ~ 60° 之间，夏季多位于北纬 70° 附近。我国把温带急流又称为北支急流。

急流轴通常位于极地对流层顶附近或极地对流层顶以下 1 ~ 2 km 处，其平均高度在夏季为 8 ~ 11 km，冬季为 7 ~ 10 km。在急流的低压一侧对流层顶低，在高压一侧对流层顶高。温带急流的风速冬季强，夏季弱，中心最大风力为 45 ~ 55 m/s, 个别曾达到 105 m/s。

4.5.2.2 副热带急流

副热带急流出现在深厚的副热带高压北缘，冬季位于北纬 25° ~ 32°，夏季向北推移 10° ~ 15°，有时更多一些。我国上空出现的急流以副热带急流为主，与温带急流相对应，在我国把副热带急流又称为南支急流。

副热带急流平均高度为 12 ~ 14 km，急流中心最大风速，冬季一般为 60 m/s，夏季减弱为冬季的一半。副热带急流是异常持续的一个急流，除少数地方中断外，几乎完整地环绕着整个地球。冬季，这支急流由强风形成很宽的带状，宽度可达 1 000 km，最大风速区位于喜马拉雅山和西太平洋上空、大西洋西部、非洲北部到中东这几个地区。

位于我国东部和日本西南部上空的副热带急流是世界上最强的急流，最大风速平均为 60 ~ 80 m/s，冬季可达 100 ~ 150 m/s，最大可达 200 m/s。

4.5.2.3 热带东风急流

热带东风急流又叫赤道急流，它出现在热带对流层顶附近或平流层中，一般位于副热带高压南缘，在北纬 15° ~ 20°之间，平均高度为 14 ~ 16 km，平均风速为 30 ~ 40 m/s，夏季比冬季强得多。

热带东风急流对我国影响较小，只在夏季出现在华南地区和南海上空。

4.5.2.4 极地平流层急流

极地平流层急流位于纬度 50° ~ 70° 上空，其风向有明显的年变化：从隆冬时的强大的西风，在夏季变为很强的东风，且冬季的西风远远强于夏季的东风，其平均最大风速可超过 100 m/s。冬季最大西风风速出现在 50 ~ 60 km 高度处，而在 20 ~ 30 km 高度上有一个次大风速中心，即通常所谓的“极地黑夜西风急流”。

4.5.3 高空急流的判断方法

（1）利用空中等压面图判断急流。
（2）利用空间垂直剖面图来判断急流。
（3）利用卫星云图判断急流。
（4）利用高空云的形状来判断急流。

4.5.4 高空急流中的飞行

4.5.4.1 高空急流对飞行的影响

飞机顺急流飞行时，可增大地速，节省燃料，缩短航行时间；逆急流飞行时则相反，同时要多消耗备份油量。横穿急流飞行，会产生很大的偏流，对领航计算和保持航向都有影响。在横穿急流时，当刚进入时，风由小突然变大，刚穿出急流时，风由大变小；同时气温变化也相当大，这时风切变和温度切变都是巨大的，所以在穿越高空急流时最易发生飞机颠簸。

4.5.4.2 高空急流中飞行的注意事项

选择急流中飞行航线高度时，绝对不要选择在飞机最大升限的高度上。顺着急流进入急流轴中飞行时，最好不要从急流轴的正下方进入，而应从急流轴的一侧保持平飞状态进入，同时进入角应小于 30° ，以免偏流过大。

在急流中飞行，首先要查明飞机与急流轴的相对位置。如果是顺急流飞行，则应选择在风速最大的区域内。如果是逆急流飞行，则应选择在风速最小区域内，以免地速减小过多。同时要注意所带备份油量是否足够用，如油量不足，为安全起见，就近备降加油。

在急流区，当颠簸越来越强时，应采取改变高度或航向的方法脱离急流。通常改变高度 300 ~400 m, 偏离航线 50 ~70 km 即可脱离。

4.6 晴空乱流

4.6.1 晴空乱流

晴空乱流是指出现在 6 000 m 以上高空且与对流云无关的乱流。晴空乱流在 10 km 高度附近出现最多，出现时湍流区与无湍流区往往有明显边界，其间没有过渡带。飞机一旦进入湍流区，往往突然产生颠簸。湍流区的水平宽度约为 100 km，顺着风向的长度约 200 km，厚度多在 200 ~ 1 500 m 之间。晴空乱流通常发生在空中气温水平梯度较大和风切变较大的地区，在风的垂直切变每 100 m 达到 1 ~ 2 m/s，水平切变每 100 km 达到 5 ~ 6 m/s 的区域，常有晴空湍流发生。

4.6.2 晴空乱流与飞行

晴空乱流使得飞机在不知不觉中进入乱流区，造成飞机颠簸。高空晴空颠簸一般为中度以上颠簸，对飞行安全有很大影响。所以，每次飞行前，应该详细了解航线附近天气，判断有可能出现晴空乱流的区域，提前做好准备；在飞行中应密切注意大气温度和风的急剧变化。当进入颠簸区后，应沉着冷静，柔和操纵，视具体情况，迅速脱离颠簸区。

4.7 山地背风

在山的背风面经常可以观测到与山平行的呈带状的云，两个云带之间为晴天。这些地形云移动很慢，即使在云的高度上风很大，可是云并不被风吹走，或者被吹走后仅几分钟内，在同一地区又有相同的云带出现。这说明在山脉的背风侧，气流在一定的地点上升，一定的地点下降，而呈波状运动。气流越山时，在一定条件下，会在山脊背风面上空形成波动气流，这种波动气流被称为山地背风波或地形波或驻波。

4.7.1 背风波形成的条件

背风波形成的基本条件有三个：

气流越过的山脊不是孤立的山峰，而是长山脊或山岳地带。

风向与山脊交角大，最好是正交；风速在山脊高度上一般不能小于 8m/s, 且从山脊到对流层顶，风速随高度的增加而保持不变。

低层气层不大稳定，而上层气层稳定。

在满足以上条件时，在山的背风面一侧宽 2 ~ 200 km 范围内，就有背风波出现，其波长通常在 15 km 以下，如图 4–35 所示。

背风波形成以后，顺气流向下游传播，逐渐减弱消失。山脊越长，传播的距离越远。如果波动在传播中再遇到山脊，其影响情况取决于第二个山脊的位置。如果第二个山脊位

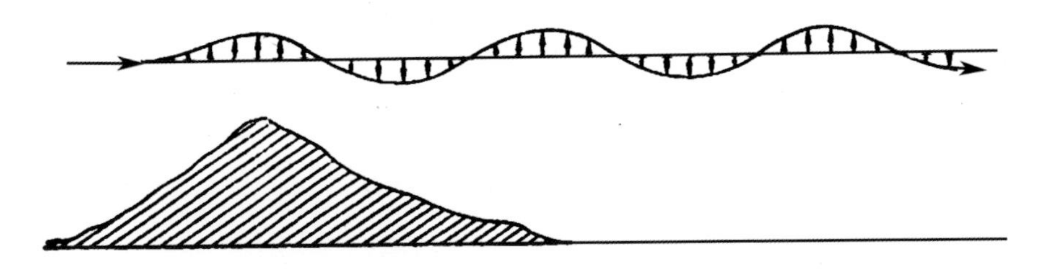

图 4–35　背风波的纵切面图

于波动的上升气流区，则波动会因叠加而增强，传播距离增远；如果第二个山脊位于波动的下降气流区，则波动会减弱，如图 4–36 所示。

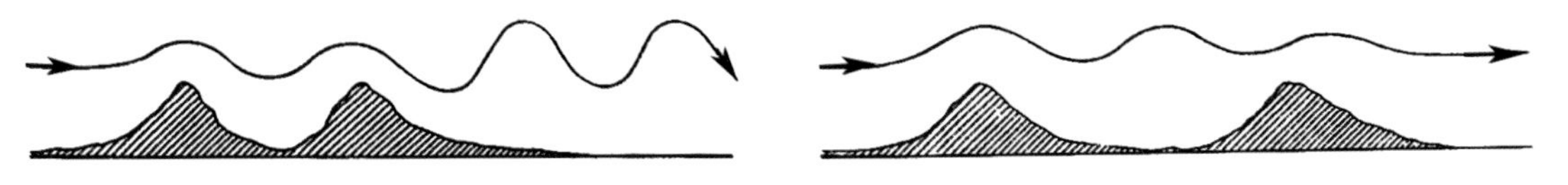

(a) 气流连续越过两个山脊背风波加强的情形

(b) 气流连续越过两个山脊背风波削弱的情形

图 4–36　背风波的叠加

山地背风波不同于直接在丘陵或山地附近产生的动力湍流。它是在强风通过山脉时，在下风方向形成的一系列波动或涡旋。其影响范围，在水平方向上可伸展几十千米至几百千米，向上可伸展到整个对流层。

4.7.2 背风波与对流的关系

在对流不稳定的大气里，地形波中的上升气流是激发对流发展的一种机制。如图 4–37 所示，原先在山脊上形成了雷暴云，过山时开始消散。短箭头表示消散雷暴云中流出的冷气流，由于它的下降速度较大，增大了雷暴前面地形波的振幅，引起盆地上空有新的雷暴单体形成。

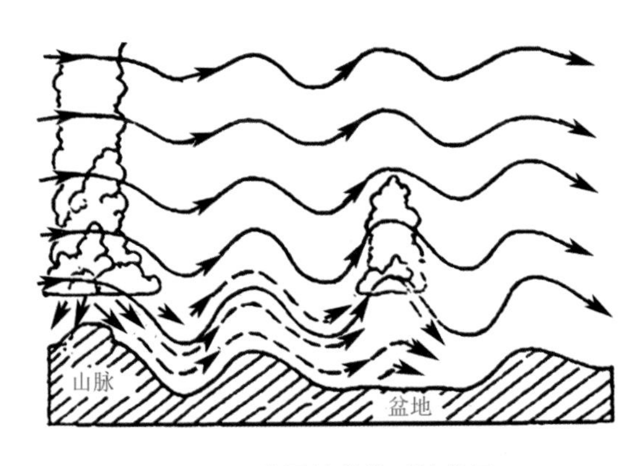

图 4–37　背风波激发对流发展

我国的实际天气分析表明，有些地方山地背风面的年降水量比迎风面还多，而冰雹现象又往往产生在地形背风面。说明地形背风面的中小尺度天气系统的活动对局地暴雨和强对流天气起着重要作用。

4.7.3 背风波对飞行的影响

山地背风波中有明显的升降气流和乱流，可给飞行造成很大的影响。

山地背风波波峰处的风速比波谷处大，另外还有阵风，其强度比一般雷雨所出现的风速还要大。由于背风波中垂直气流和水平气流都存在明显的差异，因而常有乱流造成飞机颠簸。

作业题：

1. 危害飞行安全的重要天气有哪些？
2. 常见的雷暴有哪几类？
3. 产生低空风切变的条件有哪些？
4. 飞机上的积冰有哪几类？
5. 飞机产生积冰的气象条件有哪些？
6. 高空急流的类型有哪些？
7. 高空急流对飞行的影响有哪些？
8. 大气乱流有哪些？
9. 影响飞机颠簸强度的因素有哪些？

第 5 章　无人机飞行常用气象资料

导读：

常用的气象信息资料有天气图、卫星云图和雷达图。资料包括各种气象探测资料、航空天气报告和预报。这些资料有的是图表，有的是电报。飞行人员要能识别和分析图表资料，能翻译电报资料，才能了解和掌握飞行区域内的天气，并利用天气做到安全顺利的飞行。

学习目标：

通过学习掌握识别和分析图表资料，翻译电报资料等基本知识。达到了解和掌握飞行区域内的天气，并利用天气做到安全顺利的飞行。

5.1 天气图

天气图是填有各地同一时刻气象观测记录的特种地图，它能描述某一时刻一定区域内的天气情况。世界各地的气象台站按规定的时间和技术要求对大气进行各气象要素和天气现象的观测，并将观测结果及时传送到各区域气象中心。各气象台站再从区域中心收到各地的气象资料并送到自动填图系统，通过计算机将天气资料填写在特制的地图上。这种图经过分析就成为一张天气图。天气图主要包括地面天气图和空中天气图。

5.1.1 地面天气图

地面天气图是用地面观测资料绘制的，是填写气象观测项目最多的一种天气图。

5.1.1.1 单站填图格式及内容

地面天气图单站填图格式及内容如图 5-1 所示。

图中间的圆圈表示测站，它的位置就是气象台站的地理位置，所填的各气象要素与站圈的相对位置都是固定的。各项目的含意和表示方法说明如下：

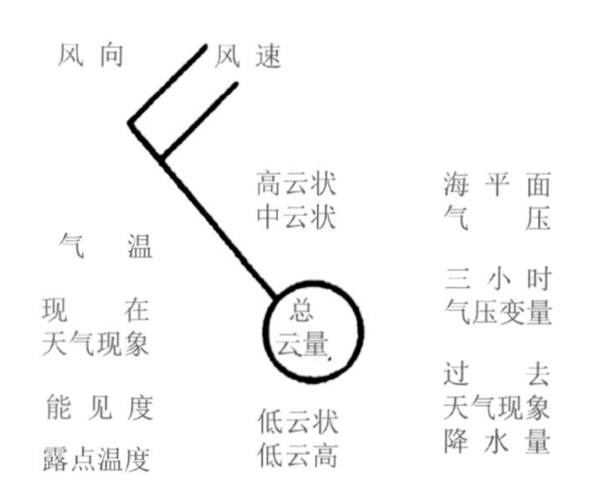

图 5–1　地面天气图单站填图格式及内容

（1）总云量：为十分制云量，用表 5–1 中的符号表示。

表 5–1　总云量的符号

符号	○	⦶	◔	◔	◑	⊖	◕	●	●	⊗
总云量	无云	1 或小于 1	2 ~ 3	4	5	6	7 ~ 8	9 ~ 10	10	不明

（2）高云状、中云状、低云状用表 5–2 中的符号表示。

表 5–2　云状填图符号

符号	低云状	符号	中云状	符号	高云状
不填	没有低云	不填	没有中云	不填	没有高云
	淡积云		透光高层云		毛卷云
	浓积云		蔽光高层云或雨层云		密卷云
	秃积雨云	ω	透光高积云		伪卷云
	积云性层积云或向晚层积云		荚状高积云		钩卷云，有系统侵盖天空
	层积云（非积云性层积云或向晚层积云）		成带或成层的透光高积云，有系统侵入天空		卷层云（或伴有卷云）系统侵盖天空，高度角不到 45°
—	层云或碎层云		积云性高积云		卷层云（或伴有卷云）系统侵盖天空，高度角超过 45°
---	碎雨云		复高积云或蔽光高积云，或高层云、高积云同时存在		布满天空的卷层云
	不同高度的积云和层积云		堡状或絮状高积云		未布满天空的卷层云
	砧状积雨云		混乱天空的高积云		卷积云

（3）低云量：以十分制的实际云量数表示。

（4）低云高：以数字表示，单位为百米（hm）

（5）气温、露点温度：以数字表示，单位为摄氏度（℃）

（6）现在天气现象：表示观测时或前 1 小时内出现的天气现象，以表 5–3 中的符号表示。

（7）地面能见度：以数字表示，单位为千米（km）。

（8）海平面气压：以数字表示，但只填十位、个位和十分位，不加小数点，单位为百帕（hPa）。如海平面气压为 1015.2 hPa，图上只填 152；若海平面气压为 998.4 hPa，图上只填 984。

（9）3 小时气压变量：为观测时的气压值与 3 小时前的气压值之差，单位为 hPa，最后一位为小数。数字前若标有“+”号，表示 3 小时内气压是上升的；数字前若标有“–”号，表示 3 小时内气压是下降的。

（10）过去天气现象：表示观测前 6 小时内出现过的天气现象，以表 5–3 所列符号表示。

表 5–3　现在大气现象的符号

符号	说明	符号	说明	符号	说明	符号	说明	符号	说明
不填	云的发展情况不明	=	轻雾		观测前一小时内有毛毛雨		轻或中度的沙（尘）暴，过去一小时内减弱		近处有雾，但过去一小时内测站没有雾
	云在消散，变薄		片状或带状的浅雾		观测前一小时内有雨		轻或中度的沙（尘）暴，过去一小时内无变化		散片的雾带状）
	天空状况大致无变化		层状的浅雾		观测前一小时内有雪		轻或中度的沙（尘）暴，过去一小时内增强		雾，过去一小时内变薄，天空可辨
	云在发展，增厚		远电		观测前一小时内有雨夹雪		强的沙（尘〉暴，过去一小时内减弱		雾，过去一小时内变薄，天空不可辨
	烟幕		视区内有降水，但未到地面		观测前一小时内有毛毛雨或雨，并有雨凇		强的沙（尘）暴，过去一小时内无变化		雾，过去一小时内无变化，天空可辨
∞	霾		视区内有降水，但距测站较远（5km 以外）		观测前一小时内有阵雨		强的沙（尘）暴，过去一小时内增强		雾，过去一小时内无变化，天空不可辨

表 5–3（续）

符号	说明	符号	说明	符号	说明	符号	说明	符号	说明
S	浮尘	(•)	视区内有降水，在测站附近（5 km 以内）		观测前一小时内有阵雪，或阵性雨夹雪	+	轻或中度的低吹雪		雾，过去一小时内变浓，天空可辨
$	测站附近有扬沙		闻雷，但测站无降水		观测前一小时有冰雹或冰粒，或霰（或伴有雨）		强的低吹雪		雾，过去一小时内变浓，天空不可辨
	观测时或观测前一小时内视区有尘卷风		观测时，或观测前一小时内有飑		观测前一小时内有雾		轻或中度的高吹雪		雾，有雾凇，天空可辨
	观测时视区内有沙（尘）暴，或观测前一小时内视区（或测站）有沙（尘）暴	)(	观测时或观测前一小时内有龙卷风		观测前一小时内有雷暴（或伴有降水）		强的高吹雪		雾，有雾凇，天空不可辨
•	间歇性轻毛毛雨	•	间歇性小雨	*	间歇性小雪		小阵雨		中常量或大量的冰雹，或有雨，或有雨夹雪
••	连续性轻毛毛雨	••	连续性小雨	**	连续性小雪		中常或大的阵雨		观测前一小时内有雷暴，观测时有小雨
	间歇性中常毛毛雨		间歇性中雨		间歇性中雪		强的阵雨		观测前一小时内有雷暴，观测时有中或大雨

表 5–3（续）

符号	说明	符号	说明	符号	说明	符号	说明	符号	说明
	连续性中常毛毛雨		连续性中雨		连续性中雪		小的阵雨夹雪		观测前一小时内有雷暴观测时有小雪、或雨夹雪、或冰雹
	间歇性浓毛毛雨		间歇性大雨		间歇性大雪		中常或大的阵雨夹雪		观测前一小时内有雷暴观测时有中或大雪、或雨夹雪、或霰、或冰雹
	连续性浓毛毛雨		连续性大雨		连续性大雪		小阵雪		小或中常的雷暴，并有雨或雨夹雪或雪
	轻毛毛雨并有雨凇		小雨并有雨凇		冰针（或伴有雾）		中常或大的阵雪		小或中常的雷暴，并有冰雹、或小冰雹
	中常或浓毛毛雨并有雨凇		中或大雨并有雨凇		米雪（或伴有雾）		少量的阵性或小冰雹或有雨，或有雨夹雪		大雷暴，并有雨、或雪或雨夹雪
	轻毛毛雨夹雨		小雨夹雪或轻毛毛雨夹雪		孤立的星状雪晶（或伴有雾）		中常量或大量的阵性霰或小冰雹，或有雨，或有雨夹雪		雷暴伴有沙（尘）暴
	中常或浓毛毛雨夹雨		中常或大雨夹雪，或中常或浓毛毛雨夹雪		冰粒		少量的冰雹，或有雨或有雨夹雪		大雷暴，伴有冰雹、或霰，或小冰雹

表 5–4 过去大气现象的符号

符号	不填									
过去天气现象	云量不超过 5	云量变化不定	阴天或多云	沙暴或吹雪	雾或霾	毛毛雨	雨	雪或雨夹雪	阵性的降水	雷暴

（11）降水量：表示观测前 6 小时内的降水量，以数字表示，小于 0.1 mm 用“T”表示，单位为毫米（mm）。

（12）风向、风速：风向以矢杆表示，矢杆方向指向站圈，表示风的来向。风速以长短矢羽表示，见表 5–5。

表 5–5 地面天气图上风的表示

符号					
速度（m/s）	1	2	3	3 ~ 4	19 ~ 20

根据以上说明，就可以阅读每个测站的天气资料了。如图 5–2 的实例，从中可以看出：该站的总云量为 9 ~ 10，即云量大于 9，但小于 10；高云状是毛卷云，中云状是高积云，低云是层积云，低云量为 5，云高 1500m；有东南风，风速 2m/s；现在天气现象有烟幕，能见度 4km；气温 21℃，露点 16℃；海平面气压 1008.1 hPa，3 小时气压变量为 –2.1 hPa。

5.1.1.2 地面天气图的分析

（1）等压线和气压系统

等压线是地面天气图上气压相等的点的连线，它用黑色实线表示。等压线每隔 2.5 hPa 画一条，其数值规定为 1000.0 hPa、1002.5 hPa、1005.0 hPa 等，其余依此类推。

分析了等压线后，就能清楚地看出气压在海平面上的分布情况。由闭合等压线构成的高压中心标有蓝色“高”字，其下部注有最高中心气压值；低压中心标有醒目的红色“低”字，其下部注有最低中心气压值；台风中心标有红色“ɕ”符号（见图 5–3）。

图 5–2 地面图上单站资料

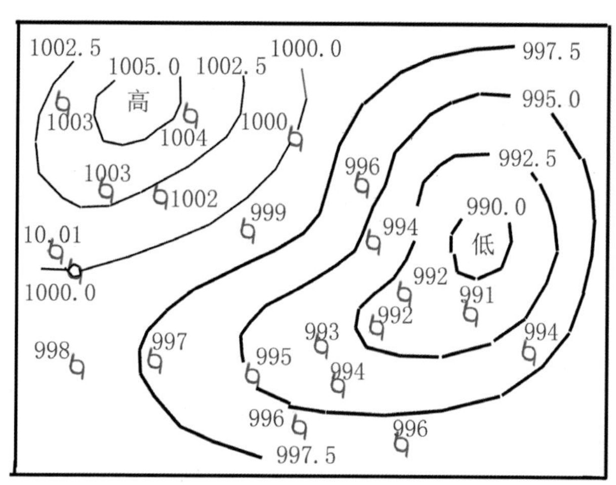

图 5–3 天气图上的等压线

（2）3 小时变压中心

将 3 小时正变压或负变压较大的地区用等变压线圈出，称为 3 小时变压中心。正变压中心标出蓝色“+” 号和中心值；负变压中心标出红色“-” 号和中心值。中心标出该范围内的最大变压值的数值，包括第一位小数在内，如图 5–4 所示。3 小时内的气压变化 Ap3, 反映了气压场的最近变化状况，使人们能分析出天气系统的变化趋势。

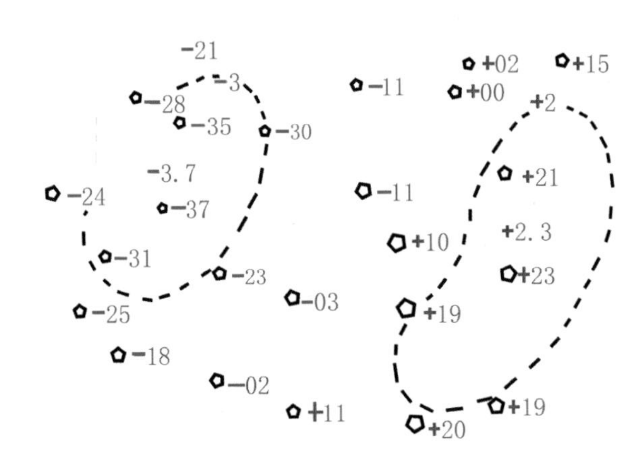

图 5–4　三小时变压中心

（3）天气区

为了使某些主要天气现象分布状况更加醒目，可用不同色彩和符号将其标出。表 5–6 为几种主要天气区的标注方法。

表 5– 6　主要天气区的表示

天气现象	成片的	零星的	说明
连续性降水	绿色	绿色 **	除雨以外，其他性质的降水均应标注符号
间歇性降水	绿色	绿色 *	除雨以外，其他性质的降水均应标注符号
阵性降水	绿色	绿色	过去天气和现在天气中的阵性降水均应标注
雷暴	红色	红色	过去天气和现在天气中的雷暴均应标注
雾	黄色	≡ 黄色	
沙（尘）暴	棕色	棕色	
吹雪	绿色	绿色	

表 5–6（续）

大 风	棕色	棕色	凡地面图上填写的风速在 12 m/s（即6级）以上，均应标注，其方向与实际风向相同

（4）锋线

锋线常用彩色实线表示，单色图上用黑粗线加符号表示。表 5–7 是几种常见锋线的符号。

表 5–7　常见锋线的符号

锋的种类	地面天气图上的符号	单色印刷图上的符号
暖锋		
冷锋		
准静止锋		
锢囚锋		

图 5–5 是一张地面天气图。图中南京附近有一条冷锋，有一片连续性小雪天气区；银川地区有沙尘暴；桂林附近有一个雷暴区；箭头 M 所指是一个正变压中心。

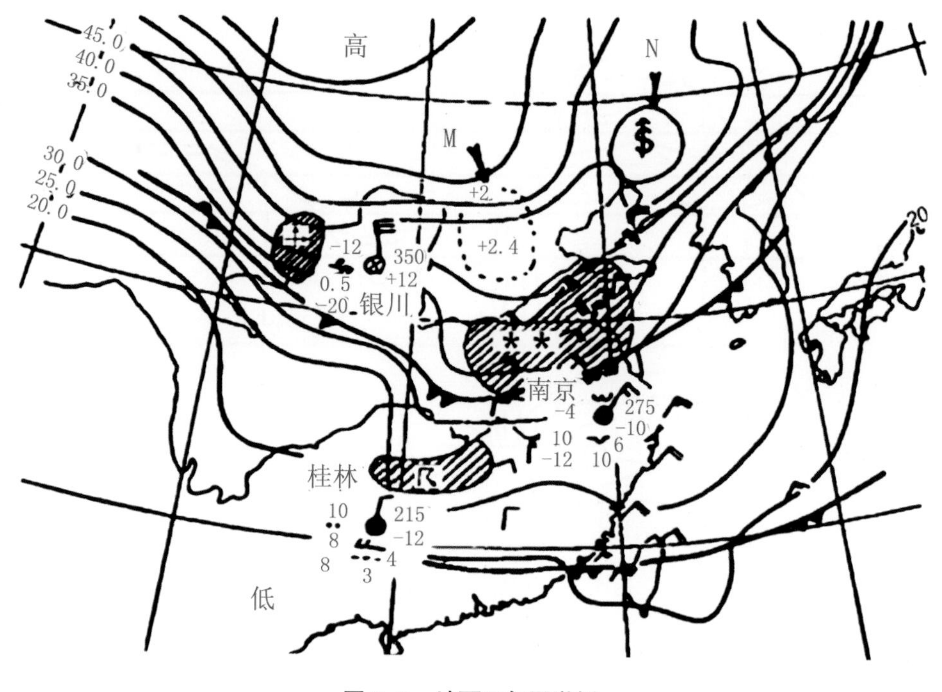

图 5–5　地面天气图举例

5.1.2 空中等压面图

空中等压面图是指填有某一等压面上气象记录的空中天气图。因为天气现象是发生在三度空间里的，所以单凭一张地面天气图来分析天气，显然是不够的。为了详细观察三度空间的天气情况，除分析地面天气图外，还要分析空中等压面图。

5.1.2.1 等压面图的概念

等压面是空间气压相等的点组成的面。由于同一高度上各地的气压不可能都相同，所以等压面不是一个水平面，而是一个像地形一样起伏不平的面。等压面的起伏形势可采用绘制等高线的方法表示出来。

等高线是将各站上空某一等压面所在的高度值填在图上，然后连接高度相等的各点，这样连成的线称为等高线。从等高线的分布即可看出等压面的起伏形势。如图 5–6 所示，P 为等压面，H_1，H_2, ……，H_5 为厚度间隔相等的若干水平面，它们分别和等压面相截（截线以一半实线一半虚线表示）。因每条截线都在等压面 P 上 ，故所有截线上各点的气压均等于 p，将这些截线投影到水平面上，便得出 P 等压面上距海平面分别为 H_1，H_2, ……，H_5 的许多等高线，其分布情况如图 5–6 所示的下半部分所示。从图中可以看出，和等压面凸起部位相应的是一组闭合等高线构成的高值区，高度值由中心向外递减；和等压面下凹部位相应的是一组闭合等高线构成的低值区，高度值由中心向外递增。从图中还可以看出，等高线的疏密同等压面的陡缓相应。等压面陡峭的地方，如图中 AB 处 ，相应的 A'B' 处等高线密集；等压面平缓的地方，如图 CD 处，相应的 C'D' 处等高线就比较稀疏。

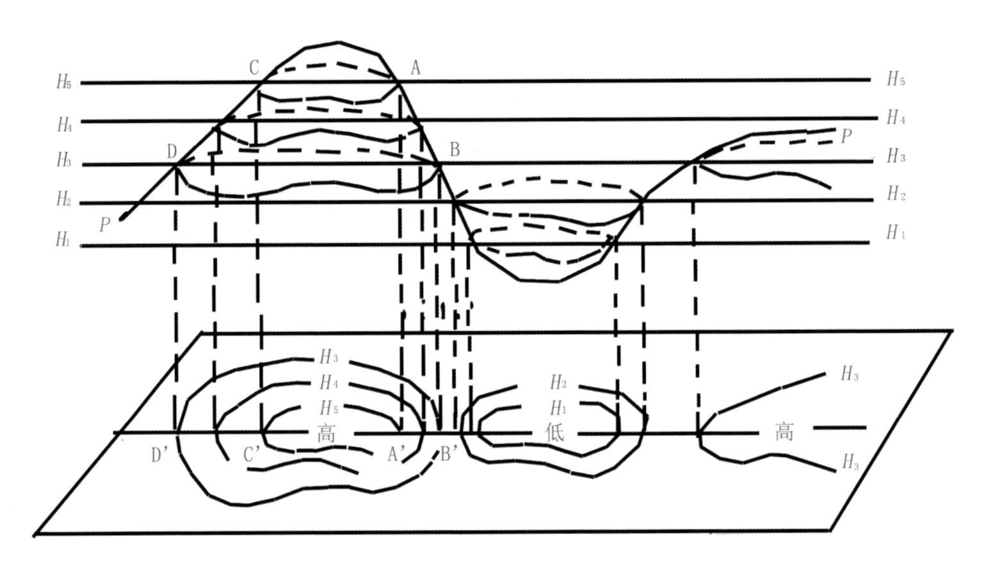

图 5–6 等压面和等高线的关系

5.1.2.2 等压面附近水平面上的气压分布

分析等压面图的目的是为了了解空间气压场的情况。因为等压面的起伏不平现象实际上反映了等压面附近的水平面上气压分布的高低。例如，在图 5–7 中，有一组气压值为 P_1、P_0、P_{-1} 的等压面和高度为 H 的水平面。因为气压总是随高度升高而降低的，所以气压值小的等压面总是在上面；P_{-1} 等压面在最上面，而 P_1 等压面在最下面。在高度为 H 的水平面上，A 点处的气压最高（为 P_1），B 点处的气压最低（为 P_{-1}），所以 P_0 等压面在 A 点上空是凸起的，而在 B 点处是下凹的。由此可知，同高度上气压比四周高的地方，其附近等压面的高度也比四周高，表现为向上凸起，而且气压高得越多，等压面凸起得也越厉害（如 A 点处）。同高度上气压比四周低的地方，等压面高度也比四周低，表现为向下凹陷，而且气压越低，等压面凹陷得也越厉害（如 B 点处）。因此，通过等压面图上等高线的分布，就可以知道等压面附近空间气压场的情况。高度值高的地方气压高，高度值低的地方气压低，等高线密集的地方表示水平气压梯度大，由此可推出其附近水平面上气压的高低及风的情况。

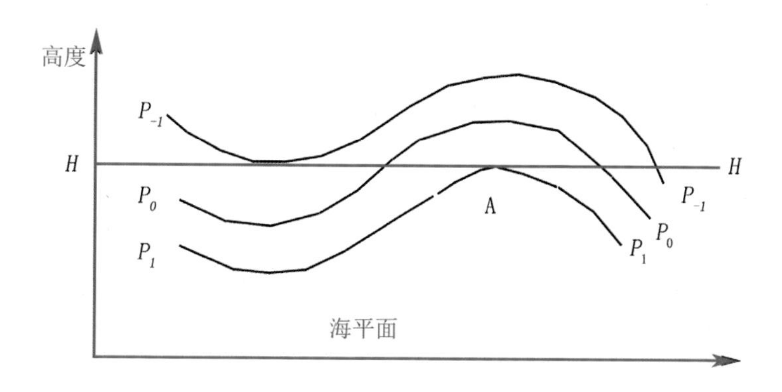

图 5–7　等压面的起伏与水平面上的气压分布

需要说明的是，这里用的高度不是几何高度，而是位势高度。位势高度是能量的单位，是指单位质量空气块在某高度上（离海平面）具有的重力位能（即位势），在米、千克、秒单位制中，位势的单位是 J/kg。为了计算方便，气象上取 9.8 J/kg 作为位势的一个新单位，叫位势米。如果用 H 表示位势米，在较小的垂直范围内，考虑重力加速度随高度变化不大，所以有 $H \approx Z$，即位势米在数值上与几何米相近，以位势米为单位的位势高度也与以几何米为单位的高度相近。等位势高度面实际上就是真正的水平面，而等几何高度面则不是，这就是气象上采用位势高度的原因。

等压面在空中呈起伏不平的形势，但每一等压面都大致对应某一固定高度。日常分析的等压面图及其对应高度如下：

（1）850 hPa 等压面图，其海拔约为 1500 m。

（2）700 hPa 等压面图，其海拔约为 3000 m。

（3）500 hPa 等压面图，其海拔约为 5500 m。

（4）300 hPa 等压面图，其海拔约为 9 000 m。

（5）200 hPa 等压面图，其海拔约为 12 000 m。

通过对与飞行高度相对应的等压面图的分析，便可以了解航线上的气压分布情况。

5.1.2.3 等压面图的填图格式及内容

等压面图上各测站填有气温、温度露点差、风向、风速以及等压面的高度，如图 5-8 所示。其中气温、风向、风速填法与地面图相同；气温露点差≥ 6℃时，填整数，其余则要填整数和小数点后一位数；等压面高度以位势米（或 10 位势米）为单位。

图 5-9 是两个实例，其中图（a）是 700 hPa 图，气温 4℃，气温露点差 5.2℃，等压面高度是 3040 位势米，风向约 300°，风速 5 ~ 6 m/s；图（b）为 500 hPa 图，气温 – 18℃，气温露点差 3.5℃，等压面高度 5800 位势米，风向 210°，风速 25 ~ 26 m/s。

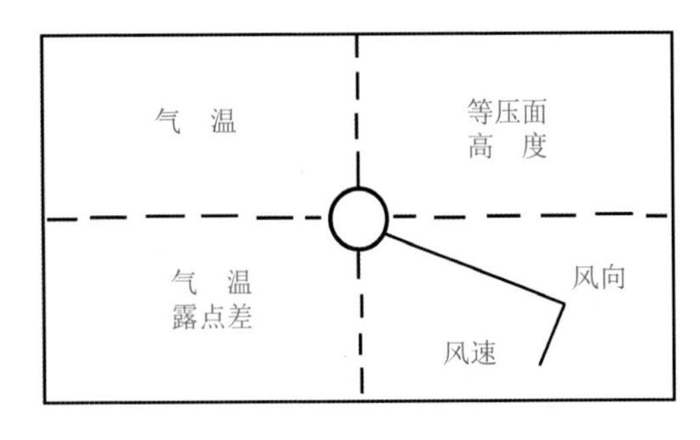

图 5-8　等压面图填图格式

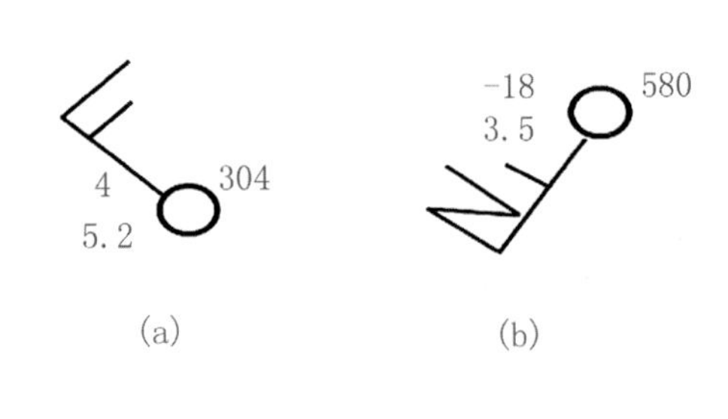

图 5-9　等压面图单站举例

5.1.2.4 等压面图的主要分析项目

（1）等高线

等高线是等压面上位势高度相等的点的连线，用黑色实线表示。等高线一般间隔 4 位势米分析一条。因为等压面的形势可以反映出等压面附近水平面上气压场的形势，而等高线的高（低）值区对应于水平面上的高（低）气压区。因此，等压面上风与等高线的关系，和地面天气图上风与等压线的关系一样适合地转风关系。由于高空空气受地面摩擦的影响很小，因此等高线基本和高空气流的流线一致。

等高线和地面天气图上的等压线相似，它可以分析出高压、低压、槽、脊等气压系统的分布情况。高压、低压中心的标注方法与地面天气图相同，但不标注中心数值。

（2）等温线

等温线是等压面图上气温相等的各点的连线，用红色实线表示，每隔 4℃分析一条，例如 –4℃、0℃、4℃等温线等。所有等温线两端须标明温度数值。气温比四周低的区域称冷中心，标有蓝色“冷”字；气温比四周高的区域称暖中心，标有红色“暖”字。

（3）槽线和切变线槽线和切变线在空中等压面图上都用棕色实线表示。

（4）温度平流

由于冷暖空气的水平运动而引起的某些地区增暖或变冷的现象，被称为温度的平流变化，简称温度平流。气流由冷区流向暖区，使暖区气温降低，叫冷平流；气流由暖区流向冷区，使冷区气温升高，叫暖平流。

由于等压面图上等高线的分布决定了空气的流向，所以根据等高线和等温线的配置情况就能判断温度平流的性质和大小。如图 5–10（a）所示，等高线与等温线成一交角，气流由低值等温线（冷区）吹向高值等温线（暖区），这时就有冷平流。显然在此情况下，空气所经之处温度将下降。图 5–10（b）的情况恰好与图 5–10（a）相反，气流由高值等温线区（暖区）吹向低值等温线区（冷区），因而有暖平流。在此情况下，空气所经之处，温度将上升。图 5–10（c）中线所在区域等温线和等高线平行，此区内既无冷平流，又无暖平流，即温度平流为零。但线两侧的区域温度平流不等于零，其东侧为暖平流，西侧为冷平流。正好是冷平流和暖平流的分界线，因此称为平流零线。

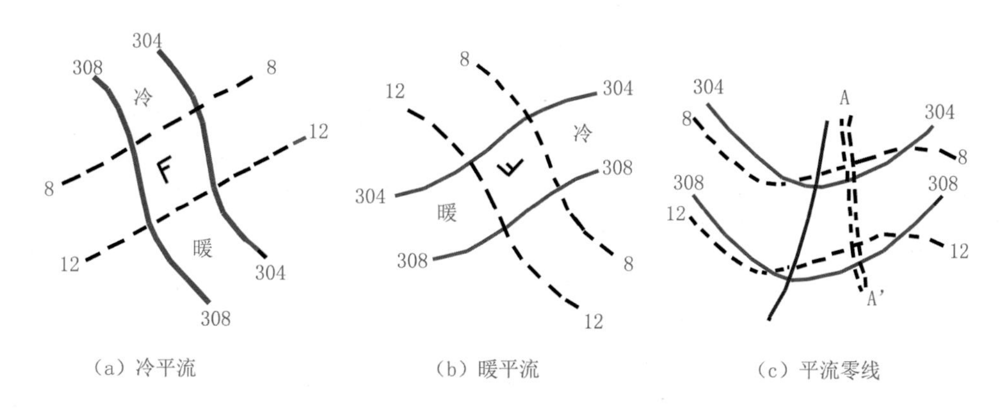

图 5–10　温度平流的分析

可见，只要等高线与等温线有交角，就有温度平流，如果二者平行，则平流为零。平流的强度显然与等高线和等温线的疏密程度以及二者交角的大小有关。如果其他条件相同，等高线越密，则风速越大，平流强度也越大；其余条件相同，等温线越密，说明温度梯度越大，平流强度也越大；其他条件相同，等高线与等温线的交角越接近 90°，平流强度也越大。

掌握了判断温度平流的方法，不仅可以直接判断温度的变化，而且还可以进一步根据温度的变化来推断气压场的变化，对掌握天气变化有重要意义。

（5）湿度场

等压面图上填的气温露点差，可以大概表示空气的饱和程度，综合各地的温度露点差，即可了解湿度的分布。如果需要了解详细一些，也可以画些等值线，像判断温度平流一样判断湿度平流。

下面是一张分析了的空中等压面图（见图 5–11）。图中细实线是等高线，虚线是等温线，AB 是槽线，EF 是切变线；我国华北有一个暖高压，日本北部有一个冷低压。

等压面图用于分析高空天气系统和大气状况。从图上可以了解各高度天气系统及其变化情况，再与地面图以及其他资料配合，可以全面了解、掌握天气系统的发生、发展和天气演变。常用的等压面图，比例尺为二千万分之一，范围为亚欧地区。图次为每天两次，08 时、20 时（北京时）。

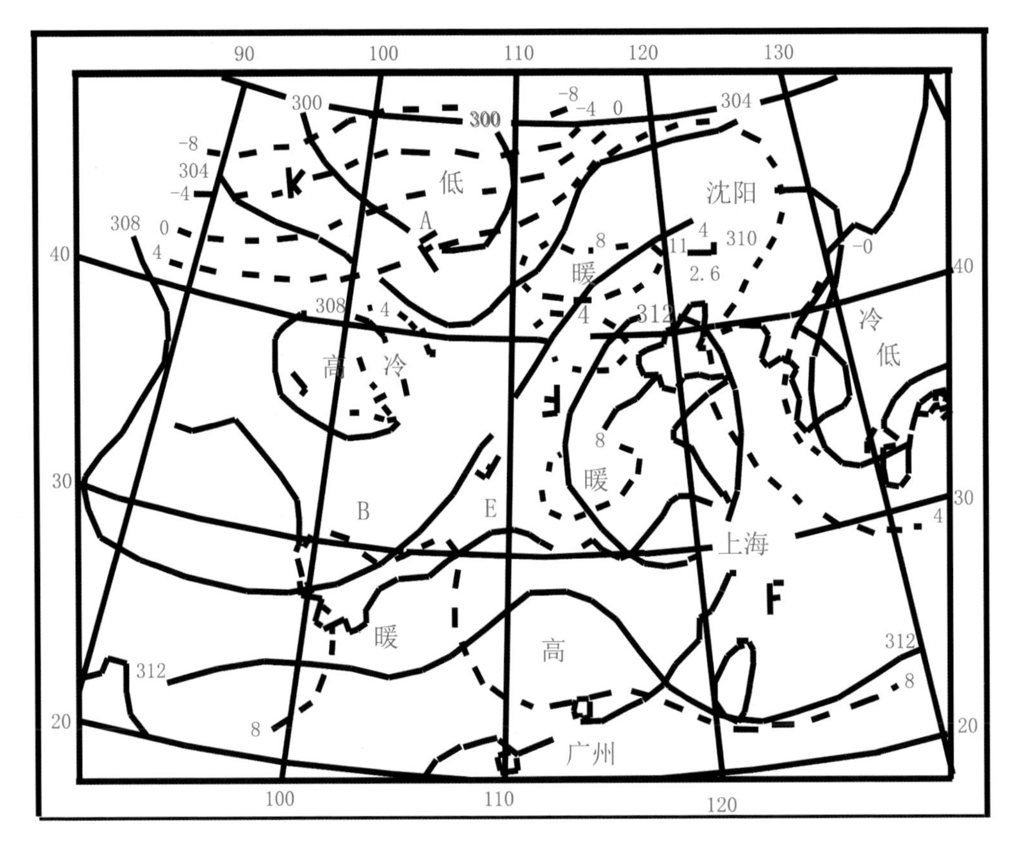

图 5-11　空中等压面图实例

除地面天气图和空中等压面图以外，天气图主要还有：小区域地面天气图、气象雷达回波图、卫星云图、物理量诊断分析图、辅助天气图、变压图、剖面图等。天气图能显示各种天气系统和天气现象的分布及相互关系，是分析天气变化、制作天气预报的基本工具，也是为飞行活动提供所需气象要素值和天气情况的基本工具。

5.2 卫星云图

携带各种观测仪器，从空间对地球进行气象观测的人造地球卫星称气象卫星。它可以提供包括海洋、高原、沙漠等全球范围的气象资料，可连续监视大范围的天气变化；对于一些在常规天气图上分析不出来的生消较快的中、小尺度天气系统，可以在卫星云图上清晰地观察到。因而气象卫星云图在航空天气预报中有着重要的作用。

5.2.1 气象卫星简介

目前使用的气象卫星按绕地球运行轨道可分为极轨气象卫星和地球同步气象卫星两类。

5.2.1.1 极轨气象卫星

这类卫星环绕地球两极附近运行，轨道平面与赤道平面夹角（倾角）为 98° 左右（见图 5–12）。轨道平面始终和太阳保持相对固定的取向，卫星几乎以同一地方时经过各地上空，所以又称太阳同步极轨卫星。卫星运行高度 800 ~ 1 000 km，运行周期约 100 min。由于卫星在固定的轨道上运行，地球不停地自西向东旋转，所以当卫星绕地球一圈，地球也相应地向东转过一定角度，从而使卫星能周期性地观测地球上空每点的气象资料，实现了卫星的全球观测。

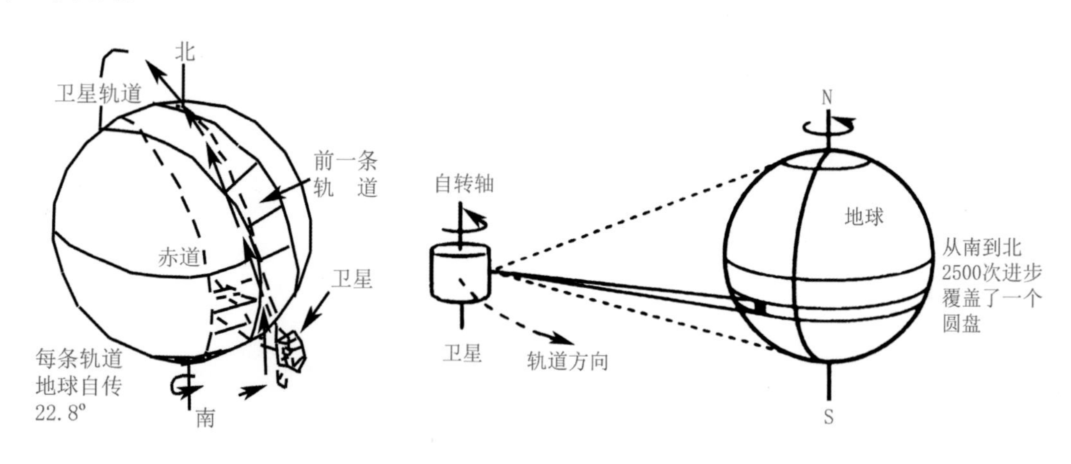

图 5–12 极轨气象卫星工作示意图　　图 5–13 地球同步气象卫星工作示意图

5.2.1.2 地球同步气象卫星

这类卫星又称为静止卫星。它位于赤道上空（见图 5–13），其轨道平面与赤道平面重合，运行周期和地球自转周期相等。从地球上看，它静止在赤道某经度上空。这是一种高轨道卫星，运行高度约为 36 000 km。利用地球同步气象卫星可以每隔 20 min 获得一张图片。把每次观测所得到的云图照片以专门的方法储存在计算机中，从屏幕上连续显示出来，可清楚直观地看到云系的演变和发展过程。这对监视变化快、寿命短的中小尺度天气系统特别有效。卫星观测范围为南北纬度 50°、经度 100° 左右，差不多等于地球表面的 1/3。

5.2.2 卫星云图的种类

常用的卫星云图有可见光云图和红外云图两种。这两种云图是气象卫星通过携带的电视照相仪和扫描辐射仪分别在可见光波段和红外波段感应地球和大气的光辐射，所获得的云图。

5.2.2.1 可见光云图（VIS）

气象卫星在可见光谱段感应地面和云面对太阳光的反射，并把所得到的信号表示为一张平面图像，这就是可见光云图。由于不同性质的下垫面、不同类型的云面对太阳辐射有不同的反照率，相应地在云图上呈现出不同程度的黑白色调。白色表示反照率最强，黑色表示反照率最弱，这种黑白程度称为亮度（即色调）。按照云面和下垫面反照率的强弱，可把云图上的色调分为 6 个等级，如表 5–8 所示。

表 5–8　各种目标的一般色调

色调	目标物
黑色	海洋、湖泊、大的河流
深灰色	大面积森林、草地、耕地
灰色	陆地晴天积云、大沙漠、单独出现的卷云
灰白色	大陆上薄的中高云
白色	积雪、冰冻湖海、中等厚度的云
浓白色	大块厚云、积雨云、多层云

可见光云图上的色调取决于目标反射太阳辐射的大小。反射太阳辐射大，色调就白，反之则暗。而目标反射太阳辐射的大小又取决于太阳辐射强度和目标的反照率两个因素，即对同一目标，卫星观测的季节和时刻不同，云图的色调也是有差别的。在一定的太阳高度角下，物体的反照率越大，其色调越白；反照率越小，色调就越暗。这时从可见光云图上的色调可以估计反照率的大小，从而区分各种物体。由于云与地表间的反照率差异很大，所以在可见光云图上很容易将云和地表区别开。

5.2.2.2 红外云图（IR）

红外云图是卫星将红外波段测得的辐射转换成图像所得到的红外云图。辐射大用黑色表示，辐射小用白色表示。色调越黑表示红外辐射越大，目标温度越高；反之，色调越浅，表示温度越低。

红外云图所反映的是地表和云面的红外辐射或温度分布。如高云最白，中云次之，低云较暗呈灰色。根据红外云图上色调的差异来判别云层的高低，从而看出云系的垂直结构。大气和地表的温度随季节和纬度而变化，所以红外云图的色调表现为以下几种特征：

（1）红外云图上，地面、云面的色调随纬度和季节而变化

在红外云图上，从赤道到极地，色调越来越白，这是由于地面及云面的温度随纬度增高而减小的缘故。由于高纬地区地面与云之间、云与云之间的温差较小（这种情况冬季最明显，而且尤其在夜间），要区别冷地表与云、云的类型就比较困难。

（2）红外云图上海陆色调对比随季节变化

在冬季中高纬度地区，海面温度高于陆面温度，所以海面的色调比陆面要暗。但在夏季，陆面的温度高于海面温度，这时陆面的色调比海面要暗。图 5–14 中（a）、（b）是两张不同季节的红外云图，在图 5–14（a）中， 辽东半岛、山东半岛、朝鲜半岛因白天太阳加热使地面温度升高，因而呈现灰暗的色调。毗邻的渤海、黄海呈现灰白色。在图 5–14（b）中，由于冬季陆地冷却，温度低于海面，海陆色调正好与图 5–14（a）中的相反。

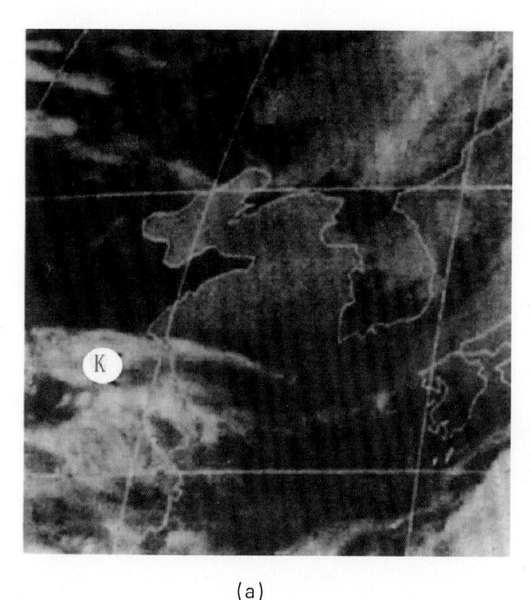

(a)

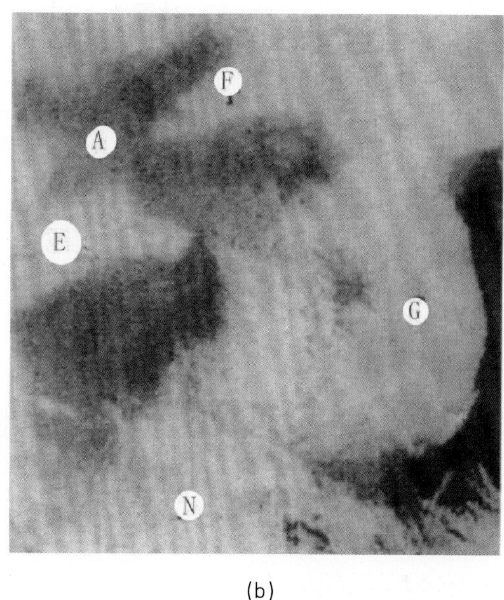

(b)

图 5–14　红外云图上地表色调的季节差异

(a) 中，辽东半岛、山东半岛、朝鲜半岛因白天太阳加热使地面温度升高，呈现灰暗色调，毗邻的渤海、黄海呈现灰白色；(b) 中，由于冬季陆地冷却，温度低于海面，海陆色调正好与 (a) 相反。K 处为卷云区。

总之，可见光云图和红外云图原理是不同的。比较一下，有些云和地表特征在两种云图上是相似的，有些则差异较大，见表 5–9。

卫星云图上标有卫星名称、拍摄时间（世界时）、卫星所处的经纬度、国境线以及云图种类。可见光云图用“VIS”表示，红外云图用“IR”表示。两种云图配合起来使用，比单独用一种更好些。一般说来，白天可以同时得到红外和可见光云图，而夜间只能得到红外云图。

表 5-9 可见光云图与红外云图的比较（少了可见光云图）

<table>
<tr><td rowspan="5">红外云图（IR）</td><td>黑</td><td colspan="2"></td><td></td><td>沙漠（白天）</td><td></td><td>暖海洋</td></tr>
<tr><td>深灰</td><td></td><td rowspan="3">层积云</td><td></td><td>晴天积云
沙漠（夜间）</td><td></td><td>冷海洋</td></tr>
<tr><td>灰</td><td>厚云（厚）
雾（厚）</td><td>晴天积云
卷层云（薄）</td><td>纤维状卷云</td><td>青藏高原</td><td>高山森林</td></tr>
<tr><td>浅灰</td><td>高层云（厚）
淡积云</td><td>纤维状卷云</td><td>高层云（薄）</td><td></td><td></td></tr>
<tr><td>白</td><td colspan="2">密卷云多层卷层云
卷云砧，冰雪地</td><td></td><td>消失中的
卷云砧</td><td></td><td>宇宙空间</td></tr>
<tr><td colspan="2"></td><td colspan="2">白</td><td>浅灰</td><td>灰</td><td>深灰</td><td>黑</td></tr>
<tr><td></td><td colspan="7">可见光云图（VIS）</td></tr>
</table>

5.2.3 地表特征分析

地表特征分析是根据地表特点，把卫星云图上的云和地表区别开，在卫星云图上以地表作为固定参照物进行定位，可以修正定位中出现的误差。

在可见光云图上，云面、陆面和海面的反照率相差较大，较容易识别；云、冰雪的反照率相差较小，比较难以识别。

5.2.3.1 陆地表面

陆地表面如果没有冰雪覆盖，在云图上一般表现为深灰色到浅灰色；有森林覆盖的陆地表面为深灰色，耕田、草原和牧场为中等程度灰色；沙漠黄土地区由于反照率较强表现为灰白色，稍不注意，就会误认为是云；小而薄的卷云，如果出现在较亮的沙漠表面上空，常常不容易识别。图 5-15 是 1988 年 2 月 9 日 11: 55 （UTC）的可见光云图，图中 D 是撒哈拉沙漠，N 是尼罗河沿岸带状耕作区，V 为非洲热带雨林。

5.2.3.2 水面（湖面和海面）

水面表现为黑色，在少云或无云的条件下，海洋上的岛屿、湖泊和大陆海岸线表现很清晰。

5.2.3.3 冰雪覆盖区

如果地面有大片冰雪覆盖，在图片上表现为白色或灰白色，很容易与云相混，不易区分。但有冰雪覆盖的山脉，在图片上往往表现有树枝状的分杈，明亮的区域是山脊，树枝的暗

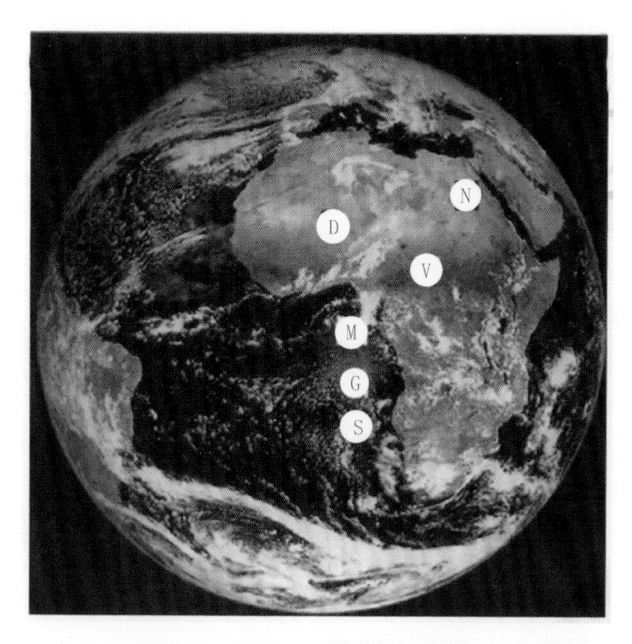

图 5–15　可见光云图的地表特征

图中 D 为撒哈拉沙漠、N 为尼罗河沿岸带状耕作区、V 为非洲热带雨林、G 为太阳耀斑。

线表示山谷，且前后几天变化不大，而云的形状却变化较快。

一般来说，有雪覆盖的地表面，积雪超过 3cm 时，雪面的反射才能在云图上表现出来，积雪越深，反射率越强。图 5–16 显示了我国西南地区横断山脉的积雪，其中树枝状的黑线是山谷，其走向与河流方向一致。

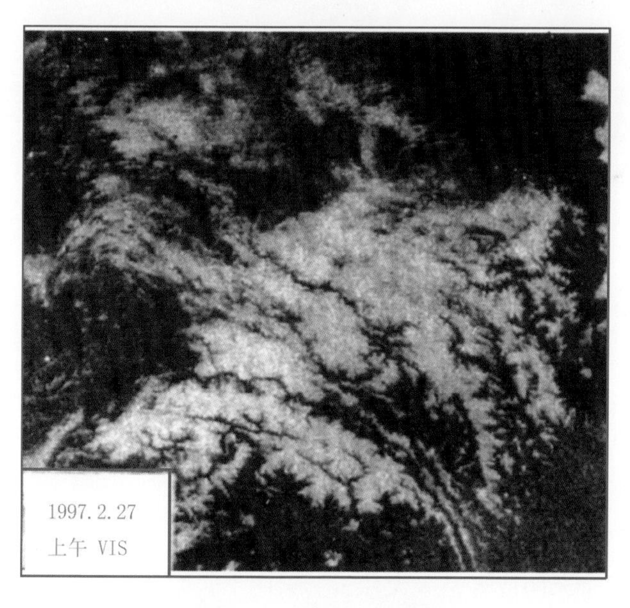

图 5–16　横断山脉积雪

图中显示了横断山脉的积雪，树枝状黑线是山谷，走向与河流的方向一致。

5.2.4 卫星云图上云的识别

5.2.4.1 云状识别

在可见光云图上，一般根据图像的 6 个基本特征来判别云状。这 6 个特征是：结构形式、范围大小、边界形状、色调、暗影和纹理。其中 5 个基本特征（除去暗影）也可应用于红外云图。

（1）结构形式

在卫星云图上，云系的分布式样即结构形式有带状、涡旋状、细胞状和波状等。云的结构形式能帮助我们识别云的种类和了解形成云的物理过程。例如，冬季洋面上的细胞状云系是冷空气从陆地到达洋面后变性引起的，云系以积状云为主，表现为细胞状，从而可以把它与海洋区别开来。又如台风、气旋云系具有涡旋结构，锋面、急流则表现为云带。图 5–17 是北大西洋地区的 IR 图，图中显示了 A 、B、N 三个涡旋及其相连的云带和细胞状结构云系。

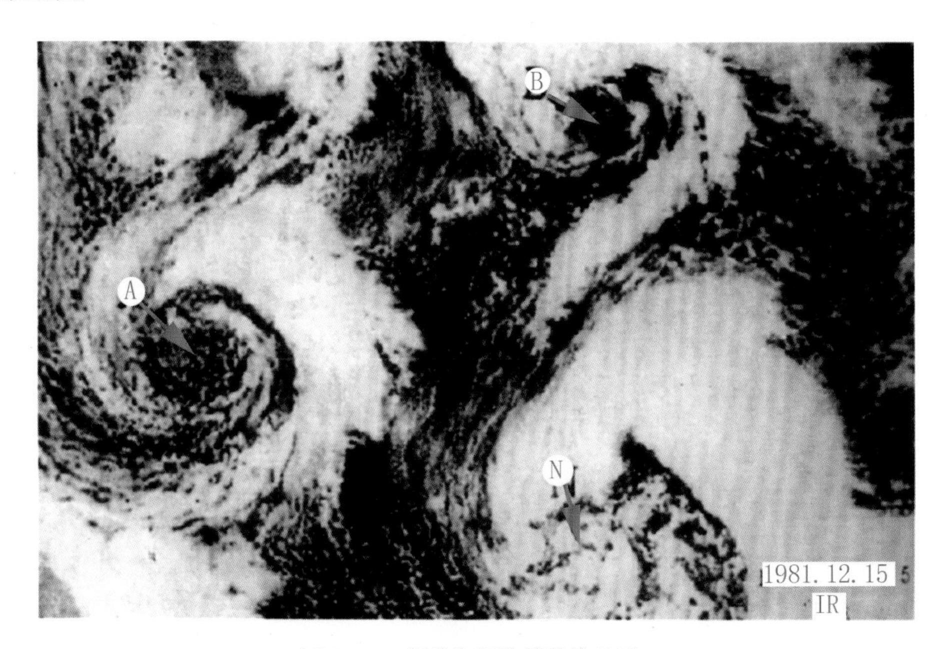

图 5–17　涡旋和细胞状结构云系

该图是北大西洋地区的 IR 云图，显示了 A、B、N 三个涡旋及其相连的云带和细胞状结构云系。

（2）范围大小

云图照片上物像的大小，直接表明物像的尺度。例如，根据云图上云区的范围大小，可以识别单体云、单个云团或者是一大片云。云图上云系的尺度是与天气系统一致的，如对应锋面和急流的云系可以长达几千千米，台风云系约为几百千米，而洋面上的细胞状云系，只有几十千米。

（3）边界形状

云图上的云和地表目标物都具有一定的形状，要区别图片上的物像是地表还是云，就应识别各种不同的云和物像的边界形状。云的边界形状因其形成原因而有一定规律，有直线的、圆形的，有呈气旋性弯曲的、有呈反气旋性弯曲的。例如，急流卷云的左界光滑，细胞状云系呈环状等。层云和雾的边界一般整齐光滑，边界的形状与地形走向相一致。

（4）色调

色调也称亮度或灰度，它指的是卫星云图上物像的明暗程度。在可见光云图上，由于色调与太阳高度角和目标反照率有关，对云而言，色调与云的厚度、云中粒子性质和云面光滑程度有关。一般来说，云的色调随云的厚度加大而变白。在云厚和照明条件相同的情况下，水滴组成的云比由冰晶组成的云要白；大而厚的积雨云在可见光云图上表现最白。在红外云图上，物像色调取决于其自身温度：温度越低，色调越白。在可见光云图中，薄的卷云几乎不能被发现。因为在陆地或水面上空，比较薄的卷云反照率较低，因此薄的卷云覆盖地区和地表面之间的色调差异很小，不易识别。而在红外云图上，同样的卷云仍然表现很亮，完全可以把它和较暖的（即较黑的）陆地和水面区别开来。

（5）暗影

暗影是指在一定的太阳高度角之下，高的目标物在低的目标物上的投影，所以暗影都出现在目标物的背光一侧，暗影可以出现在云区里或者云区的边界上，在云图上表现为一些细的暗线或者暗的斑点。分析暗影可以帮助我们识别云的相对高低，在识别暗影时，要注意将暗影和云的裂缝相区别。图 5–18 是四川盆地上空的卷云的暗影。在图中，B 是大片均匀的中低云区，在可见光云图上色调明亮；A 为云区 B 上空的卷云，这片卷云在 B 云区上投有明显的暗影；云区 C 在云图上纹理不均匀，说明云顶高度不一。

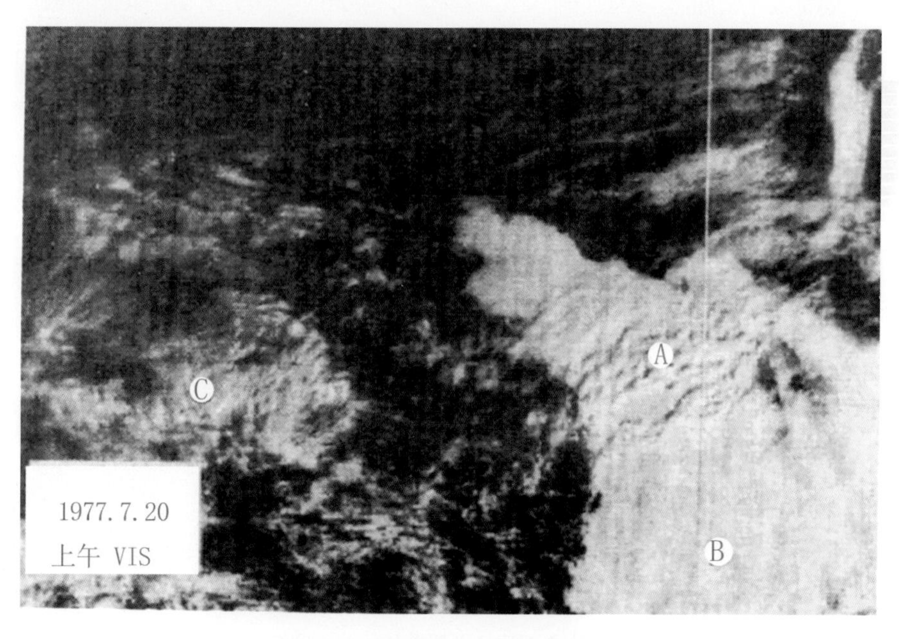

图 5–18　四川盆地上卷云的暗影

在红外云图上不出现暗影，云的相对高低由色调决定：云顶越高，色调越白。

在图中，B 是大片均匀的中低云区，在可见云图上色调明亮；A 为云区 B 上空的卷云，这片卷云在 B 区上投有明显的暗影；云区 C 在云图上纹理不均匀，说明云顶高度不一。

（6）纹理

纹理是用来表示云顶表面光滑程度的一个判据。由于云的种类不同、云顶高度不同、厚度不同而形成云的表面不一。有的表现光滑，有的表现为多起伏的皱纹和斑点，有的表现为纤维状。如雾和层状云的纹理一般很光滑和均匀，它表示为云顶较平，在云区内云层的厚度差异很小。如果云的纹理表现为皱纹或斑点，则表明云的表面多起伏，云顶高度不一，如积状云就具有这种特征。卷云区常出现的是纤维状的纹理。

识别云的 6 个判据，往往综合起来判别云状以及云的各种情况。

5.2.4.2 云的识别

目前，在卫星云图上可以识别：卷状云、积雨云、中云、积云、浓积云、低云和雾。

卫星云图上的云与地面观测的云有很多不同之处，最重要的一点是分辨率不同。如果地面观测到的云块小于卫星探测分辨率，在卫星云图上就不能辨认。

（1）卷状云（卷云、卷层云、密卷云、卷云砧）

卷状云主要由冰晶组成，透明度好，反照率低，因而在可见光云图上一般表现为浅灰色到白色不等，有时还可透过卷状云看到地面目标物。由于卷状云的温度比其他云都要低，所以在红外云图上表现为白色，与地表、中低云之间形成明显的反差，因而卷状云在红外云图上表现最清楚。卷状云多带有纤维状纹理。图 5-19 是 2001 年 5 月 22 日 14: 32 时的

图 5-19　纤维状卷云

云图中，内蒙古北部和太平洋上有大片的卷云区，卷云中的纤维状纹理清晰可见，与高空风的走向一致。

红外云图。图中，我国内蒙古北部和太平洋上有大片卷云区，卷云中的纤维状纹理清晰可见，与高空风的走向一致。

（2）积雨云

卫星云图上的积雨云常常是几个雷暴单体集合而成的。在可见光云图及红外云图上都表现得很白亮，呈浓白色，云顶比较光滑，在积雨云的边界上常有纤维状的卷云砧；有时在积雨云区上空高空风速甚小（在 500 hPa 上风速小于 7 m/s），则没有卷云砧出现，积雨云表现为一个个近乎圆形的明亮孤立的单体；有时候在热带地区可见到一团团的积雨云合并成大片白色的卷云区。图 5-20 显示了我国南方夜间的积雨云团群 A、B、C，其四周仅有一些短的卷云羽，表明该处高空风较小。图 5-21 为我国青藏高原南侧高空风很大时的

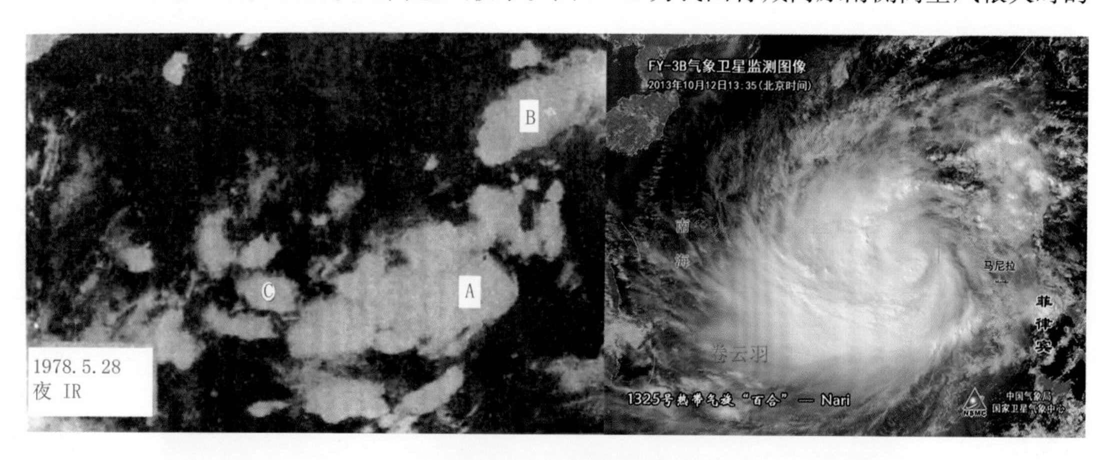

图 5-20 积雨云图

该图显示了我国南方夜间的积雨云团 A、B、C，其四周仅有一些短的卷云羽，表明该处高空风较小。

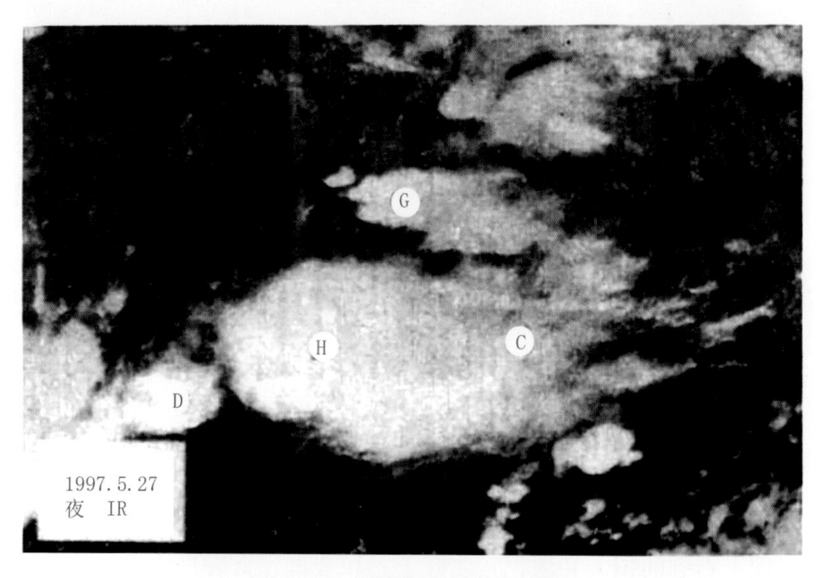

图 5-21 高空风大时的积雨云

这是一张红外云图，图片显示了青藏高原南侧高空风很大时的积雨云，G、H、D 表现为上风边界整齐，下风方向 C 上出现卷云砧，云系色调越来越暗，积雨云母体处色调很白。

积雨云团，G、H、D 表现为上风边界整齐，下风方向处出现卷云砧，云系色调越来越暗，积雨云母体处色调很白。

（3）中云（高层云和高积云）

在卫星云图上，高层云和高积云统称为中云。中云在卫星云图上常表现为一大片，范围可达（2 ~ 20）$\times 10^5$ km^2，云区的形式表现有涡旋状、带状、线状或逗点状。在可见光云图上与锋面气旋相连的中云色调很白，纹理均匀，呈一大片或带状，常伴随着雨层云，同时有降水出现。

在中纬度地区，中云的高度较高 4 ~ 6km。在可见光云图上也可出现暗影区，但不如卷云明显；如果中云下面没有低云，则其色调从灰色到白色不等。如果只有一层薄的中云，其色调表现为灰色。

中云区内有时有斑点，这是由于云区内厚度不一或有对流造成的。由于中云大多数出现在卷云下面，所以一般不易把中云和卷云区别开来。只有在气旋或锋面边缘处或在破碎的孤立云区中，才能直接见到中云。

在红外云图上，中云一般表现为浅灰色，云区的边界不清楚。图 5-22 显示了与锋面气旋相联系的中云的情况，图中 M-N 是与气旋相连的中云区，R 处表现为多起伏，说明该处云层厚薄不一，云中有对流，色调最白处与降水相连。

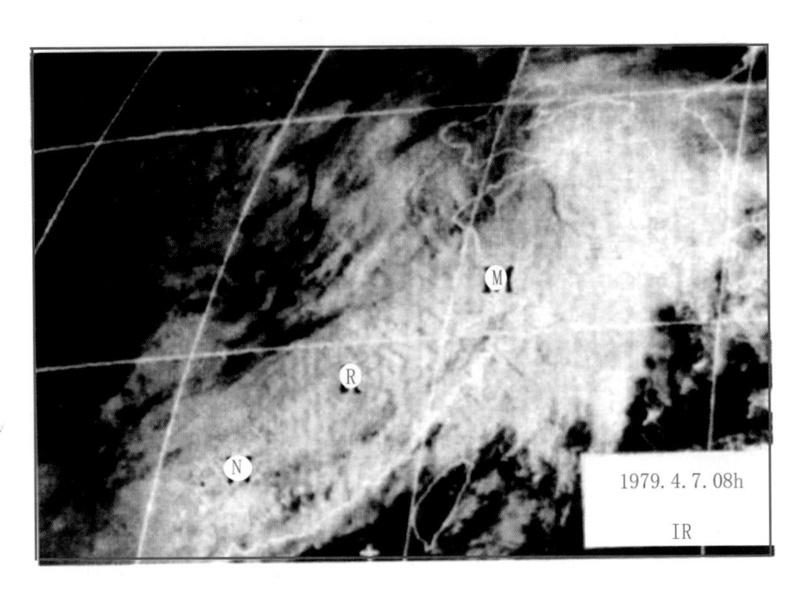

图 5-22　与锋面气旋相连的中云区

该图为可见光云图，图中 M 是与气旋相连的中云区，R 处表现为多起伏，说明该处云层厚薄不一，云中有对流，色调最白处与降水相连。

（4）积云、浓积云

在卫星云图上看到的积云和浓积云实际上是积云群，常表现为云线、云带或细胞状结构，云区边界清楚，但形状不整齐，其纹理表现为有皱纹、多起伏和不均匀（见图 5-23）。在可见光云图上的纹理不均匀是由于积云内部高度不一、厚度参差、云的形状不规则以及有暗影等原因造成的。在红外云图上的纹理不均匀则是由于云区内对流云顶高度不一而使云顶温度不一致引起的。对流较强的浓积云云顶较冷，色调较白；对流较弱的积云云顶较暖，色调较暗；由此在云图上形成暗淡相间的纹理。图 5-24 是台湾岛上空的积云和浓积云的可见光云图。晴天积云的色调由于和地表的色调差异很小，因而不容易识别，只是表现为比地表色调稍淡一些的模糊区域。

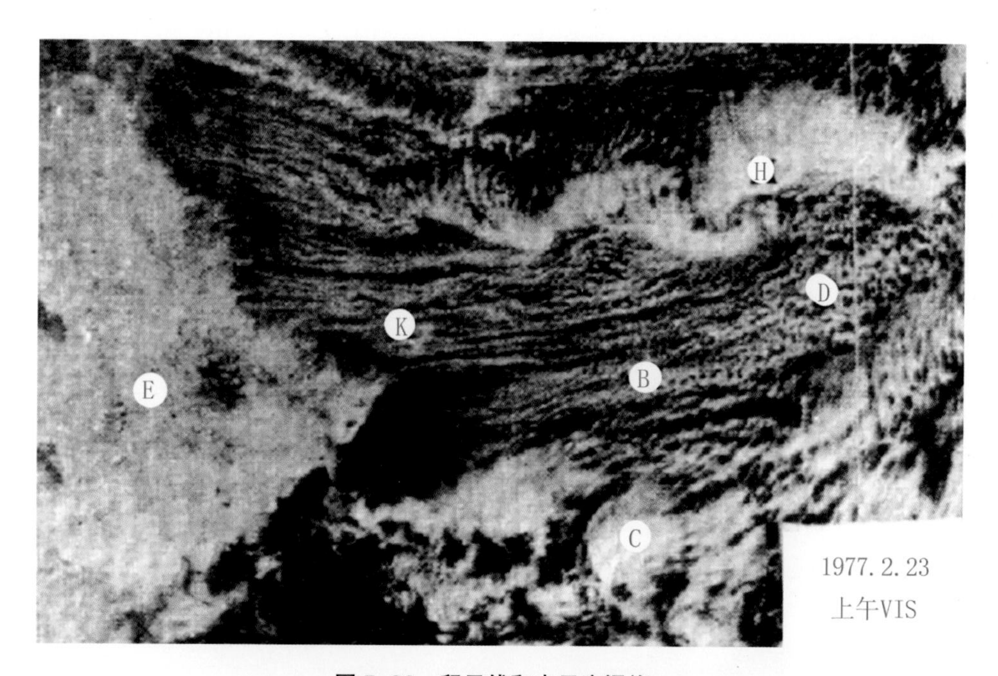

图 5-23　积云线和中尺度涡旋

图中，K、B 处为积云线，D 处为未闭合细胞状云系，H 处为涡旋状云系，E 处为海冰。

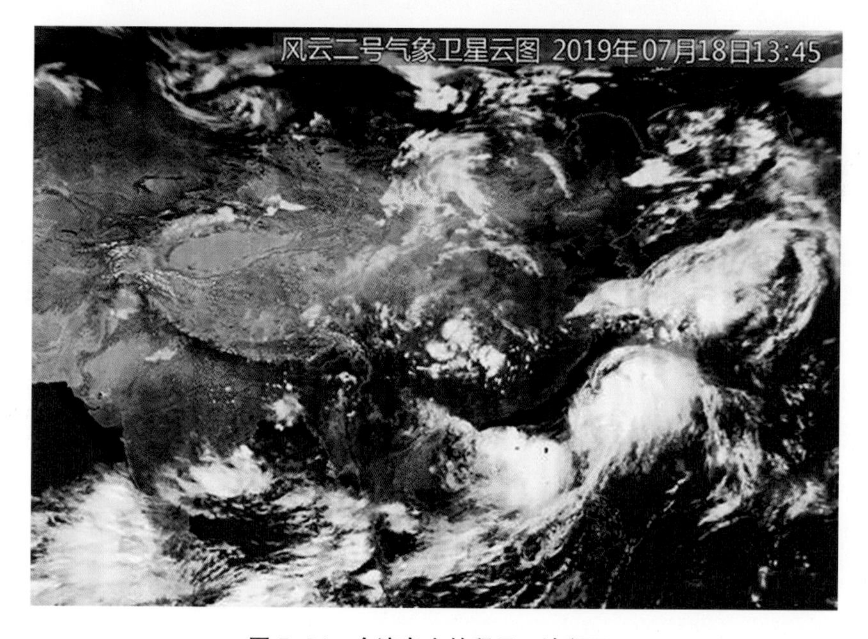

图 5-24　台湾岛上的积云、浓积云

（5）低云（层积云、层云和雾、雨层云）

在卫星云图上层积云、层云和雾、雨层云都属于低云。

① 层积云

由于层积云是在大气的乱流混合中形成的，所以在可见光云图上表现为多起伏的球状云区，并常是一大片或呈带状，在洋面上呈球状的闭合细胞状云系，如图 5–25 所示。层积云的范围可以相差很大，大体上与地面风速为弱风到中度风区域相一致。在冷锋后由于高云很少，层积云的结构很明显，在大陆上由于层积云的反照率较低以及层积云往往是断裂、 稀疏分布的，所以表现为灰色。在洋面上，由于水汽丰富，层积云一般密蔽天空，云顶也较均匀，故常呈白色，与中云的色调相似。

在红外云图上，由于层积云高度比较低，云顶温度较高，色调表现为浅灰到深灰色。

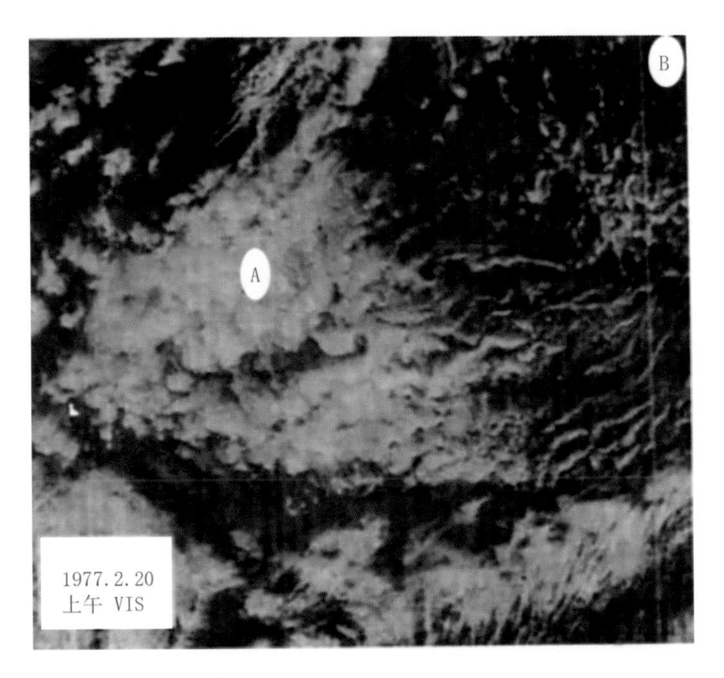

图 5–25　太平洋上的闭合细胞状云系

②层云和雾

由于卫星观测无法判断云底是否到达地面，所以云图上不能将层云和雾区别开，层云和雾的特征在云图上是类似的。

在可见光云图上，层云和雾表现为一片光滑均匀的云区，其色调从白色到灰色，这主要取决于云的稠密程度和太阳的高度角。如果层云与雾很厚（超过 300 m），则色调呈白色。层云和雾区的边界很清楚，常和地形（如海岸线、山脉、河谷）走向一致。层云和雾的这种特性是识别它的主要依据之一。图 5–26（a）（b）分别为上、下午的 VIS 云图。在上午云图中，黄海雾区伸至陆地；到下午，云图中陆地上的雾消散，海雾西界与海岸线相一致。

由于层云和雾的云顶高度很低，云层厚度很薄，所以一般看不到暗影。在红外云图上，层云和雾表现为灰色，纹理均匀；在夜间，近地面若有逆温层存在，层云或雾区的温度反而比四周无云区地面温度要高，因而云（雾）区的色调反而比四周无云区地表面显得更黑，这种现象在红外云图上称为“黑层云”或“黑雾”。

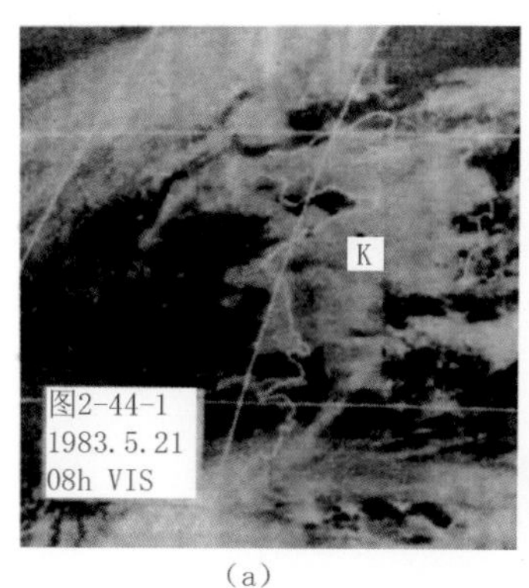

(a)

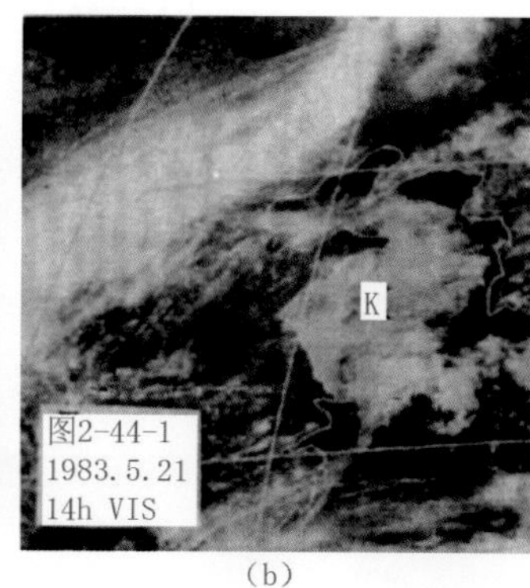

(b)

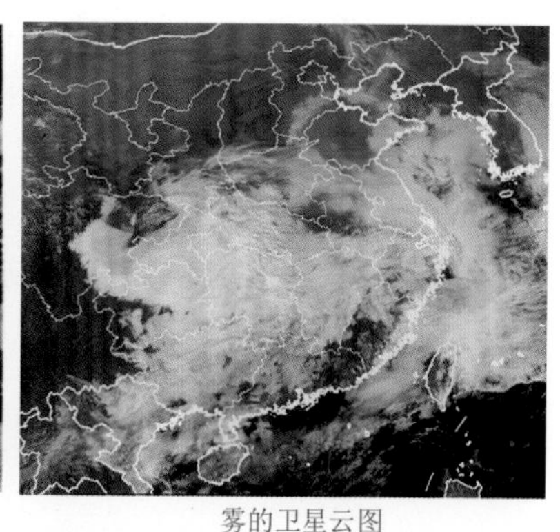
雾的卫星云图

图5–26　黄海雾区

(a)(b)分别为上下午的VS云图，在上午云图中，黄海雾区(K)伸至陆地。

在下午云图上，雾消散，海雾西界与山东和苏北沿海岸线一致。

③雨层云

在可见光云图上，雨层云的色调从白到灰白不等，当太阳高度角较低时，可以在雨层云中出现纹线。一般说来，雨层云出现在锋面云带中，另外，在热带季风云系中也可以见到。

在红外云图上，雨层云表现为均匀的浅灰色。

5.2.5 天气尺度云系

天气尺度云系是指卫星云图上范围在500 ~ 5 000 km的云系。主要有带状云系、旋涡云系、逗点云系、细胞状云系、波状云系等几种。通过对天气尺度云系分布的分析能够从云图上识别各类天气系统，并判断其发展情况，这对天气分析和航线天气预报有极大的帮助。

5.2.5.1 带状云系

带状云系是指一条大体上连续的云带，它具有明显的长轴，长宽比至少为4:1。如果云系的长与宽之比小于4:1，则称该云系为云区。若带状云系的宽度大于一个纬距，称为云带，宽度小于一个纬距的称为云线。

带状云系大多数为多层云系，云的种类可以是卷状云，也可以是积状云或层状云。一般锋面、急流、热带辐合带等都表现为带状云系。

云线在卫星云图上有积云线和卷云线两种。积云线由积云、浓积云组成，在可见光云图上表现清楚。低压后部的冷气团中，常见到积云线，这些积云线的走向指示了低空风的方向；在高空急流里也常能见到一条条的卷云线，卷云线在红外云图上很清楚，它指示了高空风的方向。

5.2.5.2 旋涡云系

涡旋云系是指在卫星云图上的一条或数条云带或云线以螺旋形式旋向一个共同的中心的云系。这类云系一般和大气中的气旋性涡旋相联系，识别这种云系可以确定大气中一些重要的低压中心的位置，并判断气旋性扰动发展的阶段。发展完好的温带气旋、成熟的台风等，螺旋结构表现很明显。图 5-27 是爱尔兰西南方的一个发展完好的气旋，主要云带围绕气旋中心旋转一圈以上，螺旋结构十分清楚。图 5-28 是一个成熟的台风，其涡旋云系近于圆形。

图 5-27　爱尔兰西南方的一个发展完好的气旋

图 5-28　9806 号台风的 IR 云图

5.2.5.3 逗点云系

逗点云系是涡旋云系的一种，云系形状像标点符号中的逗号，常出现在西风带高空槽前部，由中高云组成，色调很白。发展完好的逗点云系，在地面常有低压系统相对应，图 5-29 就是一张逗点云系的红外云图。

5.2.5.4 细胞状云系

细胞状云系主要出现在湖面和洋面上。在冬季，当冷锋移到洋面时，锋后的冷空气由于受暖洋面的加热作用，气层很不稳定，引起强烈对流，造成大片的积云区，这种由大片的积云组成的云系就称为细胞状云系。每个细胞直径为 40 ~ 80 km，由于它的尺度较大，一般不能在地面上观测到。凡是出现细胞状云系的地区，风速垂直切变都较小。如果风的垂直切变较大，细胞状云系也就被破坏了。

细胞状云系可分为两大类：未闭合的细胞状云系和闭合的细胞状云系。

（1）未闭合的细胞状云系：是指每个细胞中心部分是晴空少云区，而在边缘是云区，细胞形状表现为指环形或“U”字形。这类细胞状云系主要是由浓积云或积雨云组成的，因此常形成在气温和海水温度差异较大、对流比较强的地区。图 5-30 是在北大西洋上出现的未闭合细胞状云系的可见光云图，图中，C 是气旋云系中心，A 处是围绕这中心的大片未闭合细胞状云系。

（2）闭合的细胞状云系：每个细胞中心是云区，而在细胞的边缘却是无云或者少云区。这类细胞状云系主要由层积云组成。形成这种云时，海水与空气之间的温度差异较小，对流比较弱（见图 5-25）。

图 5-29　太平洋上出现的逗点云系

图中 G—B 是围绕低压旋转的云带，云带呈气旋性弯曲。

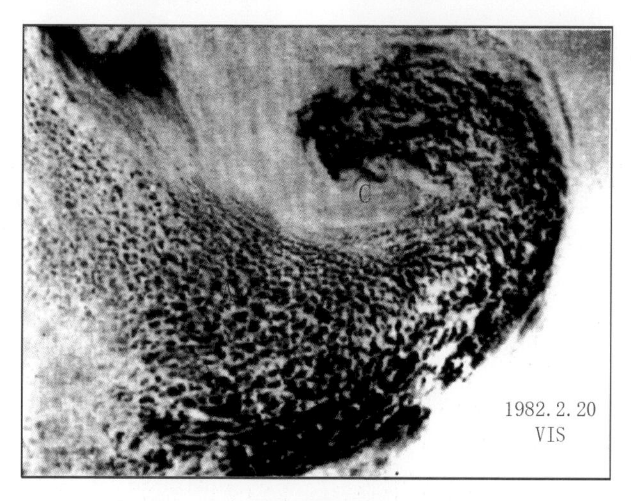

图 5-30　低压周围的细胞状云系

图中，C 是气旋云系中心，A 处是围绕这中心的大片未闭合细胞状云系。

细胞状云系与地面、高空的流场有一定的关系。一般情况下，未闭合细胞状云系出现在低空气流呈气旋性弯曲的地区，即地面气压场上低压后部等压线表现为气旋性弯曲的地区。闭合细胞状云系出现在低空气流呈反气旋性弯曲的地区，即地面气压场上高压东南部等压线表现为反气旋性弯曲的地区。

细胞状云系一般出现在洋面上。在中纬度地区，强寒潮冷锋之后以及夏季青藏高原上也可以见到。

5.2.5.5 波状云系

在卫星云图上，有时可以看到排列整齐、有波纹状结构的云系，称为波状云系。它有以下两种：

（1）山脉背风坡后由重力波造成的云系

山脉背风坡上空产生的波状云和山脉的走向一致，平行排列。图 5-31 中 G 处是东北—西南向的山脉，在山脉下风方向的 O 处形成了一系列十分清晰的波状云，走向平行于山脉，并且横跨整个西北气流。在这些地区飞行会发生强烈的颠簸。

（2）高空急流区中的横向波动云系

高空急流里的波状云系以卷云线的形式出现，波状卷云线的方向与急流轴正交，并使急流云系的左边界表现为扇贝状或锯齿形。当有横向波动出现时，风速都很强，一般大于 40 m/s。这种横向波动云线是风的水平切变的结果。由于水平切变，使得卷云线在云区内离开急流轴，最远的一些云线末端朝上风方向旋转。飞机探测表明，横向波动云线中的乱流，比表面光滑的盾状卷云区或带状卷云区中要强得多，所以飞机在这种云区中常常会遇到严重的颠簸。图 5-32 是 GOES 卫星的可见光云图，显示了直气流中的横向云带和扇贝状卷云，虚线包围的范围为中或强的湍流区。

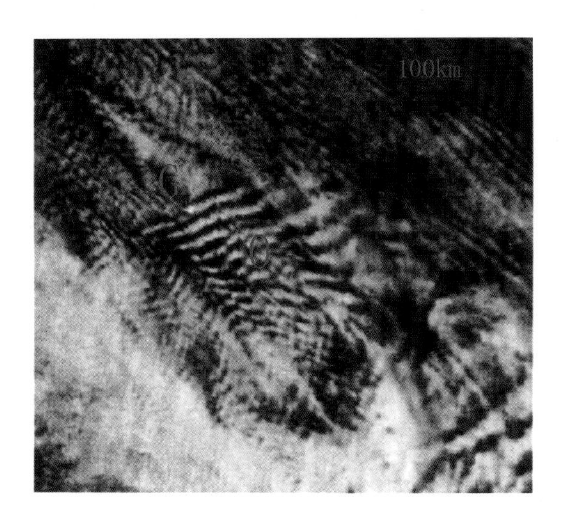

图 5-31　山地波中的波状云

山地波中的波状云系，图中 G 处是山脉，O 处是背风波云，云条平行排列与山脉走向一致。

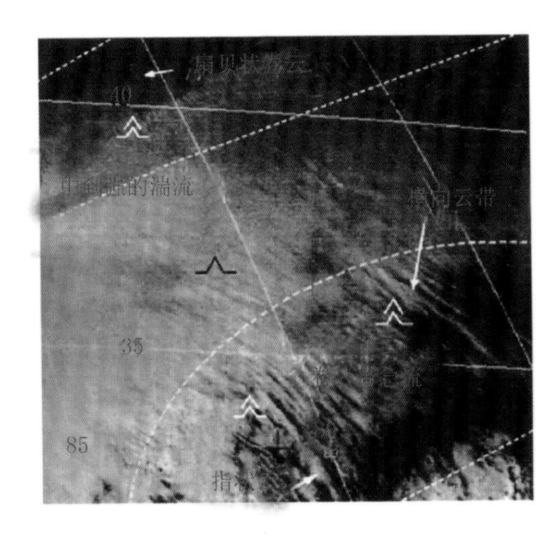

图 5-32　高空急流中的横向云带

GOES 卫星的可见光云图，显示了直气流中的横向云带和扇贝状卷云，虚线包围的为中或强的湍流区。

5.2.6 重要天气系统的云图特征

重要天气系统主要是指锋面云系、高空急流云系两类，其云图各自有独特的特征。

5.2.6.1 锋面云系的特征

在卫星云图上，锋面往往表现为带状云系，称为锋面云带。锋面云带往往有数千千米长，其宽度差异很大，窄的只有 2 ~ 3 个纬距，宽的可达 8 个纬距。锋面云带常常由多层云系组成，最上一层是卷状云，下面是中云或低云。

（1）冷锋

活跃的冷锋表现为与涡旋云系相联系的一条宽的、连续的、完整的云带，色调较白，平均宽度在 3 个纬距以上，长度有数千千米，离涡旋中心越远，冷锋云带越窄。云带边界清楚，呈明显的气旋性弯曲。高空风大体上平行于活跃的冷锋，云带为多层云系（以层状云为主），常伴有降水。

如果冷锋云带前界光滑，锋线就在云带的前界；如果冷锋云带后界光滑，锋线就在云带的后界。图 5-33 是我国南方的冷锋云系，云带宽达 4 个纬距，左界整齐，且呈气旋性弯曲。云带后界光滑，因此锋线就定在云带的后界。

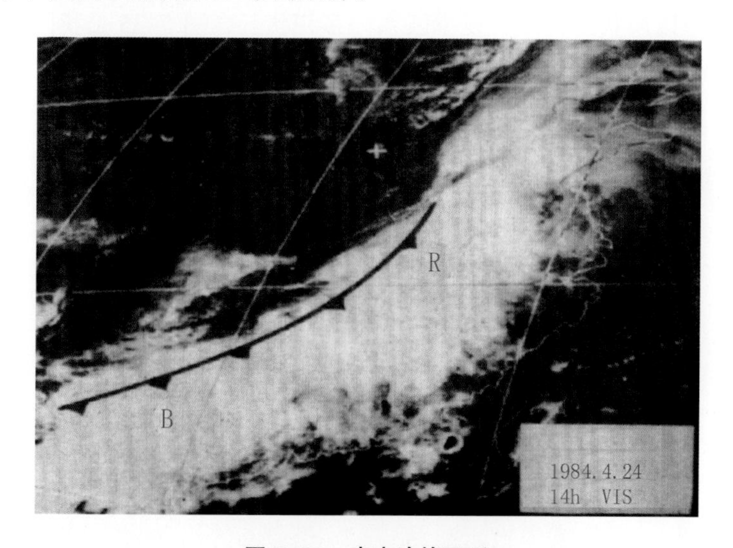

图 5-33　南方冷锋云系

图中，R—B 是我国南方的冷锋云带，云带宽达 4 个纬距，左界整齐，且呈气旋性弯曲。

（2）暖锋

暖锋云带的主要特征是短而宽，一般只有几百千米长，宽为 300 ~ 500 km，云区呈反气旋性弯曲，并向冷空气一侧凸起。图 5-34 是发展气旋中的暖锋云系，云系呈反气旋弯曲，以卷云为主，暖锋定在暖锋云系下方的某个地方。夏季，云区里还可能有积雨云。

在卫星云图上，暖锋表现为一片向北凸起的卷云覆盖云区，其长宽很小。图中，B 是气旋处于发展阶段的暖锋云系。

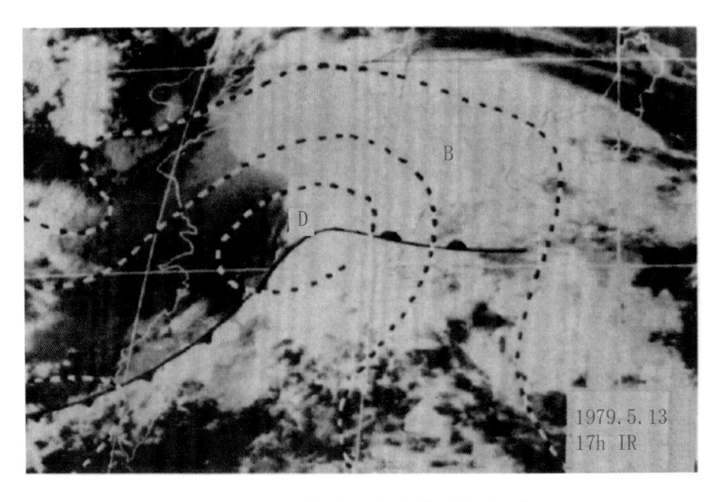

图 5-34　发展气旋中的暖锋云系

（3）静止锋

静止锋云带与冷暖锋云带不同，它一般不呈气旋性或反旋性弯曲。高空风大体平行于锋，而且云带很宽，分布不均匀，边界不规则；有时，静止锋南界常伸出一条条枝状云线。静止锋云系在冬季以层状云为主，夏季云系内多积状云，图 5-35 是我国南方冬季出现的静止锋云系，云区范围很宽，色调白亮而均匀。

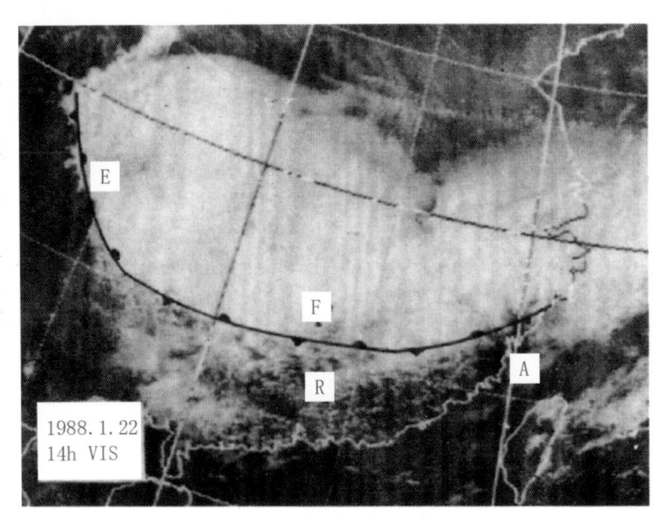

图 5-35　冬季南方静止锋云系

图中，E—F 是我国南方的静止锋云系，云系白亮而均匀，在锋前暖区（R）内为纹理不均匀的积云、浓积云，A 处是锋前洋面层状云。

（4）锢囚锋

锢囚锋云带表现为一条宽约 300 km，且有较亮的气旋式螺旋的云带，其中心即地面气压中心。螺旋云带的后部边界一般很清楚，其后面常常是一条无云或少云带；螺旋云带的前部边界比较不清楚而且参差不齐。在红外云图上，接近螺旋的中心色调逐渐变暗，因

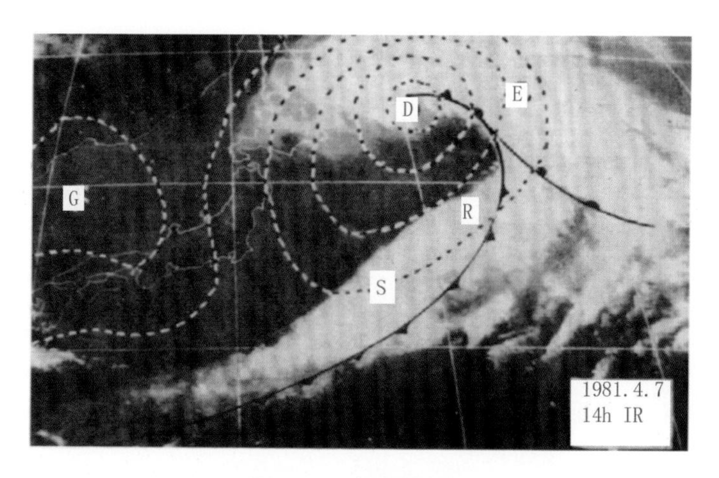

图 5–36　锢囚锋云系

锢囚锋云系表现为一条从暖区顶端出发，按螺旋形状旋向气旋中心的云带，图中显示了具有冷暖锋结构的锢囚气旋，E 为锢囚锋云带，锢囚锋定在云带后界附近。

为螺旋中的云最低。图 5–36 是一个具有冷暖锋结构的锢囚气旋，锢囚锋定在云带后界附近。

5.2.6.2 高空急流云系

在卫星云图上，高空急流云系的特征有：

（1）急流卷云区位于急流轴南侧（北半球），其左界清楚且与急流轴平行。

（2）在急流呈反气旋弯曲的地方云系稠密，在急流呈气旋性弯曲的地方云系稀薄或消失，所以急流云系主要位于急流呈反气旋弯曲的地方。

（3）在可见光云图上，急流云系左界有明显的暗影，而且暗影呈反气旋弯曲的线状。

图 5–37 是一条十分典型的副热带急流云系的卫星图像。整个云系由卷云组成，北部

图 5–37　副热带急流云系

这是一条典型的副热带急流云系，整个云系由卷云组成，北部边界十分清晰，并略呈反气旋性弯曲，急流的强风带轴线就位于云系的边界处。云系西端位于孟加拉湾南支槽前，经长江口南，穿过日本南部海域抵达北太平洋中部，全长 1 万多千米。

边界十分清晰，并略呈反气旋性弯曲，急流的强风带轴线就位于云系的边界处。云系西端位于孟加拉湾南支槽前，经长江口南，穿过日本南部海域抵达北太平洋中部，全长 1 万多千米。

图 5–38 是中纬度地区出现的盾状急流云系的云图。这种急流云系的范围十分宽广，且呈反气旋弯曲的盾状，云区的左界光滑，与急流轴相平行，这种卷云常常可以在高空槽前部的锋区中看到。

当高空急流附近水汽条件不充分时，在高空急流区就没有大片卷云，只表现为一条条狭长的卷云线，这种卷云线大体上与风向相平行，并处于急流轴的南侧。由于这种卷云线是断裂的，所以不容易确定急流轴的位置。但根据卷云线可以推断高空风的风速，卷云线越狭长，边界越光滑，说明风速越大。

在高空急流云系中，时常可见到与急流轴相垂直的波状云线，使得急流轴的左界呈现锯齿形，这种云系称横向波动云系。图 5–39 中，有一条条相互平行且与急流轴垂直的横向波动云线，左边是一片急流卷云线。飞机探测表明，在横向波动云线中的乱流，比表面光滑的盾状卷云区或带状卷云区中强得多，所以飞机在这种云区中常常会遇到严重的颠簸。当有横向波动出现时，风速都很强，一般大于 40 m/s。这种横向波动云线是风的水平切变的结果。由于水平切变，使得卷云线在云区内离开急流轴，最远的一些云线末端朝上风方向旋转。

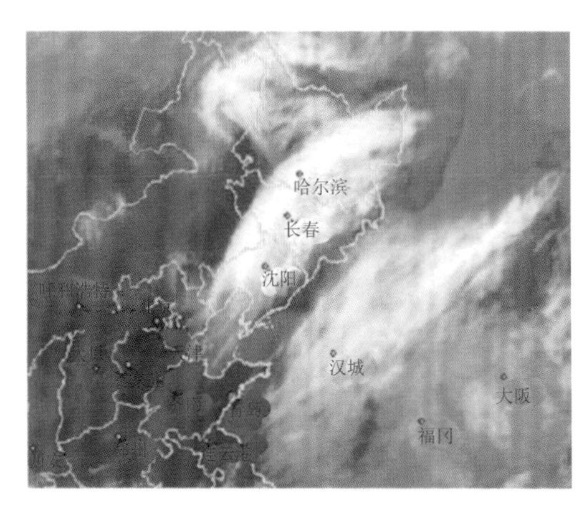

图 5–38　宽广的盾状卷云区

图中上部白亮的云区是一片盾状卷云区，其左界整齐光滑，与急流轴平行。

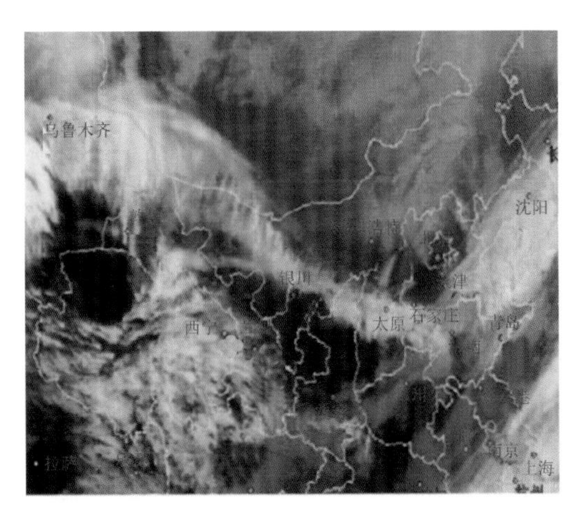

图 5–39　高空急流中的横向波动云系

图中有一条条相互平行且与急流轴垂直的横向波动云线，左边是一片急流卷云线。

5.3 气象雷达

气象雷达主要用无线电的方法发现空间目标并测定其位置。气象雷达的工作波长为 3 ~ 5cm，仅对较大的降水粒子有效，这一点同卫星云图形成鲜明的对照。卫星观测所用的波长比天气雷达所用的波长小得多，对非常小的云粒子很敏感，因此雷达和卫星两种图像相互补充，为天气分析和预报提供详细的资料。利用气象雷达不但可以测出降水区域的分布，而且可以测出机场附近及航线上的雷暴、湍流与冰雹，使管制人员能够引导飞机安全地飞过这些区域，这对保障飞行安全有重要的意义。目前，气象雷达已成为探测云雨等天气最有效和最基本的装备之一。本节主要介绍气象雷达的探测原理，各种回波的识别以及雷达图像的分析。

5.3.1 雷达探测基本知识

5.3.1.1 雷达探测的原理

雷达是以向空间发射电磁波，并检测来自目标的回波的方式来判断目标是否存在以及目标的空间位置。

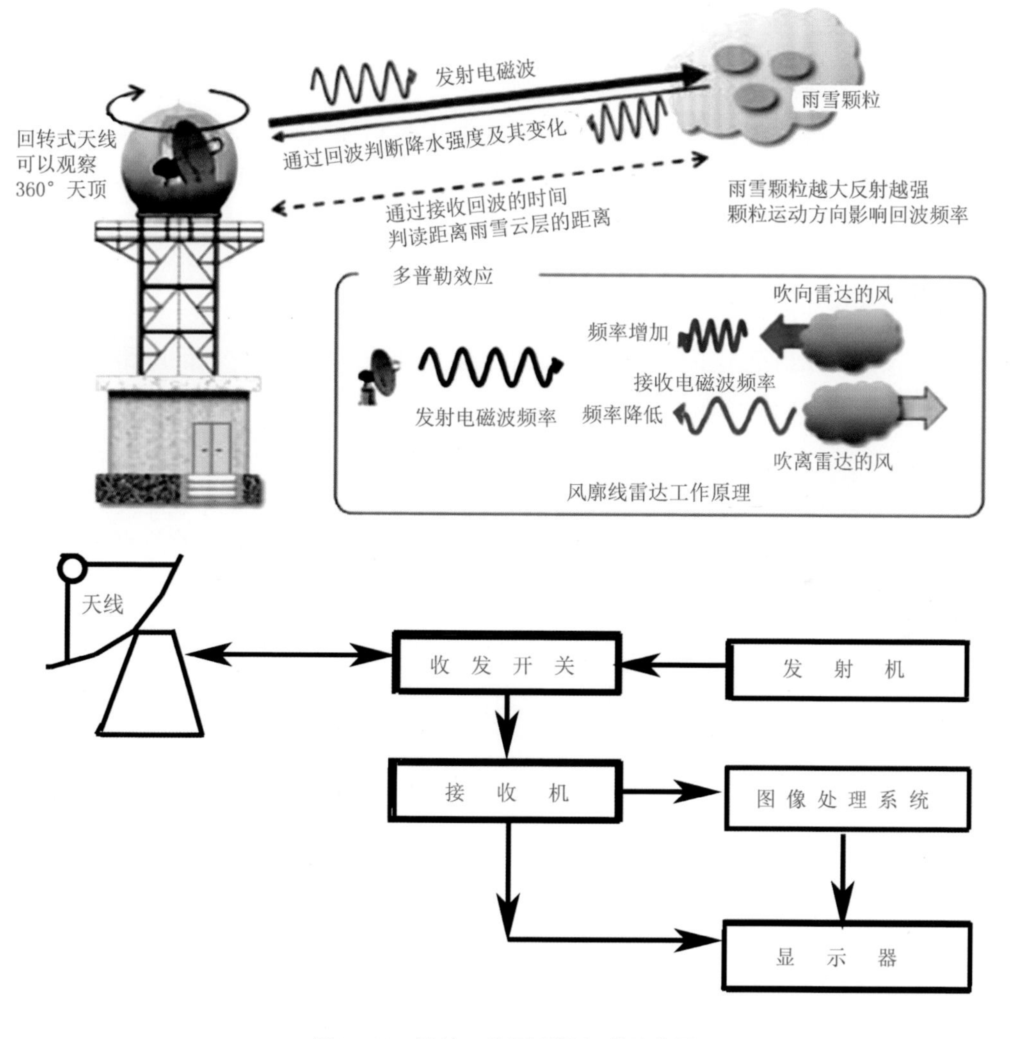

图 5-40　雷达工作原理及组成示意图

雷达的工作原理和组成,如图5-40所示。从图中可以看出，雷达主要由天线、收发开关、发射机、接收机、显示器和图像处理系统 6 个部分组成。其工作过程是发射机产生的高频大功率电磁波脉冲，通过天线定向发射出去，在以光速传播的过程中，遇到雨滴、冰粒、云滴等气象目标时，照射的电磁波便产生散射和吸收。

目标散射的能量也是一种电磁波，它分布在目标周围的各个方向上。在这些散射波中，我们感兴趣的仅仅是处在雷达接收机方向上的散射波，这种散射波称为后向散射波，也常常称它为目标的回波。目标的回波以光波的速度沿着和发射波相反的方向传播到雷达的接收天线，并送到接收机。从功率的角度讲，回波信号仅仅是散射能量中很小的一部分，它比发射信号的能量要小得多。对于如此微弱的回波信号，人们无法直接认识其中的信息，必须经过接收机中各级放大器和信号变换电路以后，把它放大到 100 万倍以上，才可以被人们识别。因此雷达接收机的任务是对回波信号进行放大和变换，以满足雷达显示器正常工作时的要求，在荧光屏上显示出气象目标回波图像。图像处理系统的计算机，可对气象回波信号进行数字处理,在彩色监视器荧光屏上显示出以彩色表示的不同强度的回波图像、地理标志、探测时间以及有关雷达参数等数据。

应当指出，常规雷达系统只有一个天线，它既是发射天线，又是接收天线，具有发射电磁波和接收回波信号的双重作用。天线的发射或接收作用的分工问题是由收发开关电路来解决的。天线收发开关电路的作用是，当发射机工作时，天线收发开关电路把发射机和天线之间的电路接通，将发射机输出的信号送往天线，并向空间辐射电磁波。与此同时，把接收机与天线之间的电路切断，保证了发射机工作的安全可靠。在另一种情况下，当接收机工作时（这时发射机不工作），天线收发开关把接收机与天线之间的电路接通，同时切断发射机与天线之间的电路，从而保证了回波信号只进入接收机而不进入发射机。

5.3.1.2 气象雷达的种类

用于进行气象探测的雷达，根据其用途的不同可以分为天气雷达、测云雷达、多普勒气象雷达和机载气象雷达四类。

（1）天气雷达

天气雷达（又称测雨雷达）主要用于探测降水的发生、发展和移动，并以此来跟踪降水系统。天气雷达的工作波长为 3 ~ 5 cm，它能探测 200 ~ 400 km 范围内的降水和积雨云等目标，测定其垂直和水平分布、强度、移动方向、速度和发展演变趋势，发现和跟踪天气图上不易反映出来的中小尺度系统。因此，天气雷达是短时期天气预报和航空气象保障工作的一种有力工具。

（2）测云雷达

测云雷达主要是用以探测未形成降水的云层高度、厚度以及云中物理特性的气象雷达。测云雷达和测雨雷达工作原理相似，它利用云滴对电磁波的散射作用，来测定云底、云顶高度和云的层次。由于云滴直径很小，所以测云雷达选用比较短的波长。但云滴和雨滴之间并没有一个明显的界限,据探测实践,测雨雷达也能探测到一些云滴较大、浓度较高的云。

（3）多普勒气象雷达

多普勒气象雷达是利用多普勒效应来测量云和降水粒子相对于雷达的径向运动速度的气象雷达。它除具有一般天气雷达的功能外，还可以测出各高度上的风向、风速、垂直气流速度、湍流和强的风切变、云雨滴谱等，特别是在监测雷暴、冰雹、下击暴流、龙卷等航空危险天气方面十分有效。

（4）机载气象雷达

机载气象雷达是供飞行人员在飞行中探测航线上的积雨云、雷暴等危险天气的雷达。它也是一种天气雷达，它能有效探测的仅仅是那些含有大小水滴的“湿性” 气象目标。屏幕采用彩色平面位置显示，气象目标回波在显示器上以多种色彩显示。

5.3.1.3 天气雷达对气象目标的探测

（1）对降水区的探测

水是一种导体。液态的水滴具有良好的导电性，因此，包含有较大雨滴的空中降雨区域，能够对天气雷达所辐射的电磁波产生一定程度的反射，形成降雨区的雷达回波。但降雨区的反射特性与金属有明显的差别，电磁波不能穿过金属向前传播，而对于空中的降雨区域来说，由于雨滴不能完全充满降雨空间，雨水的导电性也不如金属，加上气象雷达所发射的电磁波的波长很短，因而当雷达波由无雨区射向降雨区时，除了会在雨区界面处反射一部分入射波能量外，雷达波仍可继续穿入整个降雨区域从而产生不断的反射。不仅如此，雷达波在穿透整个雨区而射向位于该雨区后面的其他气象目标时，也同样会使这些较远的气象目标产生各自的雷达回波。毫无疑问，雷达波的这种穿透能力正是我们所需要的。它使气象雷达能够透过遮挡的近距离目标，而发现较远的气象目标。

对降雨区而言，雨滴的直径越大，则该雨区所产生的雷达回波就越强。湿雪和湿冰雹，由于表面有一层水膜，对入射的雷达波产生有效的反射，所以能形成很强的回波。干冰雹对雷达波的反射能力很差，雷达气象学的研究表明，干冰雹所产生的反射回波只相当于同样尺寸的雨滴的1/5左右。因此，颗粒较小的冰雹区域所产生的反射回波很弱，难以被雷达所检测。只有当干性冰雹的直径增大到雷达波长的8/10左右时，才能被雷达正常检测到。这对一般的气象雷达来说，意味着冰雹的直径已达到2.5 cm左右。

人们常用“dBZ”来表示反射率因子的大小。dBZ可用来估算降雨和降雪强度及预测诸如冰雹、大风等灾害性天气出现的可能性。一般地说，它的值越大，降雨、降雪可能性越大，强度也越强。当它的值大于或等于40 dBZ时，出现雷雨天气的可能性较大，当它的值在45 dBZ或以上时，出现暴雨、冰雹、大风等强对流天气的可能性较大。

（2）对湍流的探测

天气雷达是通过与湍流夹杂在一起的水滴反射雷达波时的多普勒效应而检测湍流的。被湍流所夹带的水滴在反射雷达波时，由于其急速多变的运动特点，与一般降雨区所产生的反射回波是明显不同的。天气雷达正是根据这一特性来检测湍流的。

综上所述，猛烈的暴雨区域、与之相伴的夹带雨滴的中度以上的湍流区域、表面包裹着水层的冰雹以及直径较大的干冰雹，均可产生较强的雷达回波。直径较小的干冰雹对雷达电波的反射很微弱，因而不能有效地被雷达检测。与此相似，干的雪花也不能产生有效的回波，只有潮湿的较大雪晶，才可能产生较弱的回波。此外，天气雷达也不能直接探测晴空湍流区如图 5–41 所示。

一般的云、雾中虽含有大量的微细水珠，但因其直径过于微小，也不能在天气雷达上产生回波，因而不能被有效检测。

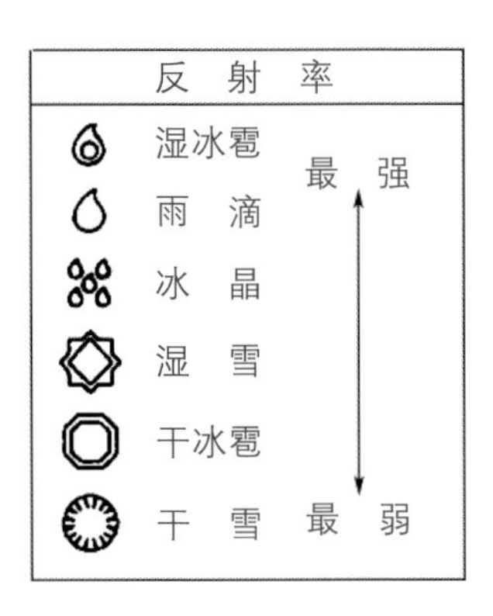

图 5–41　不同气象目标的反射特性

5.3.1.4 雷达显示

雷达显示器的作用是把目标的回波信号显示在荧光屏上，直接测定目标的大小、位置、强度和性质等。天气雷达常用的显示方式有以下几种：

（1）平面位置显示（简称平显或 PPI）

电子束从屏幕的中心向外做等速的径向扫描，可在荧光屏上显示出雷达站周围气象目标的分布。

（2）距离高度显示（简称高显或 RHI）

它是用来显示气象目标回波的垂直分布。

由于雷达技术的发展，现代气象雷达都已采用彩色显示。根据目标对雷达波的反射率，将不同强度的回波分为若干色调，如我国普遍使用的 714 系列天气雷达将反射率因数从 0 ~ 75 dBZ 就分为从深蓝色到深红色共 15 种颜色。

5.3.2 地面雷达回波的识别

气象台的雷达主要是地面的天气雷达，因此对天气雷达回波的识别十分重要。

5.3.2.1 降水回波的识别

（1）层（波）状云降水回波特征

在平显（PPI）上，层（波）状云降水回波的范围较大，显绿色，呈比较均匀的片状，边缘发毛，破碎模糊，如图 5–42 所示。若在大范围的弱降水中含有强雨中心，则形成片絮状回波，

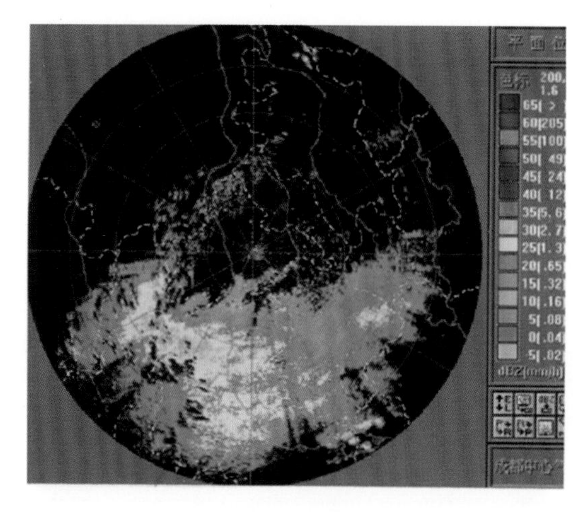

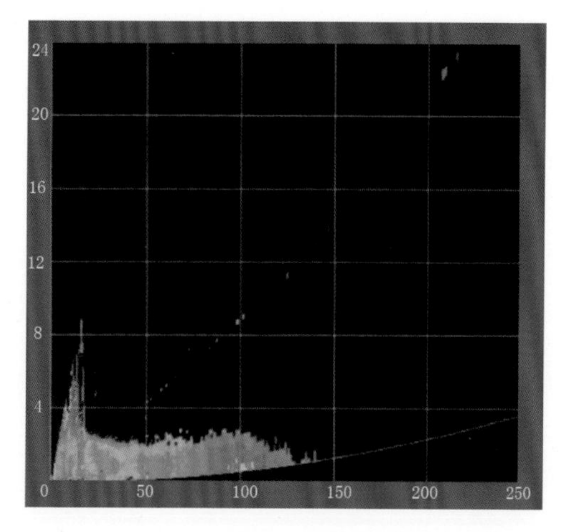

图 5–42　CTL 天气雷达上层状云降水的 PPI 图像　　图 5–43　CTL 天气雷达上层状云降水的 RHI 图像

中间有黄色或红色。在高显（RHI）上，层状云降水回波高度不高，顶高一般 5 ~ 6 km，随地区和季节有所不同。回波顶比较平坦，没有明显的对流单体突起，如图 5–43 所示。

当对层状云连续性降水进行铅直扫描探测时，在 RHI 上会出现一条平展而且比较强的回波带，色调为黄色或红色。它的高度通常在零度等温线以下几百米的地方，称为零度层亮带，有时也称为融化带。零度层亮带是层状云连续降水的一个重要特征，它反映了在层状云降水中存在明显的冰水转换区，即亮带上面的降水粒子以冰晶为主，通过亮带后全部转化为水滴。在冰晶或雪花掉到 0℃层以下融化成水滴的过程中，表面常先融化并形成有一定厚度的水膜，使其散射电磁波的能力大大增强，因而在雷达屏幕上出现一个亮带。在冰晶或雪花完全融化后，由于表面张力的作用，迅速变成球形水滴，降落速度也增加，从而使得单位体积内降水粒子数目变少，导致总的散射能力减小，于是亮带以下的回波减弱。

（2）对流云降水回波特征

在平显上，对流云降水回波呈块状，尺度较小，从几千米到几十千米，内部结构密实，边缘清晰，黄色和红色的区域呈块状或点状分散在蓝色和绿色的区域中，如图 5–44 所示。在高显上，对流云降水回波呈柱状，底部及地，顶部较高，中心是黄色和红色。一些强烈发展的单体，回波顶常呈现为砧状或花菜状，如图 5–45 所示。还有一些强烈发展的对流云在发展成熟阶段降水还未落到地面前，常呈纺锤状，中间为明亮的红色。对流云降水回波一般发展得都比较高，多数在 6 ~ 7 km，但随地区、季节和天气系统的不同差异会很大，最高可达 20km 左右。

（3）雹云回波特征

由于雹云的云体庞大高耸，云内含水量较大，因此在雷达显示器上表现为强度很大、边缘格外分明的块状回波。在平显上，雹云回波远离雷达一侧（或上升气流流入一侧），有时出现呈“U”形的无回波缺口；强对流回波的一侧，有时伸出强度较大、边缘轮廓分明、但尺度较小的指状回波或钩状回波，它通常位于云体回波移动方向的右侧或右后侧，

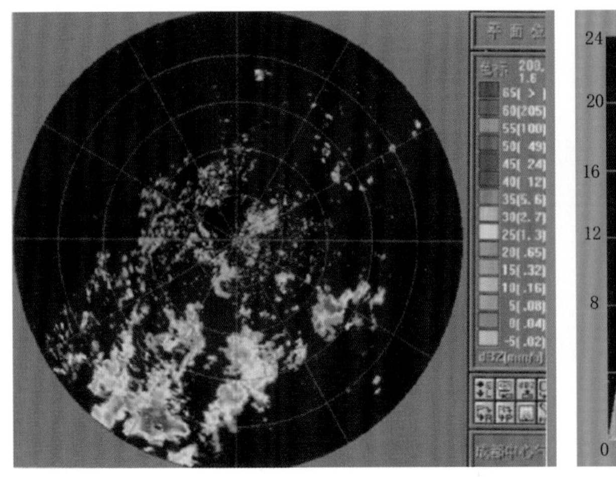

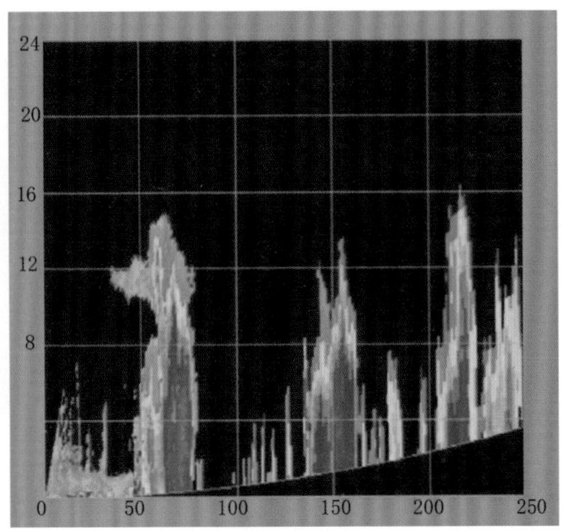

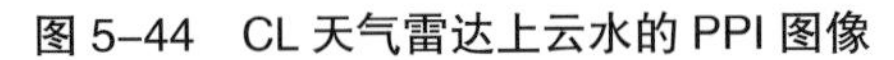

图 5-44　CL 天气雷达上云水的 PPI 图像

图 5-45　CIL 天气雷达上对流云降水的 RHI 图像

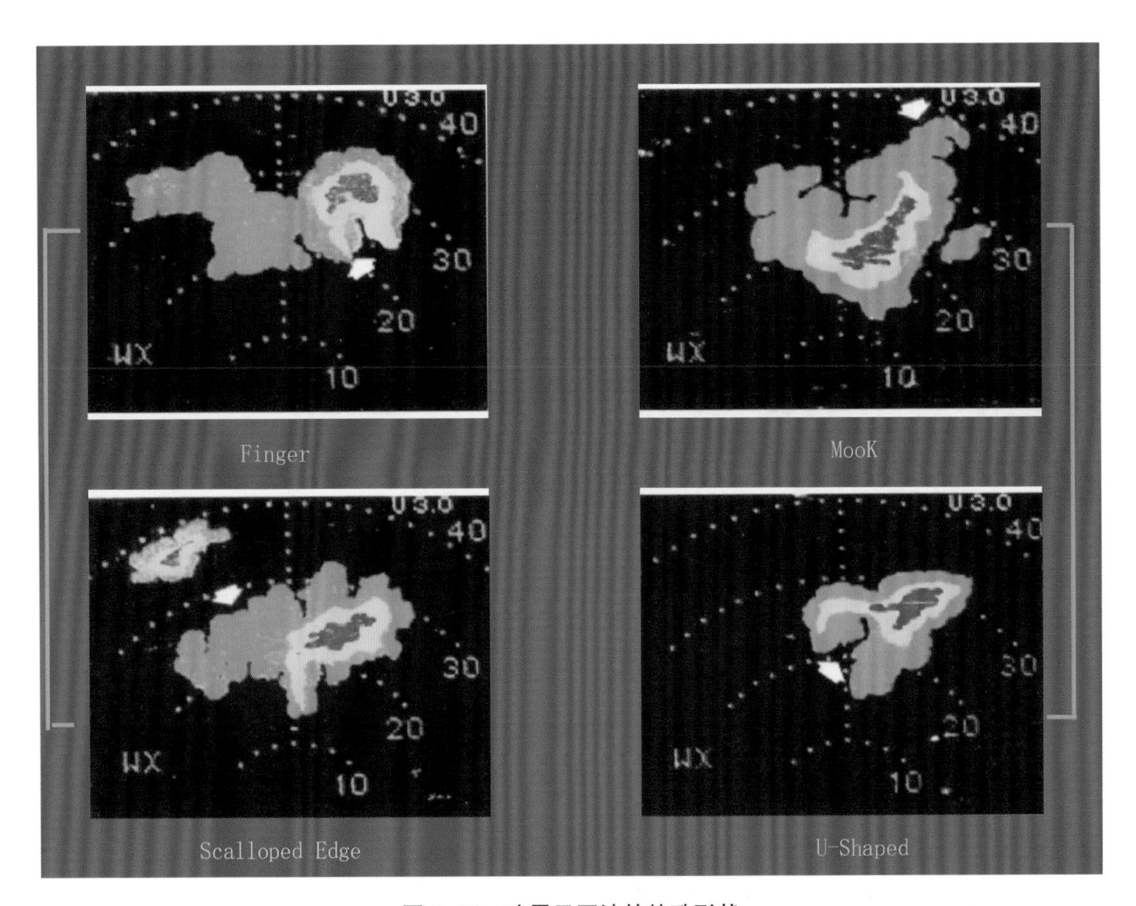

图 5-46　冰雹云回波的特殊形状

上述 4 个图分别为机载气象雷达上所显示的指状、钩状、扇形边缘和 U 形缺口。

如图 5–46 所示。在高显上，通常雹云回波柱粗大、高耸、陡直，顶部呈花菜状或砧状。在雹云内部上升气流的部位，呈现弱回波弯窿。

（4）混合性降水——絮状回波

混合性降水的回波常表现为层状云降水回波和积状云降水回波的混合。它往往与高空低槽、低涡、切变线和地面静止锋等天气形势相联系，回波外形像棉絮状。

在平显上，它的回波表现为范围较大，回波边缘呈现支离破碎，没有明显的边界，回波中夹有一个结实的团块，为黄色和红色，有时呈片状，有时呈带状或块状，如图 5–47 所示。在高显上，回波特征是高低起伏，高峰常达到雷阵雨的高度，而较低的平坦部分一般只有连续性降水的高度，有时出现零度层亮带。

絮状回波常是出现连阴雨天气的征兆。这种回波出现时，降水时间长，累积雨量大，有时可达到暴雨的程度。

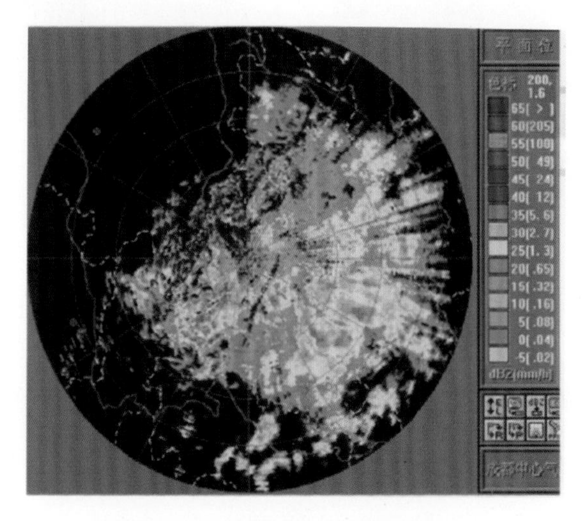

图 5–47　混合型降水的絮状回波

5.3.2.2 云的回波

云滴和雨滴没有本质的区别，只有大小的不同，当云滴大到一定程度时，天气雷达也是能探测到的。

已经产生降水的云，在雷达荧光屏上由于云体的回波和降水回波联结在一起，从回波上无法加以区别，只能根据回波所在的高度来判断哪是云的回波。

对于一些还未形成降水的云，由于云体内云滴的粒子比较小，含水量也少，一般的测雨雷达不容易观测到，只有用波长很短的雷达或超高灵敏度的雷达才能探测到。

云回波的主要特征是强度弱、底部不及地。不同类型的云，其回波又各有特点：

（1）层（波）状云在平显上的回波是薄膜状或小片状，强度很弱，边缘不整齐。在高显上，顶部平坦，底部不及地，其厚度和强度随距离增大而减小，有时还可以观测到雨幡的回波，如图 5–48 所示。

（2）对流云的回波在平显上呈分散、孤立的小块状，尺度很小。在高显上，初始回波顶常位于空中 5km 左右，呈两头尖的米粒状或上大下小的倒梨状（见图 5–49），强回波位于回波顶附近。对流云回波发展很快，在条件适合时，很短时间内就会出现阵雨或雷雨。

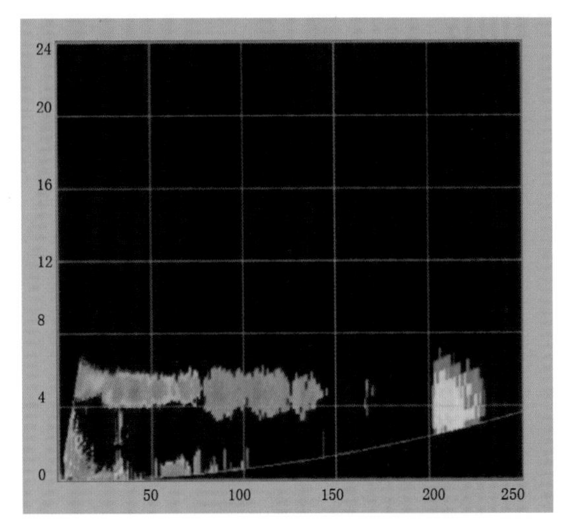

图 5–48　层（波）状云回波的 RH 图像

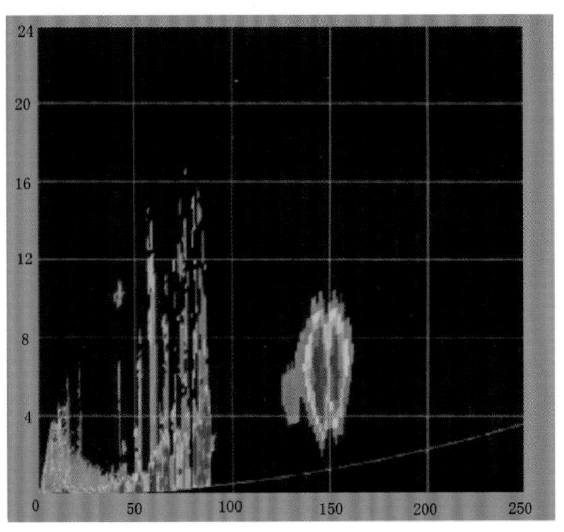

图 5–49　对流云回波的 RH 图像

5.3.3 机载气象雷达

机载气象雷达是一种天气雷达，现代飞机上的气象雷达均为彩色气象雷达。它可以用来探测航路上的雷雨、湍流、冰雹等恶劣天气区域。飞行员根据气象雷达所提供的平面位置显示图像，可及时操纵飞机沿安全的路径避开各种危险区域。

5.3.3.1 机载气象雷达的特点

与地面的天气雷达相比，机载气象雷达有如下一些特性：

（1）机载气象雷达的体积小、重量轻，它不像普通雷达那样由 6 个部分组成，而只有 4 个部件：收发组、天线组、显示器和控制盒。有的飞机上设备更加简单，只由 3 个基本组件及波导组成，不设置单独的控制盒，系统的控制元件装置在显示器的面板上。小型飞机和直升机轻便灵活，载重量小，通常装备只有 2 个组件的小型气象雷达，该系统由天线 – 收发机组件和显示 – 控制器组件组成。

（2）机载气象雷达探测的是航路前方及左右扇形区域内的天气，并能显示出气象目标的平面分布图像及它们相对于飞机的方位。目前，机载气象雷达所能探测的范围通常可达 80 n mile。由于采用先进的数字技术，气象回波图像的重显率达到 50 次 / 秒以上，使空勤人员在明亮的座舱里也能清楚地观测前方航路上的气象状况。

（3）彩色气象雷达用象征性的颜色来表示降雨率不同的区域。图 5–50 表示了雷暴云中的不同降水强度及其在雷达屏幕上的显示情况。大雨区的图像为红色，以表示该区域有一定的危险性；中雨区的图像为黄色，这是人们常用来提醒注意的颜色；小雨区用绿色图像来表示，其意为安全；微雨或无雨区在荧光屏上则为黑色—荧光屏上的该区域不产生辉亮图像；与降雨区相伴的湍流区用醒目的紫色（或品红色、绛红色）来表示，以提醒飞行员注意避绕。图 5-51 是 WXI-711 雷达显示器上所显示的湍流图像。

（4）机载气象雷达除了可以探测航路上的危险气象区域外，还可用于观察飞机前下方的地形，发现航路上的突立山峰等障碍物，以及用作雷达导航信标等。

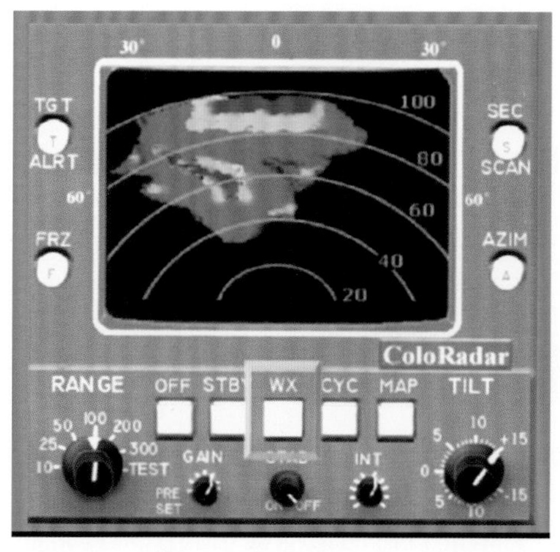

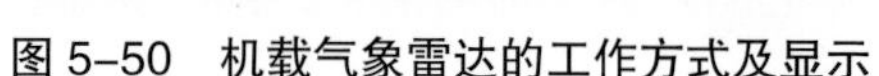
图 5-50　机载气象雷达的工作方式及显示

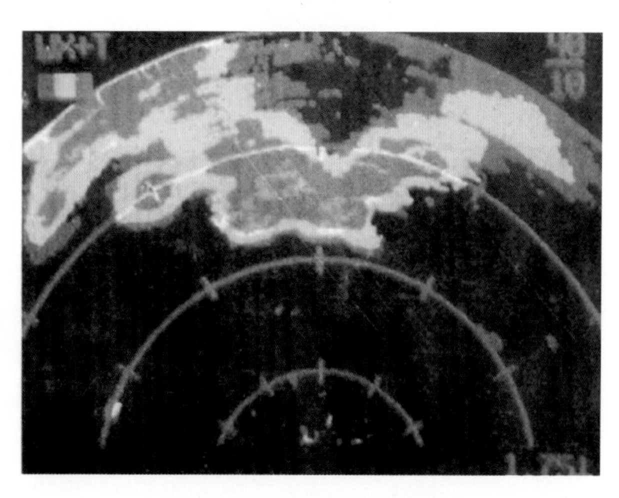
图 5-51　不同降水区湍流区

5.3.3.2 机载气象雷达的基本工作方式

雷达的工作方式是指雷达处于何种工作状态之下。彩色气象雷达的种类很多，工作方式也不完全相同，综合起来，主要有准备模式、自检模式、气象模式、湍流模式、轮廓模式、地图模式等六种基本工作方式。

（1）准备（STBY）方式

这是雷达在开机以后所必须经历的一个过渡状态。按下 STBY 键，雷达的接收机即正常工作，但发射机处于加温准备状态，不产生射频发射信号，天线也不扫掠。准备状态约需持续 70s。如果在开机后立即按下其他工作方式键中的一个而未选择准备方式，系统也会自动进入这一准备状态，不会马上进入所选择的工作方式。此时，显示器上会显示 WAIT（等待）字样。

（2）自检（TEST）方式

雷达的自检工作方式可以对雷达系统的性能状态进行快速的全面检查。按下雷达控制盒或显示器上的自检（TEST）方式键，即可完成这一检查。在地面或空中，均可选用自检方式。

如果系统的性能正常，屏幕上会显示出规则的彩色自检图形。图 5-52 为 P-90 雷达显示器上的彩色自检图形，在屏幕的左下角显示蓝色的 TEST 信息，屏幕上显示如图的绿—黄—红—黑—黄 5 圈同心彩色带，并在最外圈显示绿色的噪声带。噪声带是由接收机输出的噪声所形成的图像，因而可表明接收机的性能状况。如果接收机的灵敏度正常，则绿色的噪声点应填充噪声带上 85 ~ 95 n mile 的范围。

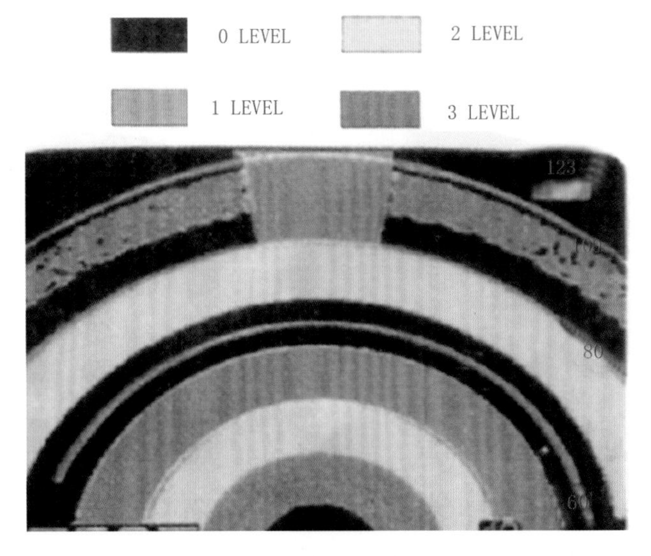

图 5-52 P-90 雷达显示的 TEST 图像

当通过性能自检发现系统存在故障时，雷达显示器上的自检图形即消失，同时显示所检查出的故障组件通告信息。

（3）气象（WX）方式

当按下 WX 键时，雷达工作于气象方式。这时，降雨率不同的区域在屏幕上用不同的色彩表示出来。一般肉眼可见的云区是不产生雷达图像的，即机载气象雷达不能探测不降雨的云区。

（4）湍流（TURB）方式

比较先进的雷达如 WXR-700X 雷达具备探测湍流的功能。按压湍流（TURB）方式键，即可使雷达提供湍流情况，屏幕上将显示出湍流区的紫色（或品红色）图像，其他雨区的红、黄、绿色图像不显示。有的显示器上有气象与湍流方式的显示，其方式键为 WX/T。这时屏幕上除了显示有大、中、小降雨区的红、黄、绿色图像外，还用醒目的紫色图像显示出危险的湍流区域。

（5）轮廓（CYC）方式

雷达选择轮廓方式时的工作情况与气象方式基本相同，显示器上所提供的也是空中气象目标的平面分布图像。所不同的是这时屏幕上的红色图像将会按每秒一次的间隔闪烁半秒显现半秒消失，所消失的红色图像区域呈现为一个黑洞，其作用相当于早期黑白气象雷达中的“轮廓”效应。此时黄色和绿色图像仍与气象方式一样稳定显示。采用这种红色图像闪烁方式的目的，是提醒飞行员注意那些较强的 3 级（红色）降雨区。

（6）地图（MAP）方式

机载气象雷达工作于地图（MAP）方式时，显示器上会用不同的颜色来显示飞机前下方扇形区域中的地形。观察城市、山峰、河湖、海岸线等地形轮廓的彩色地图，可以帮助飞行员判明飞机当前的地理位置及飞机的实际航向。在缺少地面导航设备的荒凉地区，也可以利用气象雷达所提供的地图来进行导航。

5.3.3.3 机载气象雷达

机载气象雷达主要用于探测航路上的恶劣气象区域。空中的雷雨区、暴雨区、冰雹、湍流等恶劣天气区，就是机载气象雷达所要探测的目标。只有当雷达工作于地图方式时，其探测对象才是飞机前下方的地形。

（1）不同降水区的色调显示

在有降水的区域，雨滴越多，直径越大，则该雨区所产生的雷达回波就越强。也就是说，降雨的强度越大，雷达回波就越强。在气象学中是用降雨率来定量描述降雨程度的，单位时间内的降雨量称为降雨率，降雨率实际上综合了雨滴直径、密度以及雨滴下降速度等因素，降雨率的常用单位为 mm/h 或 in/h。

彩色气象雷达用不同颜色来表示不同降雨率的气象目标。表 5–10 列出五级彩色编码方案的图像颜色与降雨率及反射系数的对应关系。WXR–700X 等雷达即采用这种方案。

表 5–10　五级彩色方案

反射系数等级	图像颜色	降雨率	
		（mm/h）	（in/h）
Z1	黑	< 0.76	< 0.03
Z2	绿	0.76 ~ 3.81	0.03 ~ 0.15
Z3	黄	3.81 ~ 12.7	0.15 ~ 0.5
Z4	红	12.7 ~ 50.8	0.5 ~ 2.0
Z5	紫	> 50.8	> 2.0
湍流	紫		

从表 5–10 中可以看出，降雨率小于 0.76 mm/h 的微雨区，由于反射率太小，在屏幕上不产生图像。小雨区为绿色，中雨区为黄色，大雨区为红色，暴雨和湍流区为紫色。不同降雨率的区域所产生的回波，在荧光屏上颜色鲜明，十分清晰。

（2）湍流区的探测和显示

从前面降雨区的图像上我们已经知道，暴雨区往往伴随着湍流。在实际观测中发现，最强烈的湍流通常存在于雷暴区的中等高度 2 000 ~ 30 000 ft 范围内，但在雷暴雨区的上风方向和下风方向及雷暴云的顶部及其下方，均可能存在湍流。图 5–53 为典型的雷暴云、降雨区和湍流区的示意图。

机载气象雷达对湍流的探测，主要探测湍流中的水滴对雷达波的反射，但这种反射与雨中的反射是不相同的。由于湍流中水滴急速多变的运动，会使反射的回波产生明显的多普勒效应，在雷达显示器上形成一个偏离雷达发射频率且频谱宽度较宽的多普勒频谱，它

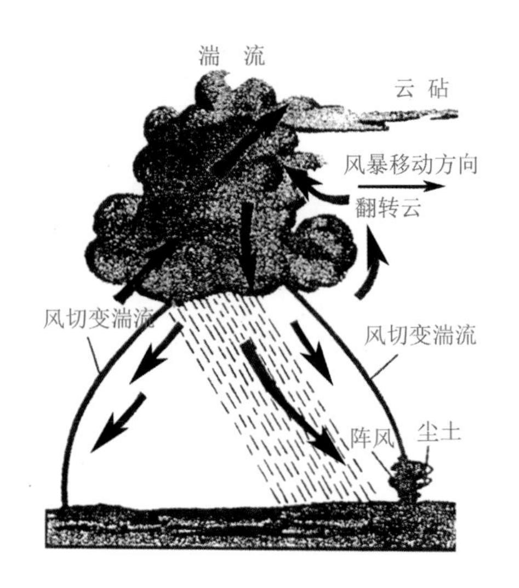

图 5-53 雷暴云、降雨区及湍流区

与一般的降水所产生的反射回波有很大不同。气象雷达正是通过这一特性来检测湍流的。

前已说明，在 WXR-700X 及其他一些气象雷达中，湍流区域的图像是紫色的，也有用红色、品红色或白色图像来表示湍流区的。

（3）对冰雹区域的探测

冰雹所形成的回波强度，与冰雹表面的状态有极大的关系。在一定条件下，例如，当下降的冰雹遇到较暖的上升气流时，就会在冰雹表面形成一层薄薄的水膜。冰雹表面的水膜无疑会对入射的雷达波产生有效的反射，加之冰雹的直径通常比雨滴大，所以这种湿性冰雹所产生的雷达回波是很强的，在屏幕上形成红色信号。另一类冰雹是没有包裹水层的干冰雹，这类冰雹对雷达电波的反射能力很差，不容易被机载雷达所探测到。

应该注意的一点是，冰雹只有下降到一定高度（如 30 000 ft 以下）进入较暖的气流中时，其表面才可能开始融化，形成一层薄薄的水膜。当飞机在较高的高度层上飞行时，在天线俯仰旋钮置于 0° 的情况下，波束所照射到的巡航高度层中的干性冰雹区域一般不会形成很强的雷达回波。但若此时将天线略微下俯，即可使波束照射到较低高度上已融化的冰雹及大雨区，在屏幕上产生强烈的红色图像，如图 5-54 所示。可见天线的俯仰调节对识别较高高度层上的冰雹区域的存在是很有帮助的。

另外，还可根据气象区域的外形轮廓来判断冰雹区域的存在。冰雹云降水回波往往有特殊的形状，如图 5-46 所示为 4 种很可能结合有冰雹的降雨区的图像：U 形、指形、钩形及外缘凹凸不平的图形。虽然这些区域位于强降雨区外沿的绿色区域，但却预示着冰雹区域的存在。

图 5-54　使天线下俯以识别冰雹

5.3.3.4 机载气象雷达的地形识别

（1）气象雷达识别地形的基本原理

机载气象雷达是通过地面目标对雷达信号反射特性的差别来显示地形轮廓的。

大地表面的田野和山地、江河湖海的水面、城市的建筑物，都对雷达信号具有不同程度的反射能力，可以产生一定强度的回波信号。由于不同地物本身的性质、形状等方面的差异，它们所产生的回波信号的强度存在着一定程度的差别，会在彩色显示器上形成颜色不同的地貌图像。与气象目标一样，地貌图像的颜色也是象征性的：江、河、湖、海对雷达电波的反射能力较差，其图像用代表水面的绿色或青色表示；一般陆地的反射能力稍强，以黄色模仿大地的颜色；大型城市中的工矿企业及大型桥梁含有大量的金属结构，其反射能力较强，以红色或紫色图像来表示。由于丘陵、山地对电波的反射程度明显高于周围的平原，江、河、湖、海对电波的反射状况与陆地不同，因而可以显示出清晰的轮廓图形，如海岸线、河湖的轮廓、大型工业城市的轮廓线等。

当机载气象雷达工作于地图方式时，为了获得飞机前下方的地物反射回波，需将天线下俯一定的角度，以使天线所发射的雷达波束投射到大地表面，如图 5-55 所示。这是因为天线所发射的波速是较窄的圆锥形波束，飞机在水平方向飞行且高度较高时，如不下俯天线，则波束是不能射向地面的。

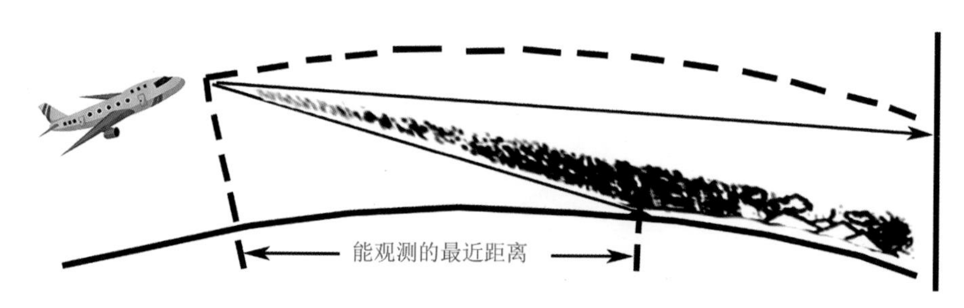

图 5-55　下俯天线以获得地物回波

显而易见，显示距离越小，所应选用的天线下俯角越大；飞行高度增大时，天线下俯角也应相应增大。

（2）地物与水面回波图像的特点

平坦的大地所产生的回波很弱，一般不能形成显示图像；丘陵、山地由于具有起伏不平的反射表面，其回波能量明显高于平地，所以能够形成回波图像；大型工矿企业和具有高大钢筋混凝土建筑物的城市，回波图像比较鲜明，能够形成红色，甚至紫色的图像。

平静水面产生的回波很弱，往往不能形成明亮的图像。但当水域周围是山地、丘陵或粗糙的地面时，就能显示出水域的轮廓，如河流、湖泊的轮廓或者海岸线。

海面及其他大面积水域的图像与风力和风向有关。平静的海面或者长浪像镜面一样反射入射电波的能量，因而不能提供良好的回波；而波涛汹涌的海面，则可对下风方向的入射电波产生较强的回波，从而形成明亮的图像，如图 5–56 所示。

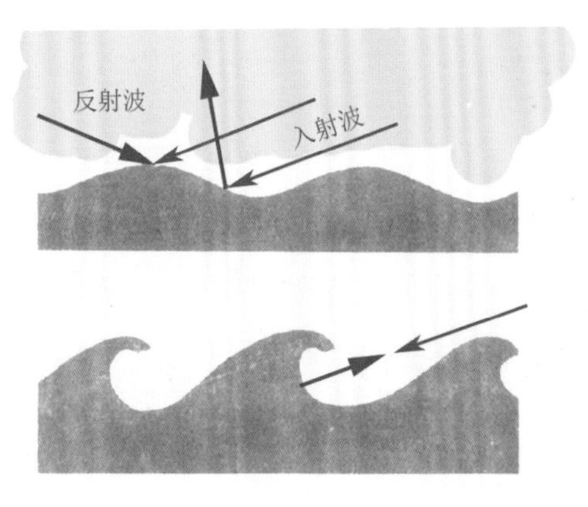

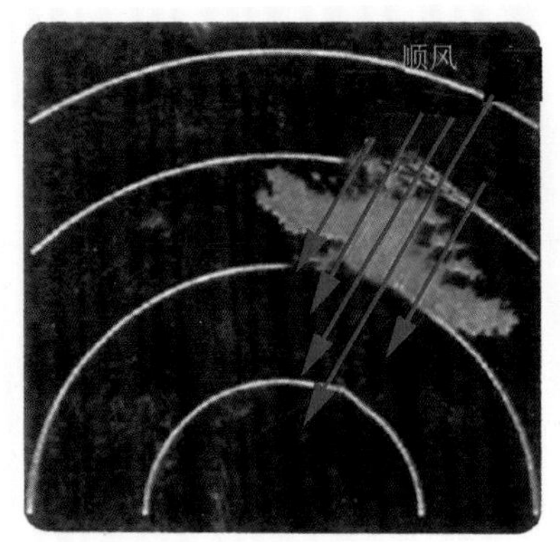

图 5–56　海面回波

（3）发现航路上的山峰等空中障碍物

在飞机的离地高度较低时，或者在飞机下滑进近过程中，飞机前方的突立山峰也会被雷达波束照射到，如图 5–57 所示。被雷达波束照射到的山峰可在荧光屏上形成鲜明的图像，使飞行员及时觉察到。此外，在相邻高度层上飞行的大型飞机，一般也能形成目标回波。

气象雷达的这一特性，对在雾天、低云层等能见度差的情况下，或夜航的飞机以及在地形复杂的山区飞行和起降的飞机来说，都具有重要的意义。

图 5–57　雷达波束照射到突立的山峰

5.3.3.5 机载雷达的气象回避

在一些区域和雷雨季节，空中的气象状况是复杂多变的。雷暴可以很快地形成，其耗散也相当迅速。干性湍流等与雷暴及猛烈降雨相联系的危险区域，目前气象雷达还无法直接显示。雷暴区域中的闪电，会给穿越其间的飞机带来危险。温度的急剧多变，还可能造成飞机操纵面结冰。利用气象雷达探测出各类恶劣的气象区域，就可以使飞行员尽早地选择合理的航线，回避一切有可能导致危险和剧烈颠簸的区域。从这个意义上讲，气象雷达的功用是引导飞机回避恶劣的气象区域。

在利用气象雷达所提供的彩色图像回避各种恶劣气象区域时，应注意以下一些问题：

（1）将气象工作方式作为基本的工作方式，结合使用湍流方式。增益旋钮通常应置于自动（AUTO）位，以保证雷达对不同强度目标的检测与定标。

（2）应回避一切在屏幕上显现为红色和紫色的区域。尽量使飞机与这些区域的距离保持在 20n mile 以上，因为一些不夹带较多雨粒的湍流区域会存在于较大降雨区以外的地方。

（3）飞机不可进入雷暴云回波范围之内的无回波区。

（4）如果在两块雷暴云之间穿越，两块雷暴云回波之间的距离不应小于 40n mile。

（5）在巡航高度较高时，应经常下俯天线以保持对低高度雷暴区的监视；在低高度飞行时，则应经常上仰天线，以避免误入高层雷暴区的下方。

利用气象雷达回避恶劣天气区域的具体方法在各种使用手册中均有详细的说明和规定，以上只是粗略说明。

5.3.3.6 飞行中的注意事项

（1）机载气象雷达是一种天气雷达，它只能探测到含有水滴的气象目标，而不能有效地探测到干冰雹和干雪，一般的云、雾及晴空湍流也不能探测到。所以机载气象雷达不能保证避开所有危险天气区。

（2）气象雷达的基本功能是探测大面积的气象降雨区，它对山峰、相遇飞机的探测能力和所显示的相应图像及位置的准确程度，是不能满足地形回避和防撞要求的。因此，绝不可把气象雷达的显示图像作为地形回避和空中防撞的依据。

（3）如果只选用较小的显示距离，很难保证有足够的时间和以较大的安全距离来避开已邻近的恶劣天气区，这种现象称为气象盲谷。在危险天气区飞行时，有时要适当增加显示距离，以观测远处的危险天气，避免因选用较短显示距离而使飞机进入盲谷区域。如图 5-58 所示，当显示距离选择为 40n miles 时，屏幕上显示位于 30 ~ 40n miles 间的两个降雨区。由该图判断，飞机保持目前的航向飞行是安全的。然而，当将显示距离增大到 80n mile 时，就可显示出另一个位于 60 ~ 80n miles 间的更严重的降雨区，它恰好位于飞机目前的航路上。由此可见，如只选用较小的显示距离，很难保证有足够的时间和以较大的安全距离来避开已邻近的恶劣天气区。

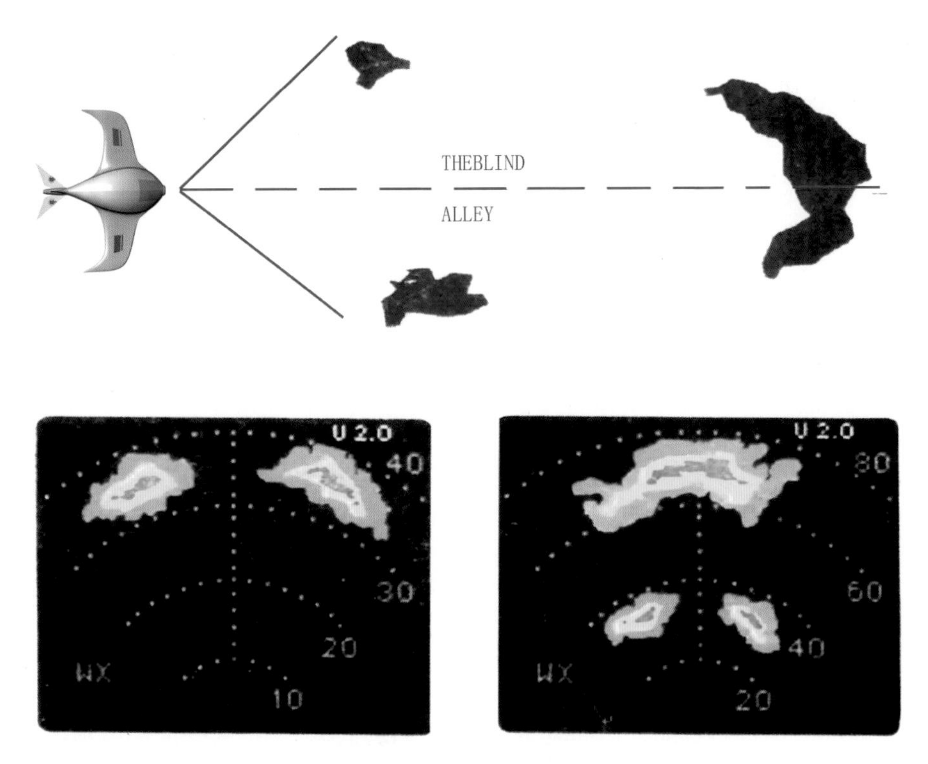

图 5–58　气象盲谷示意图

（4）我们要清楚地知道，机载气象雷达是用来帮助飞行员避开危险气象区域的，而不是用来帮助穿过这些区域。雷暴、湍流、冰雹区域会给飞机带来极大危害，即使有机载气象雷达，也不能飞进去。

5.3.3.7 地面注意事项

雷达在地面工作时，应采取预防措施，以防起火、伤害人体或烧坏接收机。

（1）在飞机或其附近正在进行加油或抽油时，不得使气象雷达处于发射工作方式，以免引燃汽油蒸发气。在机坪上大量使用汽油清洗机件时，也应避免接通雷达电源。

（2）不应在机库中或在机头朝着近距离内的建筑物、大型金属反射面的情况下使气象雷达工作于发射方式，以免回波过强而损坏气象雷达接收机。

（3）地面检查时，应尽量使雷达工作于准备或自检方式。在需要使雷达工作于发射方式时，应将天线上仰，尽量避免天线波束照射近处地面目标。

（4）在飞机前方 0° ~ 120°、距离为 3m 范围内，如果有人，不得接通雷达，以防有害辐射伤害人体。

各型飞机气象雷达的使用注意事项，在有关维护手册、使用手册中均有明确规定。使用人员、维修人员应当仔细阅读有关内容，严格按规定执行。

作业题：

1. 地面天气图的符号含义有哪些？
2. 常用的等压面图有哪些？它们对应的海拔是多少？
3. 什么是可见光云图？影响可见光云图上辐射强弱的因素有哪些？
4. 在卫星云图上怎样识别积雨云？
5. 在卫星云图上如何区别云和高山积雪？
6. 积云、浓积云与积雨云在卫星云图上有什么区别？
7. 在卫星云图上，怎样识别层云和雾？
8. 在卫星云图上，锋面云系有什么特点？
9. 在卫星云图上，高空急流云系有什么特征？
10. 在出现横向波动云系的航线上飞行，会碰上哪些影响飞行的天气？
11. 闭合的细胞状云系和未闭合的细胞状云系各由什么样的云构成？
12. 哪种云和降水不能被气象雷达有效地探测？
13. 层状云降水回波和对流云降水回波各有什么特点？
14. 雹云回波有什么特征？
15. 为什么说利用机载气象雷达并不能保证避开所有危险天气区？
16. 不同强度的降水在彩色气象雷达上是怎样显示的？
17. 利用机载气象雷达进行气象回避应注意些什么？

第 6 章　飞行气象图表

导读：

飞行气象图表是利用图表对日常航空天气、航路天气、重要天气、空中风和温度等气象进行报告的方式。日常航空天气报告气象图的内容有站名、时间（世界时）、风向、风速、能见度 /RVR（跑道视程）、天气现象、云、温度 / 露点、气压值及补充说明等；航路天气预报图提供云、天气现象、飞机颠簸、飞机积冰、飞行高度上的风、气温等预报；重要天气预报有效时间为 24 h，预报按照低层、中层和高层进行提供；空中风和温度预报图提供的是选择的航站上空不同高度的风向、风速及温度。

学习目标：

通过学习掌握飞行气象图的基本知识，了解日常天气报告图、航路天气预报图、重要天气预报图和空中风和温度预报的基本表示方法。

6.1 日常航空天气报告图

日常航空天气报告（Surface Aviation Weather Reports）又称为天气实况，是机场气象台对地面天气的定时观测和报告。机场气象台每小时必须进行一次（有特殊要求时可以半小时一次）这种观测和报告，在安排飞行计划的时候，可以利用日常航空天气报告来估计目前的天气状况和确定天气预报的准确度，还可以查看最近的几次天气报告，以便了解天气变化的趋势。

日常的天气报告还可显示出目的地机场的天气是否大于目视飞行或仪表飞行的最低天气标准，若没有达到或根据预报在达到时天气仅有很小的变化，则目的地机场的天气不适合降落。在没有塔台指挥或飞行服务站时，日常航空天气报告更为重要，因为这可能就是这个地区最近的实际天气。

日常航空天气报告一般包括以下内容：站名、时间（世界时）、风向、风速、能见度 /RVR（跑道视程）、天气现象、云、温度 / 露点、气压值及补充说明等。

6.1.1 日常航空天气报告的填图格式

如图 6–1 所示，其中左边的气温、天气现象、能见度和露点的填写方法与地面天气图单站填图相应项完全相同（见图 5–1），其余各项填写方法分别是：

（1）总云量：按八分制云量填写，情况不明则填 “X” 。

（2）风向、风速：风向按 360° 或十六个方位用矢杆表示，风速用数字标出，单位为 m/s。

（3）气压：可用场压或海压（根据需要选择）的百帕整数表示。

（4）云量、云状、云高：云量用八分制，一般填累积云量；云状用简写符号；云高用数字，单位为 m，有几层填几层。

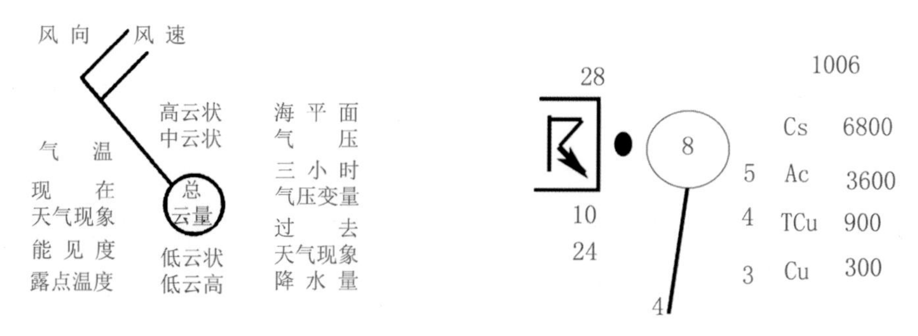

图 6–1　航空天气报告填图格式　　图 6–2　航空天气报告实例

图 6–2 是航空天气报告的实例。按填图格式和有关符号，可读出该站的天气：气温 28℃， 观测前 1 h 内有雷暴，现在有间歇性小雨，能见度 10 km，露点温度 24℃，总云量 8/8；3 个淡积云，云高 300 m，4 个浓积云，云高 900 m，5 个高积云，云高 3 600 m，8 个卷层云，云高 6 800 m，气压（根据本场使用的情况确定是场压或海压）1006 hPa，地面风是南风（或 180°），风速 4 m/s。

6.1.2 日常航空天气报告图

发给机组的日常航空天气报告常常是以航线的形式提供的，这种图上的气压可以根据当时当地情况使用场压或海压。气象台将沿航线各站的同一时刻的天气实况填在图上，使飞行员能清楚地了解航线上和降落站的现在天气，如图 6–3 所示。

从图 6–3 可以看出，从成都双流机场到西安的航线上沿途各站的天气：双流有连续性小雨，总云量 8，有 3 个碎层云，云底高度只有 200 m，此低云对飞行的影响很大。在汉中机场，由于有大风和沙暴，能见度太低，不能进行起飞和着陆。在西安机场，看起来好像没有影响飞行的天气，但是仔细分析就可以知道，那里气温是 –2℃，露点是 –4℃，如果在云中飞行，就有可能出现飞机积冰。达县地区要注意的天气现象是过去 1h 内有小雨，现在没有什么天气现象。

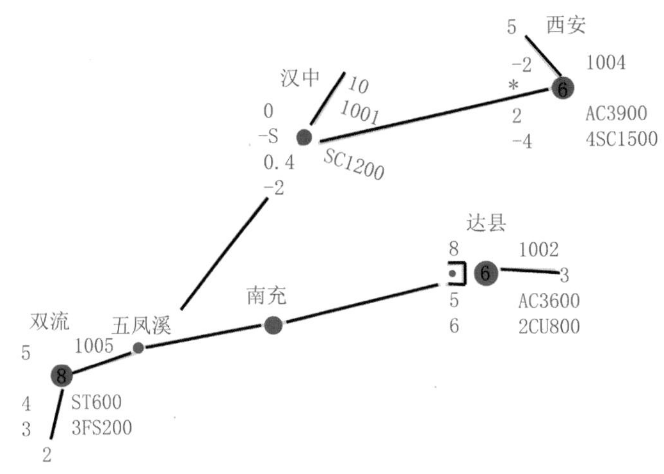

图 6-3 航空天气实况图

6.2 航路天气预报图

航路天气预报（Route Weather Forecast）指的是对航路上天气的预报和预告，它的有效时效一般为预计飞行时间的前后 1 h，常常为国内中低空航线飞行提供。主要内容一般包括云、天气现象、飞机颠簸、飞机积冰、飞行高度上的风、气温等。

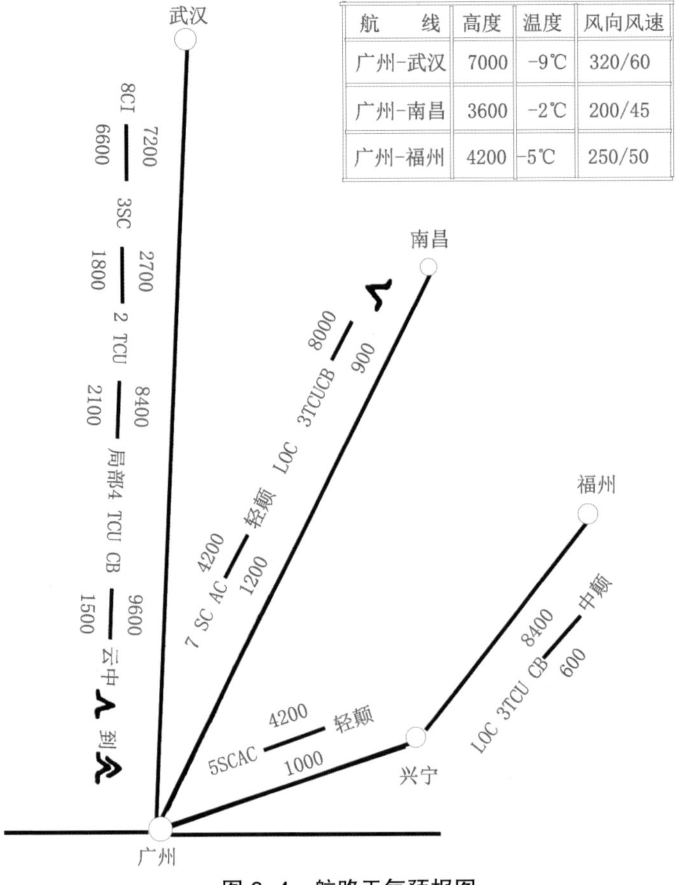

航　　线	高度	温度	风向风速
广州-武汉	7000	-9℃	320/60
广州-南昌	3600	-2℃	200/45
广州-福州	4200	-5℃	250/50

图 6-4 航路天气预报图

图表形式的航路预报具有直观明了的特点，它主要说明发生在有关航路上的一些天气现象。如图 6–4 所示，在广州—南昌航线上，有 7 个量的层积云和高积云，云底高度 1 200 m，云顶高 4 200 m ，在云中飞行有轻颠，在航线的后半段局地有 3 个量的浓积云，还有云底高 900 m，顶高 8 000 m 的积雨云，并有中度颠簸。

6.3 重要天气预报图

重要天气预报（Significant Weather Forecast）就是对航路（区域）有重大影响的天气预报，常以预报图和缩写明语形式的电码提供，一般有效时间为 24 h。它一般分三种高度层提供，即飞行高度在 FL100（10 000 ft）以下的低层，飞行高度 FL100（10 000 ft）至 FL250（25 000 ft）的中层和飞行高度在 FL250（25 000 ft）以上的高层。

6.3.1 低层（FL100 以下）重要天气预报图

飞行高度在 FL100 （10 000 ft） 以下的低层的重要天气预报图，图中标明地面锋线位置及其预期的移动（用箭头表示方向，用数值表示移速，单位 km/h），影响飞行的各种重要天气，降水和其他引起大范围能见度低于 5 000 m 的天气现象（能见度用数值，单位为 m），及其所影响的区域和高度。

6.3.1.1 低层重要航空天气预报的主要内容

（1）重要天气和重要天气系统

重要天气和重要天气系统的种类和符号见表 6–1，图上用符号表示。

表 6–1　重要天气和天气系统的种类和符号

重要天气和天气系统	符号	重要天气和天气系统	符号
热带气旋		大范围的吹雪	
强飑线		大范围的霾	
中度颠簸		大范围的烟	
严重颠簸		山地状况不明	
轻度飞机积冰		辐合线	
中度飞机积冰		热带辐合带	
严重飞机积冰		冷锋	
严重沙或尘霾	S	暖锋	
大范围的沙（尘）暴		锢囚锋	
大范围的强地面风	40	准静止锋	
雹		急流	FL270 FL360
山地波		对流层顶高点	H 400
冻雨		对流层顶低点	270 L
大范围的雾		对流层顶高度	380
大范围的轻雾		零度等温层高度	0° :100

表 6-1（续）

重要天气和天气系统	符号	重要天气和天气系统	符号
阵雨	$\dot{\bigtriangledown}$	海面状况	10
毛毛雨	,	海面温度	⑩
雨	////	火山喷发	ᴗ
雪	✱	大气中的放射性物质	☢

（2）与重要天气相伴的云

与重要天气相伴的云采用八分制云量，云状用简写符号。在重要天气预报图上，重要天气和云区范围用波状线围成，有些重要天气和云还标出下限高度和上限高度，有时还用简语加以说明，如表 6-2 所示

表 6-2　重要天气预报常用简语

简语	含义	简语	含义	简语	含义
CLD	云	FRQ	频繁的	BKN	多云
OCNL	有时	SCT	疏散的	LAN	内陆
GRADU	逐渐地	LYR	呈层状	COT	在海岸
STNL	停滞	SLW	慢	MAR	在海上
ISOL	独立	INC	在内	VAL	在山谷地区
EMBD	隐藏	LOC	局地	CIT	邻近或在城市上空
ISLTD	有些地方	OVC	阴天	MON	在高地或山区上空

（3）地面能见度

低于 5 000 m 的地面能见度，用 m 为单位表示；若能见度大于 5 000 m，则用 km 为单位标出，也可以不标出。

（4）气压中心（H、L）及其预期的移动方向和速度。

（5）FL100 以下的 0℃等温层的高度。

（6）海平面温度和海面状况。

（7）有关当地火山喷发及火山灰云的情报，如果可能，加上火山名和第一次喷发的时间，提醒用户参考有关区域发布的 SIGMET 电报。

6.3.1.2 低层重要天气预报图例

重要天气预报图显示了航线经过地区影响飞行的重要天气、重要天气系统的分布，可以给飞行人员选择安全航线提供极其重要的参考。

图 6-5 为低层重要天气预报图，从图中可以看到冷锋、暖锋和锢囚锋的位置和分布，高低压中心位置，其移动的方向和速度，各地 0℃等温层高度，云状云量及其下限高度和

上限高度。在这个区域中飞行可能碰到的重要天气有雷暴、降雨、山地状况不明、中度飞机积冰、中度飞机颠簸等。

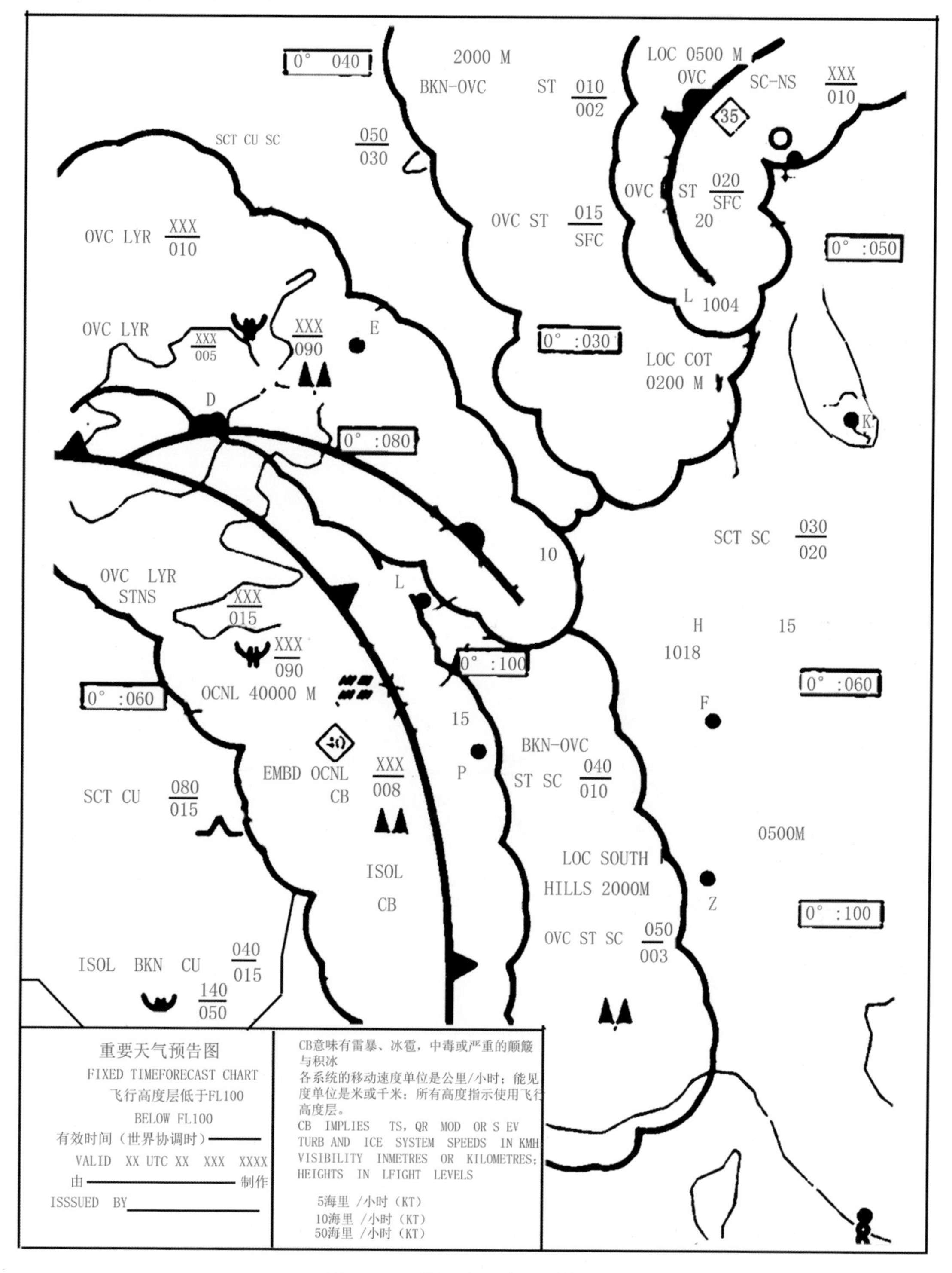

图 6–5　重要天气预报图（低层）

6.3.2 中层（FL100 至 FL250）重要天气预报图

6.3.2.1 中层重要天气预报图的内容

在中层重要天气预报图上，主要的内容仍然是表 6-1 中的重要天气现象和表 6-2 中的天气系统与其他符号。与低层预报不同的是没有地面能见度、气压中心、0℃等温层高度、海平面温度和海面状况等内容，而增加了出现在中高空的如下飞行气象条件：

（1）晴空颠簸及其强度（晴空颠簸区用断线标出）。

（2）急流及出现高度和风速（用流线箭头表示）。

（3）火山灰云（VA）。

需要注意的是：高空急流的出现高度用飞行高度层表示；风速表示与天气图上的有区别，这里一条短线代表 10 KT，而一个黑色的风三角代表 50KT。

6.3.2.2 中层重要天气预报图实例

图 6-6 为中层重要天气预报图。图中显示了从南宁到贵阳航线上的重要天气、重要天气系统的分布情况。航线经过的天气系统是暖锋；航线上可能碰到的重要天气有中度晴空颠簸、雷阵雨，有时有隐藏的雷暴、中度飞机积冰。

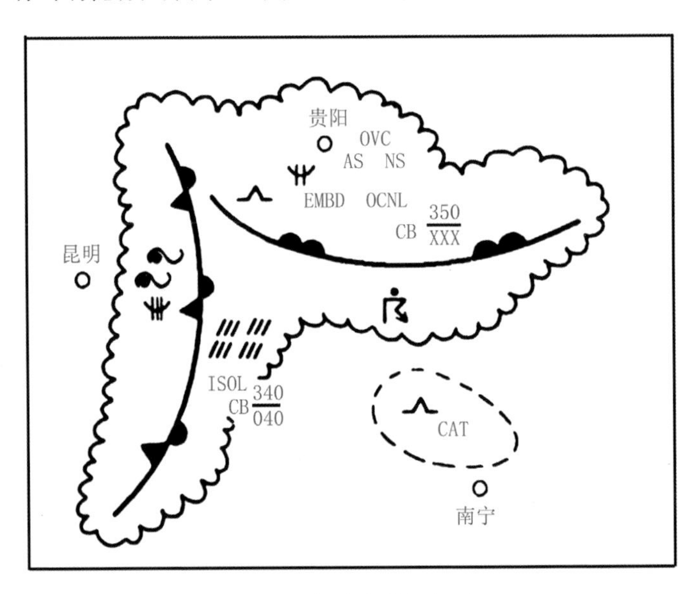

图 6-6 重要天气预报图（中层）

6.3.3 高层（FL250 以上）重要天气预报图

高层重要天气预报图中预报了中层的所有天气现象，不同的是云只预报积雨云；另外还增加了对流层顶的高度资料，对流层顶高度用数字表示，单位为 100 ft。高层重要天气预报图例见图 6-7。

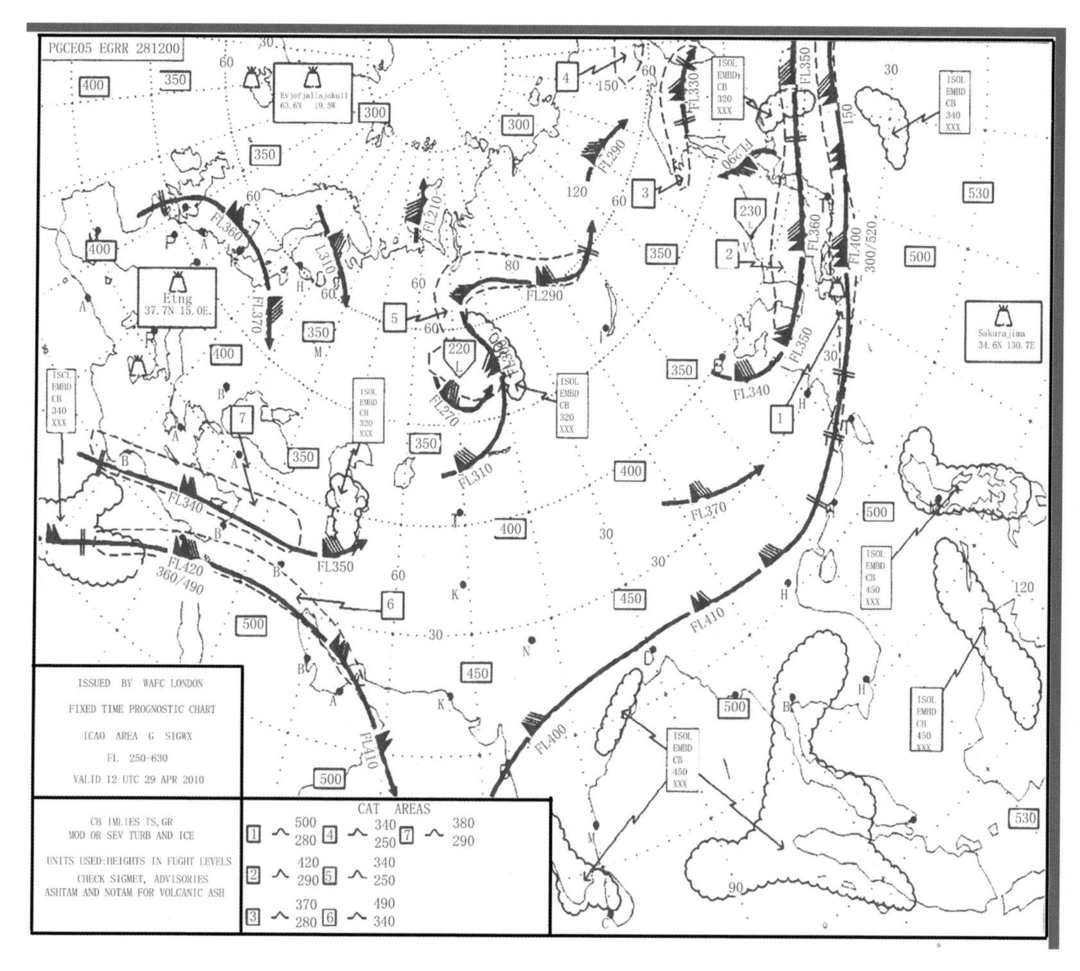

图 6-7　重要天气预报图（高层）

6.4 空中风和温度预报图

空中风和温度预报图提供的是选择的航站上空不同高度的风向、风速及温度。这些预报在做飞行计划时十分重要。飞行员可以根据控制风和温度预报图，了解航线上的风向、风速，估计高空急流出现的大概位置，了解航线上的温度分布情况，从而在起飞前做好准备。空中风和温度预报图上风速的标注方式见表 6-3。

表 6-3　空中风和温度预报图上风速的标注方法

风速	标注
5 n mile/h（2.5 m/s）	
10 n mile/h（5 m/s）	
50 n mile/h（25 m/s）	

预报方式是在选定的网格点上直接用风矢杆表示风向和风速，并在其旁边注明温度值。在这种图上风速的表示与高空急流中风速的表示相同，而温度除前面标有“+”号外，均为负值，如图 6–8 所示。

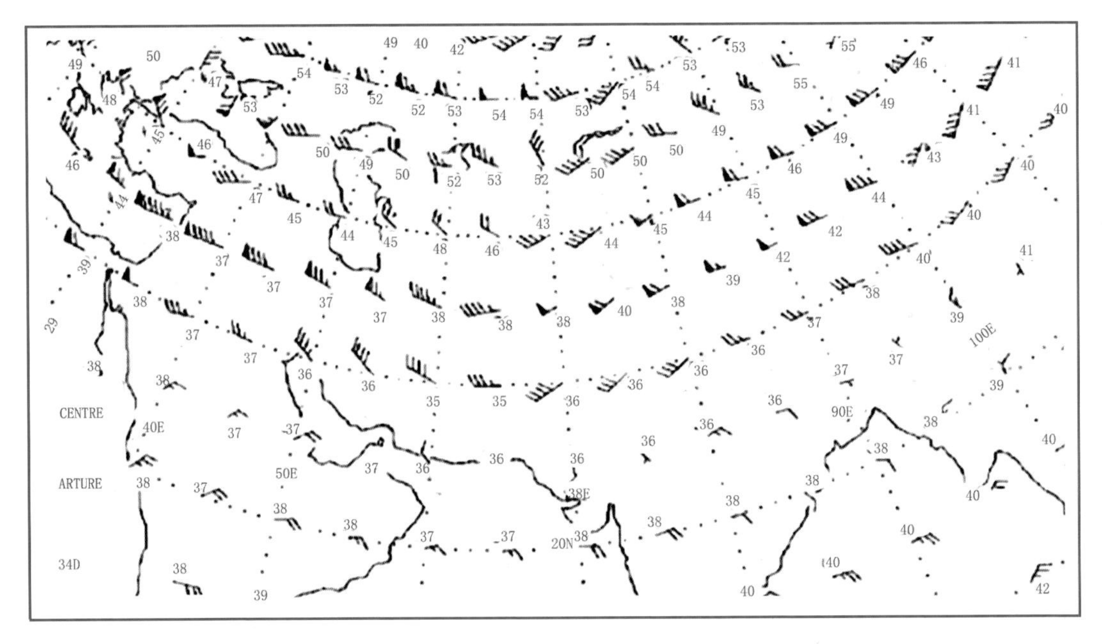

图 6–8　标准等压面上的空中风和温度预报

作业题：

1. 日常天气报告图的主要内容有哪些？
2. 解读日常天气报告图。
3. 航路天气预报图的主要内容有哪些？
4. 重要天气预报图的主要内容有哪些？
5. 重要天气预报的低层、中层、高层的范围分别是多少？

第 7 章　航空气象电报

导读：

航空气象电报常用的主要有日常航空天气报告（或特殊报告）电报、航站天气预报电报和航路（区域）天气预报电报三种。

日常航空天气报告是每小时正点观测、特殊天气报告是不定时观测；航站预报的有效时段应不小于 9 h，不大于 24 h，有效时段小于 12 h 的机场预报应每 3 h 发布一次；有效时段为 12 ~ 24 h 的机场预报应每 6 h 发布一次；航路天气预报（ROFOR）是指起飞航段和着陆航段的航线两侧各 25 km 范围内飞行高度上的整个飞行区域的天气预报。有效时段一般为预计飞行期间前后一小时。在航空器起飞前一小时由起飞机场气象台向空勤人员提供。

学习目标：

通过学习掌握识别天气预报电码的基本知识，能够正确判读天气预报的电码内容，正确解读天气预报的内容，以正确指导飞行活动。

7.1 日常航空天气报告（或特殊报告）

地面航空天气报告分为两种：日常航空天气报告和特殊天气报告（都可含趋势预报）。日常航空天气报告（SA）是每小时正点观测；特殊天气报告（SP）是不定时观测，它表示一种或几种天气因子有重大变化。

7.1.1 电码格式

METAR
或　CCCC　YYGGggZ　（AUTO）　dddffGfmfmMPS　dndndnVdxdxdx
SPECI

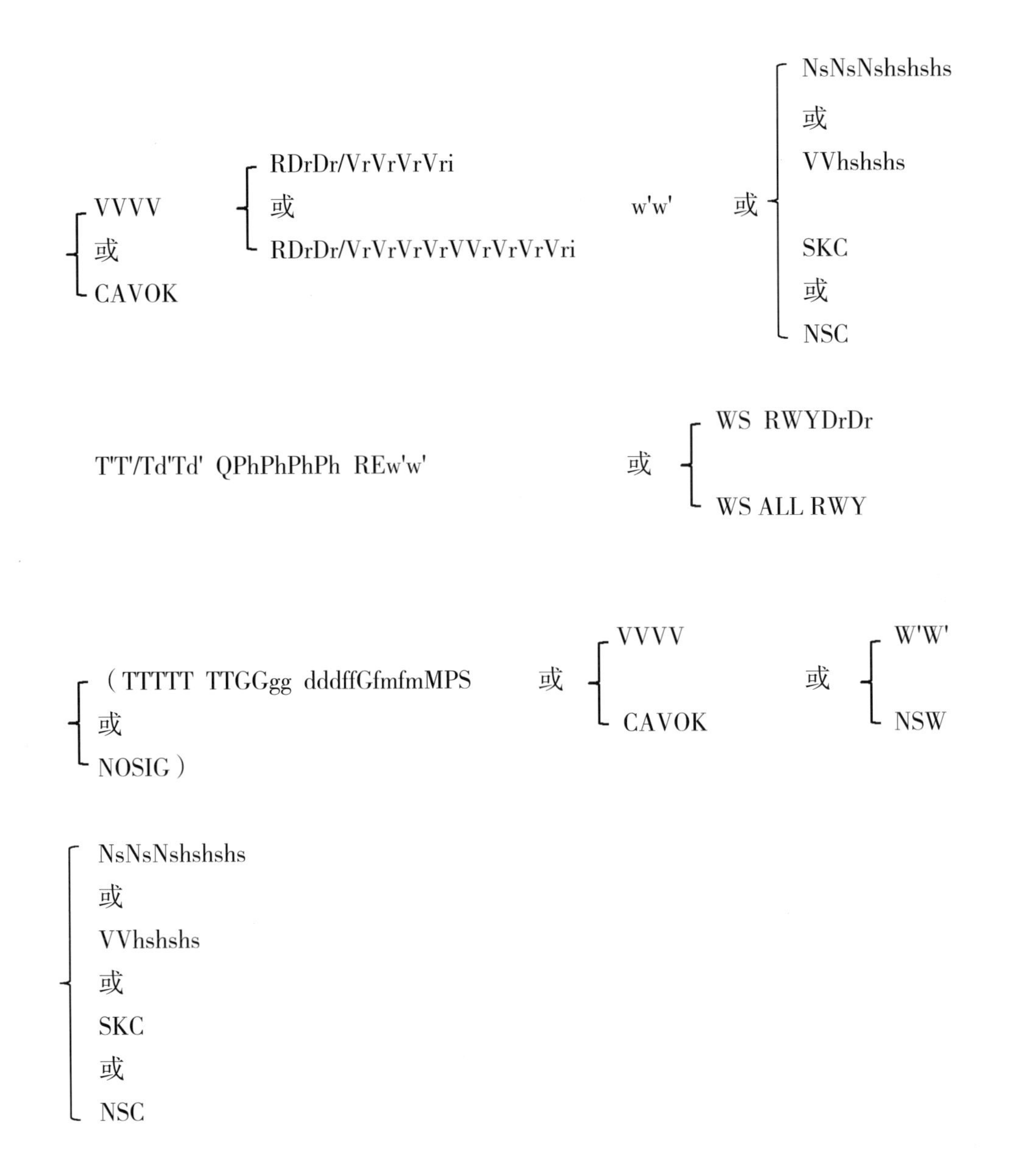

7.1.2 电码说明

（1）第一组 METAR 或 SPECI 报告名称组

“METAR”是机场例行天气报告名称，“SPECI”是机场特殊天气报告名称。“METAR COR”表示机场例行天气报告的更正报，“SPECI COR”表示机场特殊天气报告的更正报。

（2）第二组 CCCC 地名代码组

一律使用国际民航组织规定的四字地名代码（见表 7–1）

表 7–1　国内常用四字地名代码

机场名	四字地方代码	机场名	四字地方代码
首都国际	ZBAA	南宁吴圩	ZGNN
天津张贵庄	ZBTJ	深圳	ZGSZ
太原武宿	ZBYN	珠海	ZGUH
呼和浩特白塔	ZBHH	沈阳桃仙	ZYTX
石家庄	ZBSJ	哈尔滨闫家岗	ZYHB
上海虹桥	ZSSS	兰州中川	ZLLL
厦门高崎	ZSAM	西安咸阳	ZLXY
南昌	ZSCN	银川	ZLIC
福州义序	ZSFZ	西宁	ZLXN
杭州笕桥	ZSHC	乌鲁木齐地窝堡	ZWWW
南京大较场	ZSNJ	昆明巫家坝	ZPPP
合肥骆岗	ZSOF	重庆江北	ZUCK
青岛流亭	ZSQD	拉萨贡嘎	ZULS
济南遥墙	ZSJN	成都双流	ZUUU
广州白云	ZGGG	贵阳磊庄	ZUGY
长沙黄花	ZGHA	广汉	ZUGH
海口	ZGHK	武汉南湖	ZHHH
桂林奇峰岭	ZGKL	郑州东郊	ZHCC

（3）第三组 YYGGggZ 时间组

“YYGGgg” 是观测时的日期、小时、分；“Z”是世界时的指示码，如“220800 Z”意为 22 日世界时 08 时整。

（4）第四组（AUTO）组

① 由自动化观测系统自动生成的 METAR 和 SPECI 只应在机场的非运行时间内使用。这些报告应以“AUTO”标识。

② 在自动发布的 METAR 和 SPECI 中，应按照与 METAR 和 SPECI 有关的规定，分别报告地面风、跑道视程、气温、露点温度和气压。

（5）第五组 dddffGfmfmKMH 或 MPS 或 KTdndndnVdxdxdx 风向、风速组

“dddff”为观测前 10 min 内的平均风向(精确到 10°　)和平均风速，“G”为阵风指示码，无阵风时略去。“fmfm” 为大于平均风速 5m/s 的阵风（维持 3 s 以上的平均值）。“MPS”是单位 m/s 的英文简写，“KT” 是海里 / 小时，“KMH”是 km/h，我国本组单位常选用 m/s。例如，本组编报为“34006G12MPS” 译为: 风向 340°，风速 6m/s，阵风 12m/s。电码“00000MPS”表示静风。

当风向多变，平均风速≤ 2 m/s 时，ddd 必须编报成 VRB。

在风向变化不定，风速 >2 m/s 且风向变化≥ 60° 时，“dndndnVdxdxdx” 组用来表示风向变化范围的两个边界值，按顺时针方向编报。例如，本组编报为“VRB04MPS 350V080”，表示风向变化不定，风速 4 m/s，风向在 350° ~ 80° 范围内摆动。

（6）第六组 VVVVDv VxVxVxVxDv 能见度组

其中“VVVV”为能见度数值，一般指主导能见度，当有效能见度≥本场最低标准，而跑道能见度≤本场最低标准时，则用跑道能见度代替有效能见度编报。当水平能见度在各方向不同时，以最小能见度编报 VVVV 再加 Dv,“Dv”表示最小能见度相对于气象台的方向，可用一个或两个字母表示，如 N、NW 等。当最小能见度 <1 500 m，而其它方向的能见度 > 5 000 m 时，在“VVVVDv”之后须再加编一组 VxVxVxVxDv，“VxVxVxVx”表示最大能见度，“Dv”表示其方向。例如，本组编报为“0000”，表示能见度 <50 m；本组编报为“9999”，表示能见度≥ 10 km。

（7）第七组 RDrDr/VrVrVrVri RDrDr/VrVrVrVrVVrVrVrVri 跑道视程组

只有当有效能见度≤本场最低标准时才编报此组，且不管跑道视程与有效能见度数值有无差异均应编报。

① RDrDr/:“R”为跑道视程指示码，“DrDr”为跑道的方位编号，平行跑道要附加 L、C、R 字母（分别表示左、中、右）加以区别。如“R12L/”指“12 号左跑道”。

② VrVrVrVr：观测前 10min 内的平均跑道视程，单位是 m。

③ i：观测前 10min 内，前、后 5min 跑道视程的变化情况。在平均差值≥ 100m 时用此电码。有以下几种情况：

a. “U” 表示观测时跑道视程有明显上升趋势；

b. “D” 表示观测时跑道视程有明显下降趋势；

c. “N” 表示观测时跑道视程没有明显变化。

当无法确定跑道视程的变化趋势时可省略不报。

d. RDrDr/VrVrVrVrVVrVrVrVri：当跑道视程有重大变化时用此组电码，RDrDr 的意义与前面相同，“V”为指示码，V 前后的 VrVrVrVr 则分别编报观测前 10 min 内跑道视程某 1 min 平均的极小值和某 1 min 平均的极大值。“i”的意义与前同。例如，“R27R/0800V1200D”表示 27 号右跑道跑道视程最小 800 m，最大 1 200 m，在观测时跑道视程有明显下降的趋势。

当跑道视程超过或小于所用观测仪器所能测得的最大值或最小值时必须加报“P”或“M”。“P”为超过指示码，“M”为小于指示码。如“M100”表示跑道视程小于 100 m。

（8）第八组 W'W' 天气现象组

当观测时出现几种不同的天气现象时，可重复编报，W'W' 可按表 7–2 编报（每组可由 2 ~ 9 个字符表示）。

表 7–2　现在天气和预报天气

限定词		天气现象		
强度和特点	描述	降水	视程障碍	恶劣天气
	MI	DZ	BR	PO　发展完好的沙卷
	浅的	毛毛雨	轻雾	或尘卷
	BC	RA	FG	SQ
	散片的	雨	雾	飑
	DR	SN	FU	FC　漏斗云（龙卷）
– 表示小（轻）的	风吹起（低）	雪	烟雾	DS
+ 表示强（大、浓）的	BL	SG	VA	尘暴
（中常的无须说明）	风吹起（高）	米雪	火山灰	SS
VC 机场附近	SH	IC	DU	沙暴
（不含机场）	阵性的	冰针	浮尘	
	TS	PE	SA	
	雷暴	冰粒	扬沙	
	FZ	GR	HZ	
	过冷却的	冰雹	霾	
		GS		
		霰		

例如，“BR”表示轻雾，“DZ”表示毛毛雨，“SHRA”表示中等阵雨，“+SHRA”表示有大阵雨，“VCFG”表示机场附近 8 km 以内（不含机场）有雾（不需区别是什么形式的雾）。

（9）第九组 NsNsNshshshs（CC）或 VVhshshs 或 SKC 或 NSC 云组

本组可以编报若干组，按云底高度从低到高顺次编报。

①“NsNsNs”为云量，需用简语“FEW”（1 ~ 2 个八分量，少云），“SCT”（3 ~ 4 个八分量，疏云），“BKN”（5 ~ 7 个八分量，多云），“OVC”（8 个八分量，阴天）。

“hshshs”为云底高，以 30m 为单位编报（云高等于电码乘以 30 m）。

②“CC”为云状，只需编报积雨云（Cb）和浓积云（TCu）的云状，但当积雨云和浓积云出现在同一高度时，只需编报积雨云的云状。

③“VVhshshs”为垂直能见度，当天空被天气现象所遮蔽而模糊不清或不明时，需用此组，“VV”为垂直能见度指示码，“hshshs”为垂直能见度，编报标准与云底高相同。

④“SKC”为碧空（Skydear）。表示天空无云或不足 1 成云，且无积雨云，无浓积云。例如，“SCT030”为疏云，云底高 900 m；“BKN010（Cb）”表示在 300 m 高度上有 5 ~ 7

个积雨云。

“NSC” 表示无重要的云。

（10）第十组 CAVOK 好天气组

字码 CAVOK 可用来代替能见度组、天气现象组和云组，其条件是：

① 有效能见度 10 km 或以上。

② 1 500 m 以下无云，且天空没有微量积雨云、微量浓积云等恶劣天气。

③ 无降水、雷暴、沙暴、吹雪等天气现象。

（11）第十一组 T’T’/Td’d’ 温度 / 露点组

T’T’为气温，Td’Td’为露点，都表示为整数摄氏度。数字前加“M”表示温度在0℃以下。例如，“05/M04”表示温度 5℃，露点 –4℃。

（12）第十二组 QPhPhPhPh 修正海平面气压组（QNH）

“Q”为修正海平面气压指示码，“PhPhPhPh”是以百帕为单位的气压数值（整数），不足 4 位时第一位补零。

例如，“Q0989”意为修正海平面气压 989 hPa。

当编报场面气压时用“QFE” 作指示码。例如，“QFE0985”表示场面气压是 985 hPa。在某些国家，修正海平面气压以 inHg 为单位，此时，该组以“A”为指示码，后面编报 4 位气压数值，保留两位小数。例如，“A3027”表示修正海平面气压为 30.27 inHg。

（13）第十三组 REW'W' 补充报告组

表示本次报告与上次报告之间发生的重要天气现象，可报三组近时天气。“RE” 为指示码，“W'W'”的编报方法见表 7–2，其重要天气现象见表 7–3。

表 7–3　几种重要天气现象

1	冻雨（雨凇）
2	中或大的毛毛雨、雨或雪
3	中或大的冰粒（冰丸）、雹、小雹和（或）霰（雪丸）
4	中或大的高吹雪（包括雪暴）
5	沙暴或尘暴
6	雷暴
7	龙卷云（陆龙卷或水龙卷）
8	火山灰

（14）第十四组 WS TKOF RWYDrDr 或 WS LDG RWYDrDr 风切变组

本组表示起飞或着陆跑道有风切变，“WS TKOF RWY”为起飞跑道有风切变，“WS LDG RWY”为着陆跑道有风切变，“WS ALL RWY”为所有跑道的起飞或进近航道有风切变。“DrDr”为跑道编号，若有平行跑道，在“DrDr”之后用“R”“L”或“C”分别表示右跑道、左跑道或中间跑道。

例如，“WS TKOF RWY36”表示在 36 号跑道上起飞方向有风切变，“WS LDG RWY24L”表示在 24 号左跑道上着陆方向有风切变。

以下内容为附加的趋势型着陆预报。

（15）第十五组 TTTTT 或 NOSIG 天气变化趋势组

当前面各组中有一项或几项气象要素预计将发生明显变化时，“TTTTT”用“BECMG”或“TEMPO”编报。其中“BECMG”表示“天气将变为……”，“TEMPO”表示气象要素有“短时波动（波动时间小于 lh）”。若预计气象要素无显著变化，则用“NOSIG”表示。

（16）第十六组 TTGGgg 变化时间组

“GGgg”表示变化的时、分，用世界时。

“TT”可表示为“FM”“TL”和“AT”，分别指变化开始时间、变化结束时间和在某一时刻出现。

电码“FM0000、AT0000 和 TL2400”表示所预报的变化发生在世界协调时（UTC）的午夜。

例如，“BECMGFM0215”意为 02 点 15 分天气将变为……“TEMPO 1014”意为天气在 10: 00 至 14: 00 之间有短时变化……

（17）第十七组 变化的气象要素组

后面几项分别为风向组、风速组、能见度组、天气现象组和云组。它们的出现表示前面所报的天气有变化，它们的编报方法和前面相应组的编报方法相同，其中“NSW”表示无重要天气现象。

7.1.3 日常航空天气报告举例

【例 1】METAR ZUGH 070800Z 03003MPS 5000 SCT030 BKN070 OVC090 20/18 Q1005

译文：机场例行报，广汉，7 日 08 时 00 分；地面风向 30°，风速 3 m/s；能见度 5 km；疏云，云高 900 m；多云，云高 2 100 m；阴天，云高 2 700 m；气温 20℃，露点 18℃；QNH=1 005 hPa。

【例 2】METAR ZPPP 200000Z 00000MPS 3000 BR FEW023 SCT040 12/11 Q1024 NOSIG

译文：20 日 0000 世界时，昆明机场的例行报告；静风；能见度 3 000 m；轻雾；云底高 700 m，少云；云底高 1200 m，疏云；气温 12℃；露点温度 11℃；修正海平面气压 1 024 kPa；未来 2h 发展趋势：无重要变化。

【例 3】METAR ZGGG 211100Z VBR02MPS 0700 R35/0600V0800U FG VV/// 24/21 Q1004 NOSIG

译文：21 日 1100 世界时，广州机场的例行报告；地面风向不定，风速 2 m/s；能见度 700 m；雾；代表 35 号跑道接地地带的跑道视程变化显著，1 min 平均极小值 600 m，1 min 平均极大值 800 m，同时跑道视程在前 10 min 有上升趋势；天空不明；气温 24℃；露点温度 21℃；修正海平面气压 1 004 hPa；未来 2h 发展趋势：无重要变化。

【例 4】METAR ZPPP 020600Z 19004MPS 4000 SHRA FEW010 SCT023TCU OVC036 12/11

Q1025 BECMG FM0700 9999 NSW

译文：2 日 0600 世界时，昆明机场例行报告；地面风向 190° ，风速 4m/s；能见度 4 000 m；中度阵雨；云底高 300 m，少云；浓积云，云底高 700 m，疏云；云底高 1 100 m，阴天；气温 12℃；露点温度 11℃；修正海平面气压 1 025kPa；未来 2h 发展趋势：从世界时 0700 到 0800 渐变为能见度大于等于 10 km；重要天气现象结束。

【例 5】METAR ZPPP 082200Z 09004MPS 6000 – TSRA SCT023CB OVC040 17/15 Q1018 BECMG AT2330 9999 NSW SCT023 BKN040 NOSIG

译文：8 日 2200 世界时，昆明机场例行报告；地面风向 90° ，风速 4 m/s；能见度 6 000 m；雷暴伴弱降水；积雨云云底高 700 m，疏云；云底高 1 200 m，阴天；气温 17℃；露点温度 15℃；修正海平面气压 1018 hPa；未来 2h 发展趋势：世界时 2330 能见度变为大于等于 10 km；重要天气现象结束；疏云，云底高 700 m；多云，云底高 1 200 m。

7.1.4 特殊报告

机场特殊报告是指在两次正点观测之间，当某一对飞行有较大影响的天气现象出现（终止或消失）时而进行的报告。当某一天气要素变坏伴随另一气象要素好转（例如，云高降低而能见度好转）时只需发一份 SPECI 报告。

SPECI 报的电码格式与 METAR 相同。只是 SPECI 代替了 METAR 作为特殊报告的起头。由于特选报主要是针对恶劣天气编报的，为了突出重点，METAR 中无关的项可以省略，因此它简单明确。相关的各项编报方法和 METAR 中与之相对应的项相同。

【例 1】SPECI ZUGH 220615Z TSRA SCT040（Cb）

译文：特殊报告，广汉，观测时间 22 日 06 时 15 分；有中雷雨，3 ~ 4 个量的积雨云，云底高 1 200 m。

【例 2】SPECI ZHHH 060315Z 09002MPS 1800 BR SKC 06/01 Q1027 NOSIG

译文：6 日 0315 世界协调时，武汉机场的特殊报告；地面风向 90° ，风速 2m/s；能见度 1.8 km；轻雾；碧空；气温 6℃，露点温度 1℃；修正海平面气压 1 027 hPa；未来 2 h 发展趋势：无重要变化。

7.2 航站天气预报电报

航站天气预报是为目视飞行提供的基本天气报告，也是仪表飞行必不可少的。预报的内容主要包括云高、能见度和风向风速来选择最佳进场着陆方向；或根据机场天气预报来确定是否需要一个备降机场，如果需要，还要看备降机场预报的天气是否适合降落。

航站预报的有效时段应不小于 9 h，不大于 24 h，有效时段小于 12 h 的机场预报应每 3 h 发布一次；有效时段为 12 ~ 24 h 的机场预报应每 6 h 发布一次。

7.2.1 航站天气预报电报格式

TAF CCCC YYGGggZ $Y_1Y_1G_1G_1G_2G_2$ dddffGfmfmMPS

{ VVVV 或 CAVOK }　{ W'W' 或 NSW }　[NsNsNshshshs 或 VVhshshs 或 SKC 或 NSC]　$PROBC_2C_2$ GGGeGe

{ TTTTTT GGGeGe 或 TTGGgg }　(TXT_FT_F/G_FG_FZ TNT_FT_F/G_FG_FZ)

7.2.2 电码说明

（1）第一组　TAF 电报名称

机场预报电报用“TAF”起头，意为机场天气预报（Terminal Aviation Forecast）。

“TAF AMD（预报错）”表示机场预报的修订报；“TAF COR（发报错）”表示机场预报的更正报；“TAF AMD CNL” 表示机场预报取消报。

（2）第二组　CCCC 地名代码组

一律使用国际民航组织规定的四字地名代码，见表 7–1。

（3）第三组　YYGGggZ 时间组

发报的日、时、分（UTC）。“Z”为世界时的指示码（Zulu）。

（4）第四组　$YYG_1G_1G_2G_3$ 预报的有效时间

“YY”为日期，“G_1G_1”为预报有效的开始时间，“G_2G_2”为预报有效的结束时间。

（5）第五组　dddffGfmfm MPS 预报的风

编报方法与 METAR 报中的风组相同。电码“00000MPS”表示静风（预报的风速小于 1m/s）。

（6）第六组　VVVV 预报的能见度

编报方法与 METAR 报中的能见度组相同。

（7）第七组　W'W' 重要天气现象（预报值）

编报方法见表 7–2。当预计重要天气现象结束时，编报“NSW”。

（8）第八组　NsNsNshshshs（CC）或 VVhshshs 或 SKC 或 NSC 预报云组

编报方法与 METAR 报中相同，碧空时报“SKC”，无重要的云时编报“NSC”。

（9）第九组　CAVOK 好天气组

CAVOK 的用法与 METAR 报中相同。

（10）第十组　PROBC_2C_2GGGeGe 概率组

预计气象要素出现另一数值的概率和时间，“PROB”为概率指示码，“C_2C_2”为概率，只用30%或40%表示，如概率小于30%，则认为不适宜用“PROB”组报；当概率超过50%时，视情况可用“BECMG”、“TEMPO”或“FM”表示。“GGGeGe”表示变化的起止时间，“TTTTT”编报方法与“METAR”报中相同，“TTGGgg”中“TT”可用“AT（在……）”，“FM（从……）”，“TL（直到……）”。“GGgg”为时间组，用世界时表示出时分。

例如，“1500 PROB40 1214 0800 FG”表示“能见度 1 500 m，12 点到 14 点之间有 40% 的概率，出现能见度 800 m 的大雾”；又如“PROB30 TEMPO 1517”表示“ 15 点到 17 点之间，有 30% 的概率，短时出现”。

（11）第十一组　气象要素变化组

TTTTT GGGeGe
或
TTGGgg

表示预报的有效时段（“G_1G_1”至“G_2G_2”）内，当预计部分或全部要素在某一中间时刻“GGgg”或在“GG”至“GeGe”时段内发生变化。如果“GeGe”编报为 24，表示预报时段终止于午夜。

若时间指示组“TTGGgg”编报为“FMGGgg”形式（从“GGgg”开始），表示一份预报中某个独立部分开始时间“GGgg”。若使用“FMGGgg”组时，该组之前的预报状况将全部由“FMGGgg”组之后的预报状况所取代。

变化组“TTTTT GGGeGe”为“BECMG GGGeGe”形式，用来描述预报的气象状况在“GG”至“GeGe”时段内的某个时间预期以规则或不规则的速度发生变化。“GG”至“GeGe”时段一般不得超过 2h，最多不超过 4 h。变化组之后是预报有变化的所有要素。如变化组之后没有描述某一要素，则表示在“G_1G_1”至“GG”时段内对该要素的描述在“GG”之后继续有效。

变化组 TTTTT GGGeGe 为 TEMPO GGGeGe 形式，用来描述对预报的气象状况的频繁的或偶尔的短暂波动，并且每次波动不得超过 1h，其累计所占时间不超过 GGGeGe 时段的一半。

（12）第十二组　（TXTFTF/GFGFZ TNTFTF/GFGFZ）预报气温组

“T”为气温指示码，“TFTF”为预报的气温，单位℃，若为负值前面加“M”；“GFGF”为预计出现该气温的时间（UTC），“Z”为“UTC”指示码。简语“TX”是预报时段内的最高气温指示码，“TN”是预报时段内的最低气温指示码。

例如，电码“TX25/06Z TN15/23Z”表示预计最高气温 0700 世界时为 25℃，最低气温 2300 世界时 15℃。

7.2.3 电码举例

【例 1】TAFZBAA 130430Z 130615 31007MPS 8000 SHRA FEW005 FEW010CB SCT018

BKN025 TEMPO 1014 4000 +SHRA PROB30 TEMPO 1315 TSRA SCT005 BKN010CB

译文：北京首都机场的机场天气（航站）预报，发报时间 13 日 04:30（UTC），预报有效时间为 13 日 06:00（UTC）至 15：00（UTC）。地面风向 310° ，风速 7 m/s，能见度 8 000 m，中阵雨，有 1/8 ~ 2/8 量的云，云底高度 150 m，1/8 ~ 2/8 量的积雨云，云底高度为 300 m，3/8 ~ 4/8 量的云，云底高度为 540 m，5/8 ~ 7/8 量的云，云底高度 750 m。预计在 10:00 （UTC）至 14:00（UTC）之间有短暂变化，能见度变为 4 000 m，大阵雨。在 13：00（UTC）至 15：00（UTC）之间，有 30% 概率出现中等强度的雷雨，3/8 ~ 4/8 量的云，云底高度 150 m，5/8 ~ 7/8 量的积雨云，云底高度 300 m。

【例 2】TAF ZUUU 050340 050606 35003MPS 5000 BR SCT030 TX20/07Z TN12/23Z。

译文：成都机场 5 日发布的有效时间 5 日世界时 0600 到 6 日 0600 的 TAF 报，风向 350°，风速 3 m/s，能见度 5 000 m，轻雾，云量疏云，云底高 900 m，最高气温 20℃世界时为 0700, 最低气温 12℃世界时为 2300。

【例 3】TAF COR ZUUU 250550Z 250615 03003MPS 3500 BR SCT030 OVC080 TEMPO0610 –TSRA SCT033CB SCT033 OVC070

译文：成都机场 25 日 0550 世界时发布的有效时间 25 日世界时 0600 到 1500 的 TAF 更正报（发报错），地面风向 30° ，风速是 3 m/s，能见度是 3 500 m，轻雾，云量疏云，云底高 900 m，云量阴天，云底高 2 400 m；从 0600 世界时至 1000 世界时发生短时变化：雷暴伴弱降水，积雨云，云量疏云，云底高 1 000 m，云量疏云，云底高 1 000 m，云量阴天，云底局 2 100 m。

【例 4】TAF AMD ZGGG 042100Z 042106 08004MPS 6000 SCT040 SCT100

译文：广州机场在 4 日 2100 世界时发布有效时间为 4 日世界时 2100 到 5 日 0600 的 TAF 修订报（预报错），地面风向 80°，风速是 4m /s，能见度 6 000 m，云量疏云，云底高 1 200 m，云底高 3 000 m。

【例 5】TAF AMD ZSSS 242100Z 242106 CNL

译文：上海机场在 24 日 2100 世界时发布的 TAF 修订报（预报错），取消先前发布的有效时间为世界时 24 日 2100 至 25 日 0600 的 TAF 报。

7.3 航路天气预报电报

航路天气预报（ROFOR）是指起飞航段和着陆航段的航线两侧各 25km 范围内飞行高度上的整个飞行区域的天气预报。有效时段一般为预计飞行期间前后一小时。在航空器起飞前一小时由起飞机场气象台向空勤人员提供。

航路天气预报内容有：气温、风向风速、水平能见度、恶劣天气现象（与飞行安全关系密切的雷暴、冰雹、冻雨、强飑线、大片沙暴或尘暴等 8 种）、云量、云状（仅指明积雨云）、云底高、云顶高，等温层的高度、飞机积冰、飞机颠簸的强度和发生的空域，需要时还包括对流层顶、急流、最大风层和风的垂直切变状况、最低平均海平面气压、锋面的位置等。若航线较长且沿途地形气象复杂或天气差异颇大，可分段做预报。供给中、低空飞行用的航线天气预报，通常为预报图或飞行天气报告表。高空飞行用的航线天气预报，通常为重要天气预报图和高空风、高空气温预报图。航线天气预报是航空器能否在航线上正常飞行的必备资料之一。

7.3.1 ROFOR 电码格式

（1）第一段：

ROFOR	（YYGGggZ）	$Y_1Y_1G_1G_1G_2G_2$	KMH	
航路预报	发报日时分	预报起止时间	风速单位	
CCCC	（QLaLaLoLo）	CCCC	0i2ZZZ	（VVVV）
起点站名	附加点组	终点站名	航段指示组	能见度
（W1W1W1）	NSNSNSHSHSHS	7hththfhfhf	（6IchihihitL）	
天气现象	云量和云高	云顶和0℃层高度	积冰组	
（5BhBhBhBtL）	（4hxhxhxThTh	dhdhfhfhfh）	（2h'ph'pTpTp）	
颠簸组	某高度气温	风向风速	对流层顶高度和气温	

（2）第二段：

（11111	QLaLaLoo	hjhjfjfjfj）
高空急流	急流轴位置	急流轴高度和风速

（3）第三段：

（22222	h'mh'mfmfmfm	（dmdmVV））
风组指示码	某高度最大风速	风向和垂直风切变

（4）第四段：

9i3nnn
补充现象组

7.3.2 电码说明

各组名称上面已说明，翻译方法大多数与航站预报相同，现重点说明如下几点：

（1）附加点组 QLaLaLoLo

在国内，在起点站和终点站间如果需要选一个或几个附加点，一般多用站名代号表示，在国际上可用“QLaLaLoLo”表示，“Q”表示地球八分象限，见表 7-4。“QLaLaLoLo”分别表示纬度和经度整度数，并略去百位数。如附加点为“24017”表示该点在“北纬 40°，东经 117°”。

表 7-4　地球八分象限

电码	北半球经度	电码	南半球经度
0	0° ~ 90°W	5	0° ~ 90°W
1	90° ~ 180°W	6	90° ~ 180°W
2	180° ~ 90°E	7	180° ~ 90°E
3	90° ~ 0°E	8	90° ~ 0°E

（2）航段指示组 Oi_2ZZZ

本组用在航路各段或各点预报的开头，编报含义见表 7–5，如“03ZBAA”表示“直到北京”。其中出现的“Q”的含义可见上一组说明。

表 7–5　航段指示组电码含义

0i2ZZZ	含义
00000	直至转折点（第一个附加点）为止
01QLaLa	至纬度 LaLa
02QloLo	至经度 LoLo
03CCCC	至 CCCC 站
04nnn	至距前一地点的 nnn km 处
05QZZ	至气象 ZZ 编号地区的 5° 带
06QLaLa	在纬度 LaLa 处
07QLaLa	在经度 LoLo 处
09nnn	在距前一地点的 nnn km 处

（3）天气现象组　（$W_1W_1W_1$）

当预报有表 7–6 中任何一种现象时可按表中电码编报。

表 7–6　航路天气现象电码

电码	111 或 TS	222 或 TRS	333 或 LSQ	444 或 HAIL	555 或 MTW	666 或 SAND	777 或 DUST	888 或 FZR
天气	雷暴	热带气旋	强飑线	冰雹	明显的地形波	大面积沙暴	大面积尘暴	冻雨

（4）云组和 7 字组 $N_sN_sN_sh_sh_sh_s$　$7h_th_th_th_th_th_t$

云的预报与航站报相同，“7”为云顶高度指示码，“hfhfhf”为 0℃层高。对每一层云，必须成对地使用云组和 7 字组，航线上的云顶高度采用海拔。若预报了两个云组但只预报了一个 0℃层高，则第二个 7 字组应编报为“7hththt///”，表示 0℃层高度同前。若只预报了一个云组，但预报了两个 0℃层高，则第二个 7 字组应编报为“7///hfhfhf”，表示云顶高度不详。

（5）第五组（$6I_ch_ih_ih_it_L$）积冰组

“6”为积冰指示码，“hihihi”为积冰层底的高度（= 电码 ×30m）；“t_L”为积冰层的厚度（= 电码 ×300 m）；“Ie”为积冰类型，编报方法见表 7–7。例如，“621002”为“在 3 000 m 高度上有厚度为 600 m 的云中轻度积冰”。

（6）第六组（$5Bh_Bh_Bh_Bt_L$）颠簸组

“5”为颠簸指示码，“hBhBhB”为颠簸层底高度（= 电码 ×30m），“t_L”为颠簸层厚度（= 电码 ×300m），“B”为颠簸类型，编报方法参见表 7–7。例如，“532002”为“在 6 000 m 高度上有厚度为 600m 的晴空中颠，不频繁”。

表 7–7 积冰类型和颠簸类型

类型电码	积冰类型	颠簸类型
0	无积冰	无颠簸
1	轻度积冰	轻度颠簸
2	云中轻度积冰	晴空不频繁中度颠簸
3	降水中轻度积冰	晴空频繁中度颠簸
4	中度积冰	云中不频繁中度颠簸
5	云中中度积冰	云中频繁中度颠簸
6	降水中中度积冰	晴空不频繁强烈颠簸
7	严重积冰	晴空频繁强烈颠簸
8	云中严重积冰	云中不频繁强烈颠簸
9	降水中严重积冰	云中频繁强烈颠簸

（7）气温和风组（$4h_xh_xh_xT_hT_h$ $d_hd_hf_hf_hf_h$）

“4”为指示码，“$h_xh_xh_x$”表示某高度（= 电码 ×30m），“T_hT_h”表示该高度的气温，“d_hd_h”表示该高度的风向（= 电码 ×10°），“$f_hf_hf_h$”表示风速，单位在前面已注明，我国一般采用 km/h（KMH）。

（8）对流层顶组 $2h'_Ph'_PT_PT_P$

“2”为指示码，“$h'_Ph'_P$”表示对流层顶高度（= 电码 ×300m），“T_PT_P”表示对流层顶气温。

（9）第二段和第三段补充说明

急流轴高度 = 电码 ×300m，最大风速高度 = 电码 ×300m（或 1 000 ft），风向 = 电码 ×10°，垂直风切变“VV”的单位是（km/h）/300 m。

（10）第四段 $9i_3nnn$

该组用来表示预报内容的补充说明或变化，其内容见表 7–8。

91、92、93 和 94 组都放在 ROFOR 电报有关部分的末尾，而 96 和 97 组后没有描述某一要素时，则表示前面对该要素的预报仍然有效，96 组后所描述要素情况在 Gp 时段结束后仍然有效，直至第 2 个变化组出现时方止。$9999C_2$ 组与 $99GGG_P$ 一起使用，之后即为预报要素的另一数值。表 7–8 中锋面类型 Ft 的编报可见。

表 7–8　9i3nnn 的电码含义

$9i_3nnn$	补充内容或含义	
91P2P2P2	预报的最低海平面气压	
92FtLaLa	锋面的类型和纬度的位置	
93FtLoLo	锋面的类型和经度的位置	
94FtGG	锋面的类型和过境时间	
951//	沿航线渐变	
952LaLa	沿航线在北纬 LaLa 变化	
953LaLa	沿航线在南纬 LaLa 变化	
954LoLo	沿航线在东经 LoLo 变化	
955LoLo	沿航线在西经 LoLo 变化	
96GGGp	从 GG 时开始变化，持续 Gp 时	
97GGGp	从 GG 时短时波动，持续 Gp 时	
9999C2	变化概率是 C2（10% 为单位）	
99GGGp	999C2 变化的开始和持续时间	

7.3.3 举例

【例 1】ROFOR 2207 KMH ZLLL ZLSN BKN070 7120140 OVC130 7180/// 621602 51//// 4160M04 24065 =

译文：航路天气预报，预报有效时间 22 时至 07 时（UTC），风速使用单位为 km/h，兰州至西安航线；云量 5 ~ 7，云底高 2 100 m（海拔），云顶高 3 600 m，0℃层高度 4 200 m，8 个云量，云底高 3 900 m，云顶高 5 400 m，0℃层高度同前；云中轻度积冰，积冰层底高 4 800m，厚度 600 m；有轻度颠簸，高度和厚度不明，在 4 800 m 高度上气温为 –4℃，风向 240° ，风速 65 km/h。

【例 2】ROFOR 0010 KMH ZBAA 23518 ZSSS 01235 SCT030（Cb）7300210 BKN230 7240/// 541208 420001 18090 03ZSSS SCT026 7050220 96062 BKN050 7120///418005 21060 =

译文：航路天气预报，有效时间 00 时到 10 时（UTC），风速使用单位为 km/h，航线：

表 7–9　锋面编报

电码	含义	电码	含义
0	地面静止锋	5	地面以上冷锋
1	地面以上静止锋	6	锢囚锋
2	地面暖锋	7	不稳定线
3	地面以上暖锋	8	热带锋
4	地面冷锋	9	辐合线

北京过 35 °N 118 °E至上海；北京到 35 °N航段上，有 3 ~ 4 个积雨云，云底高 900 m，顶高 9 000 m，0℃层高度 6300 m，5 ~ 7 个云量，云底高 6 900 m，云顶高 7 200 m，0℃层高度不明；云中中度颠簸，不频繁，颠簸层底高 3 600 m，厚 2 400 m ；在 6 000 m 高度上气温为 1℃， 风向 180° ，风速 90 km/h。从 35 °N至上海航段，有 3 ~ 4 个量的云，底高为 780 m , 云顶高 1 500 m，0℃层高度 6 600 m； 从 06 时至 08 时，将变化为多云，云底高 1 500 m，云顶高 3 600 m，0℃层高度同前；5 400 m 高度上气温为 5℃，风向 210° ，风速 60 km/h。

7.4 重要气象情报（SIGMET）

重要气象情报发布的是除对流之外能给飞行造成危害的天气，它适合于各个飞行高度层上的飞机，常用缩写明语作出其发生和（或）预期发生的简要说明。

7.4.1 重要气象情报的内容

重要气象情报的电文内容见表 7-10。

表 7-10　重要气象情报报告内容

<table>
<tr><td rowspan="16">在亚音速巡航高度上</td><td>OBSC TS</td><td>模糊不清的雷暴</td></tr>
<tr><td>EMBD TS</td><td>隐嵌在……里的雷暴</td></tr>
<tr><td>FRQ TS</td><td>成片无隙的雷暴</td></tr>
<tr><td>LSQ TS</td><td>飑线</td></tr>
<tr><td>OBSC TSHVYGR</td><td>模糊并带有强冰雹的雷暴</td></tr>
<tr><td>EMBD TS HVYGR</td><td>隐嵌并带有强冰雹的雷暴</td></tr>
<tr><td>FRQ TS HVYGR</td><td>成片无隙并带有强冰雹的雷暴</td></tr>
<tr><td>LSQ TS HVYGR</td><td>带有强雹的飑线</td></tr>
<tr><td>TC（+ 名称）</td><td>热带气旋 [10min 内平均地面风速达到或超过 63km/h（34kt）]</td></tr>
<tr><td>SEV TURB</td><td>严重颠簸</td></tr>
<tr><td>SEV ICE</td><td>严重积冰</td></tr>
<tr><td>FZRA （ SEV ICE ）</td><td>冻雨引起的严重积冰</td></tr>
<tr><td>SEV MTW</td><td>严重的山地波 .</td></tr>
<tr><td>HVY DS</td><td>强尘暴</td></tr>
<tr><td>HVY SS</td><td>强沙暴</td></tr>
<tr><td>VA（+ 火山名称）</td><td>火山灰</td></tr>
<tr><td rowspan="2"></td><td>MOD TURB</td><td>中度颠簸</td></tr>
<tr><td>SEV TURB</td><td>严重颠簸</td></tr>
</table>

表 7–10（续）

在跨音速和超音速巡航高度上	ISOL CB	孤立的积雨云
	OCNL CB	偶尔（个别）的积雨云
	FRQ CB	成片无隙的积雨云
	GR	雹
	VA（+ 火山名称）	火山灰

7.4.2 电报格式及说明

（1）第一组：服务于重要气象情报涉及的飞行情报区或管制区域的空中交通服务单位的地名代码，如“ZBAA、ZSSS”等。

（2）第二组：电报指示码和序号。为亚音速飞机提供重要气象情报必须用“SIGMET”标明，为超音速飞机在跨音速和超音速飞行阶段提供的重要气象情报必须用“SIGMET SST”标明。例如，“SIGMET 5”即为亚音速飞机提供的第 5 号重要气象情报。

（3）第三组：有效时间组。用世界时表明的有效时间。例如，“VALID 221215/221600”表示“有效时间 22 日 12 时 15 分到 16 时”。

（4）第四组：始发电报的气象监视台的地名代号，后面紧随连字号“ – ”将报头与电文分开，电文写在下一行，如“ZUUU – ”。

（5）第五组：重要气象情报为之发布的飞行情报区或管制区的名称。

（6）第六组：重要天气现象和现象的描述，如“FRQTS”。

（7）第七组：说明以上重要天气现象是观测到的（OBS）还是预报的（FCST），以及出现的时间（用世界时）。

（8）第八组：重要天气现象出现的位置（可用纬度和经度表示，也可用国际上熟知的位置或地理特征）和高度层（用“FL”）。例如，“FCST TOPS FL390 S OF 54 DEG N”表示“预报云顶高度为飞行高度 39 000 ft，北纬 54° 以南”；“ZHHH AT FL250”表示“在武汉上空，飞行高度层 25 000 ft”。

（9）第九组：移动情况或预期移动情况，单位 km/h 或 KT。例如，“MOV E 40 KMH”表示“向东以 40 km/h 的速度移动”。

（10）第十组：强度变化情况。用缩写“INTSF”（加强）、“WKN”（减弱）或“NC”（无变化）表示

（11）第十一组：提供上述第三组项规定的有效时期以外的火山灰云轨迹和热带气旋中心的位置和展望（电码 OTLK，即 Outlook）。

7.4.3 举例

【例 1】YUCC SIGMET3 VALID 251600/252200 YUD0 —

AMSWELL FIR TC GLORIA OBS 27.1N 73.1W AT 1600UTC FRQ TS TOPS

FL500 W OF 150NM CENTRE MOV NW 10KT NC

OTLK TC CENTRE 260400 28.5N 74.5W 261000 31.ON 76.0W =

译文：YUCC 飞行情报区（或管制区域）空中交通服务单位，YUDO 气象监视台 25 日发布的第 3 号重要气象情报，有效时间从 25 日 1600 世界时到 25 日 2200 世界时。

AMSWELL 飞行情报区内，在 1600 世界时观测到热带气旋 GLORIA 的中心位置在北纬 27.1°、西经 73.1°；频繁性雷暴，顶高在 FL500，在中心西面 150 n mile 以西，以 10kt 速度向西北移动，强度无变化。

展望：热带气旋的中心，26 日 0400（UTC）在北纬 28.5°、西经 74.5°；26 日 1000（UTC）在北纬 31.0°、西经 76.0°。

【例 2】YUCC SIGMET2 VALID 221215/221600 YUDO—

AMSWELL FIR SEV TURB OBS AT 1210 YUSB FL250 MOV E 40KMH WKN =

译文：YUCC 飞行情报区（或管制区域）空中交通服务单位，YUDO 气象监视台 22 日发布的第 2 号重要气象情报，有效时间从 22 日 1215（UTC）到 1600（UTC）。

AMSWELL 飞行情报区内，在 YUSB 机场上空 25 000 ft 的飞行高度层上，于 1210（UTC）观测到严重颠簸，预计颠簸层将以 40 km/h 的速度向东移动，强度减弱。

7.5 低空重要气象情报（AIRMET）

低空重要气象情报是以简写明语的形式提供的有关对地面上的航空器（包括停场航空器、机场设施及机场服务）和在起降阶段的航空器有严重影响的气象情况的简要情报，它扼要地描述有关的发生和（或）预期发生的特殊天气现象。这些天气现象在 SIGMET 中发布的低空飞行区域中不包括，但会影响低空飞行的安全，并在时间尺度上发展。低空重要气象情报（AIRMET）的有效时间不超过 6 h。

7.5.1 低空重要气象情报的报告内容

低空重要气象情报所涉及的内容一般是发生在低于 FL100（在山区低于 450 m）巡航高度的表 7-12 中的某种天气现象。

表 7-12　AIRMET 的报告内容

要素含义	简写明语
大范围地面风速大于 60km/h（30kt）	SFCWSPD（加风速和单位）
大范围的、下降小于 5 000 m 的地面能见度	SFCVIS（加能见度和单位）
不带冰雹的孤立的雷暴	ISOL TS
不带冰雹的成片的雷暴	OCNL TS
带冰雹的孤立的雷暴	ISOL TSGR
带冰雹的偶尔的雷暴	OCNLTSGR
山地状况不明	MT OBSC

表 7–12（续）

距地面小于 300m（1 000 ft）的多云	BKNCLD（加云底高度和单位）
距地面小于 300m（1 000 ft）的阴天	OVC CLD（加云底高度和单位）
不带雷暴的孤立积雨云	ISOL CB
不带雷暴的有间隙的积雨云	OCNL CB
不带雷暴的成片无间隙的积云雨	FRQ CB
中度积冰（对流性云中的积冰除外）	MOD ICE
中度颠簸（对流性云中的颠簸除外）	MOD TURB
中度的山地波	MOD MTW

7.5.2 AIRMET 的报告格式

（1）第一组：低空重要气象情报发往的飞行情报区的空中交通服务部门的地名代码，例“YUCC”。

（2）第二组：信息标示符和序号，如“AIRMET2”（第 2 号低空重要气象情报）

（3）第三组：有效时间段，用世界时，如“VALED 221215/221600”。

（4）第四组：最初发布信息的气象监视台的地名代码，之后用“—”将报文内容分开，如“YUDO—”。

（5）第五组：低空重要气象情报为之发布的飞行情报区或分区的名字，如“AMSWELL FIR/2”。

（6）第六组：引起发布“AIRMET”的天气现象及天气描述，如“MOD MTW”。

（7）第七组：说明是观测到的（OBS）或是预报的（FCST），以及观测的时间。

（8）第八组：位置（用经纬度表示或国际通用的位置或地理特征）和高度。如 OBS 48.0 DEG N 10.0 DEG E AT FL080（观测到的，在北纬 48.0°、东经 10.0°，2 400m 的高度上）。

（9）第九组：用罗盘八方位和速度（km/h 或 KT）表示移动或预期移动的方向和移速或静止，如“STNR（静止）”。

（10）第十组：强度改变时，使用“INTSF”“WKN”和“NC”说明“加强”“减弱”和“不变”。

7.5.3 举例

【例 1】YUCC AIRMET4 VALID 181015/181600 YUDO —

AMSWELL FIR MOD MTW OBS AT 1005 24 DEG N 110 DEG E AT FL080 STNR NC =

译文：YUCC 飞行情报区（或管制区域）空中交通服务单位，YUCC 气象监视台发布的第 4 份低空重要气象情报，有效时间 18 日 1015UTC 到 1600UTC。

AMSWELL 飞行情报区，于 1005UTC 在 24° N110° E，2 400m 的高度上，观测到中度的山地波，山地波维持稳定，并且强度不再变化。

作业题：

1. 翻译下列日常电报，并说明影响飞行的天气。

（1）METAR ZBAA 130100Z 02005MPS CAVOK 27/08 Q1003 NOSIG =

（2）METAR ZBAA 212300Z VRB01MPS 0400 R01/0300 FG SKC 05/04 Q1005 =

（3）METAR ZBAA 220000Z 00000MPS 0300 R03/0200 FG VV008 02/02 Q1004 =

2. 翻译下列特殊报告，并说明影响飞行的天气。

（1）SPECI ZGGG 010130Z 0500 FG =

（2）SPECI ZLXN 210645Z 27004G10MPS FZDZ =

（3）SPECI ZWWW 140315Z 28014G20MPS 0300 BLSN =

3. 翻译下列航站天气预报电报，并说明影响飞行的天气。

（1）TAF ZUGH 0211 VRB01MPS 0800 FG BKN090 T15/05Z FM05 18002MPS 2000 BR SCT008 620603 FM07 4000 NSW BKN020 =

（2）TAF ZUGH 0615 20008G13MPS 3000 TSRA BKN040（CB）T35/08Z BECMG 0810 36002MPS 5000 SHRA SCT010 OVC050 =

（3）TAF ZBAA 220400Z 0615 29020G30KMH TM06/12Z CAVOK =

（4）TAF ZSFZ 130312 VRB02MPS 9999 FEW033 SCT120 BKN250 BECMG 0405 14004MPS TEMPO 0712 15005MPS 3500 TSRA BKN033 SCT030（CB）=

4. 翻译下列航路天气预报电报，并说明影响飞行的天气。

（1）ROFOR 0615 KMH ZUUU 23816 ZBAA 01238 SCT060（CB）7230140 BKN080 7200/// 631503 521202 03ZBAA SCT120 7260180 562004 4280M16 27070 =

（2）ROFOR 2207 KMH ZUUU ZUCK BKN060 7120140 OVC130 7180/// 631402 4160M04 24065 =

（3）ROFOR 0412 KMH ZUUU ZGGG BKN060 7120160 SCT230 7200/// 651503 4300M06 32080 =

（4）ROFOR 122210 KMH ZUUU ZUBD SCT220 7280/// 52//// 4320M36 28065 =

（5）ROFOR 2207 KMH ZLLL ZLSN BKN070 7120140 OVC130 7180/// 621602 51//// 4160M04 24065 =

5. 翻译下列重要气象情报。

（1） ZSSS SIGMET8 VALID 120800/122000 ZSSS—

SHANGHAI FIR TC 99N0.4 OBS 32.5N 128.6E AT 0600UTC FRQ TS TOPS

TO FL350 E OF 160NM CENTRE MOV NW 18KT NC =

（2）ZUGH SIGMET5 VALID 100830/101000 ZUUU—

GUANGHAN FIR EMBD TS TOPS FL350 SEV ICE FCST AT FL200 32 DEG N 105 DEG E NC =

（3）YUDO SIGMET3 VALID 111200/11600 YUSO—

SHANLON FIR/UIR FCST TS FCST TOPS FL400 N OF 54 DEG N MOVE =

6. 翻译下列低空重要气象情报。

（1）ZGHK AIRMET12 VALID 181400/181630 ZGGG—

HAIKOU FIR FRQ TS SEV ICE OBS AT 1350 20 DEG N 110

DEG E AT FL230 MOV E INTSF =

（2）ZUGH AIRMET5 VALID 201530/201700 ZUUU—

GUANGHAN FIR ISOL TS MOD ICE OBS AT 1520 33 DEG N 107 DEG E AT FL120 NC =

参 考 文 献

[1] 王秀春 , 顾莹 , 李程 . 航空气象 [M]. 北京：清华大学出版社 , 2014.

[2] 陈建德 . 航空气象观测运行管理技术工作手册 [M]. 厦门 : 厦门大学出版社 , 2017.